Thematische Kartographie 3

Untersuchungen zur thematischen Kartographie

(3. Teil)

VERÖFFENTLICHUNGEN
DER AKADEMIE FÜR RAUMFORSCHUNG UND LANDESPLANUNG

Forschungs- und Sitzungsberichte
Band 86

Untersuchungen zur thematischen Kartographie

(3. Teil)
– Textband, Karten in gesonderter Beilage –

Forschungsberichte des Ausschusses „Thematische Kartographie"
der Akademie für Raumforschung und Landesplanung

GEBRÜDER JÄNECKE VERLAG · HANNOVER · 1973

Zu den Autoren dieses Bandes

Werner Witt, Dr. phil., 67, Ministerialrat a. D., ist Mitglied des Redaktionsausschusses Deutscher Planungsatlas und Ordentliches Mitglied der Akademie für Raumforschung und Landesplanung.

Christoph Borcherdt, Prof. Dr. phil., 48, Geographisches Institut der Universität Stuttgart, ist Korrespondierendes Mitglied der Akademie für Raumforschung und Landesplanung.

Heinrich Schneider, Dr. phil., 30, ist wissenschaftlicher Mitarbeiter am Geographischen Institut der Universität Stuttgart.

Peter Moll, Dr. phil., Dipl.-Geograph, 35, ist Oberregierungsrat im Saarländischen Ministerium des Innern, Abteilung Landesplanung und Städtebau.

Erich Otremba, Prof. Dr. rer. pol., Dr. rer. nat. h. c., 63, Direktor des Wirtschafts- und Sozialgeographischen Instituts der Universität Köln, ist Ordentliches Mitglied der Akademie für Raumforschung und Landesplanung.

Erik Arnberger, Dr. phil., Dr.-Ing. h. c., 58, Vorstand des Geographischen Instituts und der Lehrkanzel für Geographie und Kartographie der Universität Wien, Direktor des Instituts für Kartographie der Österreichischen Akademie der Wissenschaften, ist Korrespondierendes Mitglied der Akademie für Raumforschung und Landesplanung.

Ingrid Kretschmer, Dr. phil., 34, ist Hochschulassistentin und Lehrbeauftragte an der Lehrkanzel Kartographie im Geographischen Institut der Universität Wien.

Kurt Oest, Dr. rer. nat., Dipl.-Landwirt, 51, ist Leitender Verwaltungsdirektor in der Datenzentrale Schleswig-Holstein.

Walter Sperling, Prof. Dr. phil., 41, ist Professor für Didaktik der Geographie im Fachbereich III an der Universität Trier-Kaiserslautern in Trier.

ISBN 3 7792 5072 1

 / Gebrüder Jänecke Verlag Hannover · 1973

Gesamtherstellung: Hahn-Druckerei, Hannover

Auslieferung durch den Verlag

INHALTSVERZEICHNIS

Mitglieder des Forschungsausschusses „Thematische Kartographie"

Professor Dr. Erich Arnberger, Wien, Vorsitzender

Oberregierungsrat Dr. Herbert Reiners, Düsseldorf, Geschäftsführer

Professor Dr. Christoph Borcherdt, Stuttgart

Professor Dr. Konrad Frenzel, Frankfurt a. M.

Professor Dr.-Ing. Aloys Heupel, Bonn

Professor Dr. Georg Jensch, Berlin

Professor Dr. Emil Meynen, Bad Godesberg

Verwaltungsdirektor Dr. Kurt Oest, Kiel

Professor Dr. Erich Otremba, Köln

Assistenzprofessor Dr. Wolfgang Plapper, Berlin

Professor Dr. Karl Weigand, Flensburg

Ministerialrat a. D. Dr. Werner Witt, Kiel

Der Forschungsausschuß stellt sich als Ganzes seine Aufgaben und Themen und diskutiert die einzelnen Beiträge mit den Autoren. Die wissenschaftliche Verantwortung für jeden Beitrag trägt der Autor allein.

Die Notwendigkeit und Problematik der Typenbildung in der thematischen Kartographie

von

Werner Witt, Kiel

I. Der Typusbegriff in der Wissenschaft

Das Wort „Typus", ursprünglich der platonisch-aristotelischen Philosophie entstammend, von Thomas von Aquino, Leibniz, Goethe und vielen anderen verwendet und erweitert, ist heute zu einem Alltagswort geworden. Aber wenn wir ehrlich sind, verbinden wir damit doch nur recht vage, unbestimmte Vorstellungen. Das Wort ist vieldeutig und schillernd.

Der Begriff Typus wird in fast allen Wissenschaften gebraucht. Er ist offenbar zur Ordnung der Vielfalt der Erscheinungen unentbehrlich: in der Philosophie und Psychologie, Biologie, Technik usw., aber er wird fast immer in verschiedenem Sinne gebraucht. Einige Beispiele mögen das verdeutlichen.

In der anthropologisch-medizinischen Konstitutionslehre unterscheidet man Körperbautypen, z. B. den pyknischen, leptosomen, athletischen Typus; die Zuteilung zu den Typen erfolgt zunächst nach dem visuellen Gesamteindruck, wird dann aber durch anthropologische Maße und Proportionen unterbaut. Den Körperbautypen werden organorientierte Reaktionstypen zugeordnet, indem man den leptosomen Typ mit einem respiratorischen Typ oder den pyknischen Typ mit einem digestiven Typ verbindet, oder sie werden beim weiteren Fortschreiten auch mit bestimmten geistig-seelischen Eigenschaften (Temperament, Verhaltensweisen) verknüpft. Andere Konstitutionssysteme gehen nur von den physiologischen Reaktionsweisen oder nur von den seelischen Verhaltensweisen aus. Es liegt auf der Hand, daß man je nach den verwendeten Merkmalen zu verschiedenen Typenbildungen kommt. Die Abgrenzung wird um so ungenauer, je größer die Zahl der Merkmale ist und je größer die Toleranzbreiten bei den zugrundegelegten Schwellenwerten sind. Typus und Individuum erscheinen als Gegensätze. Typenbildungen sind offenbar um so besser, je mehr Individuen sie erfassen und je mehr sie sich trotzdem den Eigenschaften der Individuen nähern können.

Noch schwieriger als bei der Konstitutionstypologie wird es in der Psychologie, wenn sie sich um Charaktertypen bemüht, weil für die Entscheidung meßbare Größen zunächst überhaupt nicht zur Verfügung stehen und erst durch mehr oder weniger anfechtbare Testmethoden beschafft werden müssen. Je mehr man analysierend und differenzierend dem Schichtenbau der Persönlichkeit nachzuspüren versucht, um so weniger faßbar werden die Typen. Bei C. G. Jung sind die Archetypen die Urbilder des Unbewußten, urtümliche Wahrnehmungs- und Handlungsbereitschaften des kollektiven Unbewußten, die in seelischen Bildern und Figuren zum Ausdruck drängen.

Völlig in den Bereich des Transzendenten führt uns Kant, wenn er den intellectus archetypus (das schauende Denken Gottes) dem intellectus ectypus (dem auf Nachbilder angewiesenen Denken des Menschen) gegenüberstellt.

In anderen Gebieten sind die Typen als sehr einfache, lediglich der Beschreibung dienende Ähnlichkeitsgruppen aufgefaßt worden, beispielsweise wenn Cuvier das Tierreich in die vier Typen der Wirbeltiere, Weichtiere, Gliedertiere und Strahltiere unterteilte. Man kann in Anbetracht solcher nivellierender Klassifikationen die skeptische Haltung mancher Statistiker verstehen, die alle Typologien nur als vorwissenschaftliche Methoden ansehen möchten, weil bei ihnen nicht mehr als gewisse fast selbstverständliche Grundformen der Erscheinungen erkennbar würden.

In der Tat bedarf man des Typusbegriffes nicht in den Bereichen, die sich mit eindeutigen, logisch beschreibbaren Funktionszusammenhängen befassen. Es führt zu keinen neuen Erkenntnissen, wenn man in der analytischen Geometrie Kreis, Ellipse, Parabel und Hyperbel zu einem besonderen Typ von Kurven 2. Ordnung zusammenfassen wollte; sie sind als Kegelschnitte besser und eindeutig definiert. In der analysierenden Statistik wird man den Typusbegriff nur selten finden; er ist mit dem Begriff der Klasse nicht identisch, da diese sich nur auf die Zusammenfassung einer gleichbleibenden Anzahl von Werten einer einzigen Variablen erstreckt, und auch Mehrfachkorrelationen bezwecken nicht eine typenmäßige Zusammenfassung, sondern die Feststellung der gegenseitigen Bedingtheiten bei mehreren Variabeln. In der produzierenden Wirtschaft und in der Technik kommt der Typusbegriff zwar häufig vor, aber er wird in einem ganz anderen Sinne gebraucht, nämlich zur Kennzeichnung einer Typenbeschränkung, und die Typenbildung ist dann nur eine Vorstufe der Rationalisierung, Standardisierung und Normung.

Man kann auf die Verwendung des Begriffes Typus immer dann nicht verzichten, wenn die Vielfalt der Erscheinungen und ihrer Verflechtungen es nicht (oder noch nicht) zuläßt, sie durch eine einfache, überschaubare Formel zu erfassen, während es aber möglich und notwendig erscheint, sie nicht nur analysierend bis in ihre Einzelbestandteile zu zerlegen, sondern auch die Bedeutung und Funktion der Elemente im übergeordneten System des Ganzen, vielleicht durch ein bewertendes Näherungsverfahren, besser zu verstehen. Es ist gewiß kein Zufall, daß der Typusbegriff gerade in allen Bereichen, die sich mit dem menschlichen Leben und Zusammenleben befassen, eine besondere Rolle gespielt hat und noch spielt. Man braucht sich nur an die unübersehbare Zahl der geisteswissenschaftlichen, weltanschaulichen, allgemeinpolitischen, sozial- und kulturpolitischen Typologien zu erinnern. Der Skeptiker mag erklären, daß gerade die Vielzahl der Typologien und ihr häufiger Wechsel beweise, wie überflüssig sie seien; er übersieht, daß jede ernstzunehmende Typologie wesentlich zur Klärung der wissenschaftlichen Begriffe beigetragen hat und weiter beitragen wird.

Was hat das alles mit der thematischen Kartographie zu tun? Die thematische Karte ist für uns nicht oder nicht nur ein Mittel zur informatorischen Raumbeschreibung und Raumdarstellung, sondern zum mindesten im gleichen Maße ein Mittel zur Raumerforschung als einer Vorstufe der Planung, und die Typenbildung erscheint dabei als eine Möglichkeit, der Komplexität der raumwirksamen Faktoren nachzuspüren und ihr näherzukommen, vielleicht auch mit neuen Mitteln. Wir sollten beispielsweise untersuchen, ob und in welcher Weise uns die elektronische Datenverarbeitung dabei weiterhelfen kann und welche Voraussetzungen zunächst dafür zu schaffen sind.

Die Raumtypisierung muß dabei zwei Aufgaben erfüllen: einerseits muß sie typische Räume nach dem gegenwärtigen Stand auffinden und abgrenzen, auch in ihrer gegenseitigen funktionalen Verflechtung, andererseits muß sie das Verhalten dieser Räume gegenüber „therapeutischen" raumwirksamen Mitteln untersuchen, in ähnlicher Weise, wie in der Soziologie Typen des menschlichen Verhaltens in der Gebundenheit der sozialen Gruppe und gegenüber Einwirkungen von außen untersucht werden.

II. Typus – Definition und Forschungsstufen

Wenn man bewußt alle philosophisch-transzendental gerichteten Vorstellungen wie Urgestalt, Archetypus, Urbild des Unbewußten u. ä. ausschließt, kann man den Begriff Typus definieren als die Grundform, die einer Gruppe von Individuen, Dingen und Erscheinungen gemeinsam ist. Sie ist visuell und eindrucksmäßig erkennbar durch ein der Gruppe eigentümliches Erscheinungsbild und läßt sich rational erfassen durch eine Anzahl von Merkmalen, die bei allen Individuen vorkommen und entweder nur qualitativ oder auch quantitativ feststellbar sind.

Man geht also bei der typologischen Betrachtungsweise davon aus, daß mehrere Individuen nicht nur in einem einzigen, sondern in mehreren Merkmalen und in ihrem Gesamtbild übereinstimmen, während sie sich von anderen Gruppen von Individuen erkennbar unterscheiden. Praktisch pflegt man sogar so vorzugehen, daß zunächst zwei stark unterschiedene Typen als polare Gegensätze einander gegenübergestellt werden; erst im Laufe der Untersuchung erfolgt eine Erweiterung dieses Polaritätsschemas zu einer größeren Typenzahl, die dennoch gegenüber der Vielfalt der Individuen eine starke Vereinfachung bedeutet.

Systematisch lassen sich Typen bilden durch eine fortschreitend isolierende und generalisierende, mitunter auch „pointierend hervorhebende" (W. Eucken) Abstraktion von Realitäten. Der *Realtypus* bezeichnet den einer Anzahl von Individuen, Dingen oder Erscheinungen gemeinsamen Bestand an unmittelbar erkennbaren Merkmalen. Er stellt gewissermaßen die vorwissenschaftliche, unreflektierte Erkenntnisstufe dar. Wenn in einem fortgeschritteneren Stadium die Merkmale bereits kritisch betrachtet, nach Größe, Häufigkeit, Bedeutung, gegenseitigem Verhältnis zueinander und Verknüpfung untereinander untersucht werden, kommt man zu dem *Durchschnittstypus,* der gerade weil trotz aller Gemeinsamkeiten graduelle Unterschiede bestehen, eine wechselnde Variationsbreite (Klassenbreite) hat. Könnte man an die Stelle der häufigsten Merkmale die am wesentlichsten erscheinenden Eigenschaften und Beziehungen setzen, so würde ein *Idealtypus* entstehen, gewissermaßen die Verkörperung des Typus in seiner reinsten Form. Der Idealtypus würde den konstruierten Fall eines Individuums bezeichnen, das alle den Typus kennzeichnenden Merkmale und nur diese besitzt. Er könnte auch, mathematisch ausgedrückt, als ein Grenzwert angesehen werden, zu dem hin der Durchschnittstypus bei immer verbesserter Merkmalauswahl und -kombination konvergieren müßte. Der Idealtypus kann aber auch durch eine bewußte Überbetonung einiger charakteristisch erscheinender Merkmale konstituiert werden. „Er wird gewonnen durch einseitige Steigerung eines oder einiger Gesichtspunkte und durch Zusammenschluß einer Fülle von diffus und diskret, hier mehr, dort weniger, stellenweise gar nicht, vorhandenen Einzelerscheinungen, die sich jenen einseitig herausgehobenen Gesichtspunkten fügen, zu einem in sich einheitlichen Gedankengebilde" (Max Weber 1922, in: Ges. Aufsätze zur Wissenschaftslehre, S. 191).

Diese Forschungsstufen sind natürlich nicht scharf voneinander zu trennen. Sie überschneiden und durchdringen sich. Sie sind von dem Stand der Wissenschaften ebenso abhängig wie von der Zielsetzung. In der thematischen Kartographie und in der Raumforschung, in der es um die Erforschung von Raumtypen als einer den Raumindividuen übergeordneten Form von Strukturen und Organisationen geht, werden wir uns, nachdem wir das Stadium der realtypischen geographischen Deskription nicht zuletzt durch die Vielzahl von analytischen Themakarten wohl als überwunden ansehen können, vornehmlich mit dem Durchschnittstypus befassen müssen.

In der Raumforschung und Landesplanung entspricht das Leitbild jedoch eher dem Idealtypus eines zu entwickelnden Raumes. Aus dem Vergleich von durchschnittlichem Raumtypus und idealem Raumtypus lassen sich unter Berücksichtigung der erkennbaren Entwicklungstendenzen Schlüsse auf die notwendigen planerischen Maßnahmen ableiten. Ob und in welchem Umfang der Idealtypus kartographisch erfaßbar und darstellbar ist, hängt von der möglichen Präzisierung der Entwicklungsziele ab; im allgemeinen begnügt man sich in den Raumordnungsprogrammen mit einer nur verbalen Umschreibung des Leitbildes und der Ziele. Möglich und notwendig ist aber eine Abgrenzung der Räume, auf die sich die planerischen Maßnahmen erstrecken sollen. Das bedeutet, daß eine Karte der idealtypischen Räume unter Umständen lediglich als abstrakte Grenzlinienkarte kleinen Maßstabes in Erscheinung tritt.

III. Eignung von Typenbildungen für die Raumgliederung

Raumtypen sind natürlich keine Erfindung der thematischen Kartographie. Realtypen im Raum werden seit jeher in der Geographie und ebenso in ihren verselbständigten Teildisziplinen als Mittel der zusammenfassenden, verallgemeinernden, vergleichenden Deskription so selbstverständlich gebraucht, daß einem nur selten der Typusbegriff überhaupt zum Bewußtsein kommt. Wir sprechen von typischen Geländeformen wie Hochgebirge, Mittelgebirge, Ebenen, Vulkanen usw., von typischen Küstenformen (Steil-, Flach-, Fjord-, Liman-, Bodden-, Ausgleichsküsten usw.), von Siedlungstypen (Haufendörfern, Marschhufendörfern, Einzel- und Streusiedlungen, mittelalterlichen Kolonialstädten, Bergbausiedlungen usw.), von typischen ländlichen oder städtischen Hausformen — das sind alles Abstraktionen aus einer Vielzahl von unterschiedlichen Individuen, es sind Realtypen, die ähnliche Formen qualitativ beschreiben und zum Vergleichen anregen sollen. Karten über solche Themen sind in kleinen Maßstäben überall dort zu finden, wo es um einen ersten räumlichen Überblick und um eine allgemeine, nicht weiter zu vertiefende Veranschaulichung geht, etwa in Schulatlanten. Sie werden, z. T. mit Recht, als Primitivkarten angesehen. Man könnte sie mit großräumigen Routenaufnahmen eines Gebietes vergleichen, nicht mit exakten Vermessungen.

Den kartographischen Gegenpol bilden die analytischen Karten, aber auch sie sind trotz der Qualifizierung Primitivkarten, wenn auch in anderer Art. Sie beziehen sich nicht nur auf ein einzelnes Thema, sondern sie wollen sogar das einzelne Objekt darstellen, etwa die einzelne Gemeinde. Die Vereinzelung erlaubt es zwar, von der allgemeinen Beschreibung zu einer quantitativen Darstellung und Untersuchung überzugehen. Aber die räumliche Realität, die eine Gesamtheit bildet, zerfällt dadurch in eine Vielzahl von Karten, für die meist die Statistik das Grundlagenmaterial liefert, und jede Karte erweist sich als ein Mosaik von Einzelbausteinen und ist im Grund nur eine räumlich angeordnete, vereinfachte und veranschaulichte Statistik. Der Benutzer der

Karte erwartet sogar — in Verkennung der Aufgaben und der Möglichkeiten einer Karte —, daß jede einzelne Gemeinde erkennbar und benennbar ist, und der dargestellte statistische Wert sollte seiner Meinung nach genau, vielleicht bis auf Dezimalen genau, ablesbar sein. Die Karten werden zu Zerrbildern ihrer selbst. Da man sich dabei aber nicht recht wohlfühlt und sich in Erinnerung an den Realtypus zu verallgemeinernden Vergleichen gedrängt sieht, wendet man statistische Methoden der Mittelwertbildung, der Häufigkeitsverteilung, der Reihenkorrelation, der Faktoren-, Regressions-, Diskriminanzanalyse usw. an, Methoden, die von Anfang an auf die Erzielung von statistischen Globalwerten ausgerichtet sind, dagegen den Raum, das ureigenste Anliegen der Karte, überhaupt nicht beachten, weil sie von Haus aus raumfremd sind. Man vergleicht unkritisch Dinge, die nicht vergleichbar sind, und glaubt, sie durch die Vernachlässigung ihrer „Dimensionen“ und die Hinzufügung von Ausgleichs- und Gewichtungsfaktoren vergleichbar machen zu können, und wendet damit Methoden an, die für den Raum nicht geschaffen sind und für ihn nicht gelten. Durch die Beschränkung der graphisch-kartographischen Darstellungsmethoden wird man zwar zu Zusammenfassungen gezwungen, aber diese erfolgen lediglich durch die Legenden der Karten aufgrund von statistischen Schwellenwerten, nicht nach Werten, die für den Raum als charakteristisch angesehen werden können.

Trotzdem werden auch solche einfachen analytischen Karten mitunter schon als Typenkarten bezeichnet. Mit etwas größerem Recht könnte das bei der Kombination von zwei miteinander im Zusammenhang stehenden Merkmalen geschehen, von denen jedes für sich in Anteilswerte oder Dichtestufen gegliedert ist und die in quadratischer oder rechteckiger Matrizenform angeordnet werden (Doppelskalen). Beispiele dafür sind etwa: die Bevölkerungsdichte einerseits und die Bevölkerungsveränderung andererseits; die Geburtenhäufigkeit und die Sterbehäufigkeit; der Altersaufbau der landwirtschaftlichen Betriebsinhaber und der Anteil der landwirtschaftlichen Betriebsinhaber, die eine weiterführende Fachschule besucht haben. Üblicherweise werden auch hierbei die beiden korrespondierenden Relativkarten nur graphisch miteinander kombiniert, indem die eine durch eine Farbskala, die andere durch eine überlagernde Schraffurskala dargestellt wird; man kann sie aber auch von vornherein zu einer Farbskala für die „Typen“ zusammenfassen.

Die durch analytische Karten gewonnenen Erkenntnisse über die Raumstruktur bleiben naturgemäß isoliert. Der Vergleich von analytischen Karten miteinander führt zwar auf Zusammenhänge hin, aber diese bleiben unbewiesen; der Vergleich verführt ebenso oft zu Kurzschlüssen über nur vermutete Zusammenhänge und Abhängigkeiten, die in Wirklichkeit gar nicht bestehen; wenn etwa in einem bestimmten Gebiet die Ursache für die geringe Bevölkerungsdichte in dem Vorherrschen von Großgrundbesitz besteht, braucht der Großgrundbesitz noch nicht in allen Gebieten für geringe Dichtewerte verantwortlich zu sein.

Das Suchen nach einem Ausweg aus dieser unbefriedigenden Situation hat zu komplexanalytischen Karten geführt, Karten, in denen mehrere eng miteinander verbundene Erscheinungen und partielle in sich geschlossene Wirkungssysteme dargestellt werden. Dieses Verfahren ist als erste Integration von räumlichen Elementen und Faktoren, als generalisierende, typisierende und versuchsweise nomothetische Zwischenstufe zwischen der Ausgangsanalyse und einer angestrebten Endsynthese teilweise leidlich erfolgreich gewesen, z. B. bei den Bemühungen um eine naturräumliche Gliederung. Es hat bei ähnlichen Versuchen in anderen Bereichen, etwa bei der wirtschaftsräumlichen Gliederung, versagt oder wenigstens keine allgemeine Anerkennung gefunden, nicht einmal immer eine Anerkennung seines zweifellos vorhandenen didaktischen Wertes, weil die Schritte, die zur räumlichen Abgrenzung von gleichartigen Gebieten und/oder zur Zusammenfassung von Raumindividuen zu Typen führten, nicht beweisbar waren. Der alte Streit zwischen „Metaphysikern“ und „Empiristen“ in der Geographie entzündete sich an solchen Untersuchungsobjekten von neuem und wurde sehr zu Unrecht auf dem Rücken der thematischen Kartographie ausgetragen.

Das Prinzip der Typisierung ist nicht auf den Raum beschränkt, der den Kartographen primär interessiert, es ist zunächst sogar überwiegend raumunabhängig und dient, wie erwähnt, gerade in den Fachwissenschaften lediglich als generelles Ordnungsprinzip. In der Landwirtschaftswissenschaft spielen beispielsweise Bodennutzungs-, Futtergewinnungs-, Viehhaltungs-, Betriebssysteme usw. von jeher eine wichtige Rolle, bei denen es in unterschiedlicher Weise darum geht, betriebswirtschaftliche Organisationstypen nach Aufbau und wirtschaftlicher Effektivität zu vergleichen; als Haupttypen wurden etwa Ackerbaubetriebe, Weide- oder Viehhaltungsbetriebe, Gartenbaubetriebe unterschieden und die verschiedenen Möglichkeiten ihrer Kombination oder Mischung auch im gemeindewirtschaftlichen Verbund nach Arbeitskräftebedarf, Kapitalaufwand, Leistung der verschiedenen Typen im Rahmen der gesamten Landwirtschaft und Volkswirtschaft analysiert. Solche Untersuchungen sind für die Landbauwissenschaft im allgemeinen und die Betriebsberatung im einzelnen, für etwa erforderlich werdende Umschichtungen, Spezialisierung usw. ganzer Betriebszweige, von fachlichen und wirtschaftspolitischen Gesichtspunkten aus unentbehrlich. Für den Geographen und Kartographen lag es nahe, solche fachlichen Typisierungen einfach zu übernehmen und auf die Karte zu übertragen. Wenn sich dabei räumliche Einheiten abzeichneten — und bei der boden- und klimaabhängigen Landwirtschaft war das zum mindesten so lange zu erwarten, wie die Betriebe noch nicht stärker rationalisiert und technisiert waren —, war man mit dem Kartenbild und sich selbst zufrieden und glaubte, einen eigenen Beitrag zur Raumforschung geleistet und ein vielseitig variables kartographisches Raumtypisierungssystem gefunden zu haben. Eine wissenschaftlich-kartographische Leistung wird dabei überhaupt nicht erbracht. Sie ist im Gegenteil viel geringer als bei einer qualitativen Landnutzungskarte, die wenigstens noch auf einer eigenständigen Geländeaufnahme beruht. Natürlich soll damit die Bedeutung der Karte als Darstellungs-, Veranschaulichungs- und Kommunikationsmittel nicht abgewertet werden; aber man tut der Kartographie als Wissenschaft wirklich keinen Dienst damit, wenn man sie bewußt auf eine solche unter Umständen fragwürdige Veranschaulichung beschränkt.

Kartographisch eher noch schlechter ist die Situation bei der sehr häufig vorgenommenen wirtschaftlichen und sozialökonomischen Gemeindetypenbildung. Für die planerische Zielfindung bei der Aufstellung von gemeindlichen Flächennutzungs- und Bebauungsplänen spielen sie im einzelnen Fall, nicht im räumlichen Zusammenhang, eine wichtige Rolle. In der Regel geht man von einem Dreieckskoordinatendiagramm aus, dessen Seiten dem Prozentanteil der Erwerbstätigen im primären, sekundären und tertiären Sektor zugeordnet werden und in dem jeder Gemeinde entsprechend der Wertezusammensetzung ein bestimmter Standort zukommt. Wie auch immer man für die Typenbildung das Dreieck durch seitenparallele Linien oder auf andere Weise unterteilt und welche Merkmale man auch zusätzlich zur Feingliederung heranzieht — es gibt Dutzende von Methoden, die sich alle begründen lassen und über deren Zweckmäßigkeit man ebenso streiten kann —, das Verfahren ist und bleibt statistisch und raumindifferent. Man könnte die Typenwerte ohne Schwierigkeiten auch aus einer Tabelle entnehmen, und manche statistischen Gemeindetabellen enthalten in der Tat auch Angaben über den Gemeindetyp. Auf die kartographische Darstellung könnte man dabei überhaupt verzichten, wenn die räumliche Lagerung keine neuen Ordnungsgesichtspunkte erkennen läßt. Sind bei der Übertragung statistisch abgegrenzter Typen auf eine Kartengrundlage überhaupt räumliche Zusammenhänge zu erwarten? Für die ländlichen Gemeinden liegen sie ohnehin auf der Hand und für die gewerblich-industriellen Gemeinden sind sie in keinem Fall zu beweisen.

Es gibt freilich auch andere Arten von Typisierungen, bei denen die Typisierungsaussage erst durch die kartographische Methode transparent und für die Praxis anwendbar gemacht werden kann; hier geht es also nicht mehr um die nachträgliche Darstellung statistisch oder fachwissenschaftlich bereits feststehender Ergebnisse, sondern durch die Karte selbst lassen sich erst die Typen und ihre Bedeutung ermitteln. Das ist vor allem dann der Fall, wenn mit der Typisierung unmittelbar auch administrative Raumgliederungen verbunden oder aus ihnen planerische Förderungsmaßnahmen ableitbar sind. Charakteristisch hierfür ist das Problem der zentralen Orte und der zentralörtlichen Gliederung. Dabei geht es zunächst darum, die Ausstrahlung eines zentralen Ortes auf sein Umland festzustellen durch die Ermittlung der Reichweite von Einrichtungen, die an dem betreffenden Ort vorhanden sind, die aber nicht nur von der eigenen Bevölkerung des Ortes, sondern auch von der Bevölkerung eines mehr oder weniger großen Umlandes in Anspruch genommen werden (z. B. Verwaltungsinstitutionen, Versorgungsanlagen, Kaufhäuser, Krankenhäuser, Ärzte, Schulen, Theater, Konzerte usw.). Die Arbeitsweise ist primär kartographisch, auch wenn im Einzelfall Repräsentativbefragungen über die Inanspruchnahme bestimmter Einrichtungen aus dem Umland erforderlich werden. Für jedes der herangezogenen Merkmale ist zunächst eine Einzelkarte über die Reichweite zu zeichnen, sie sind durch Karten über die Isochronen der öffentlichen Verkehrsmittel, Karten über die Pendlereinzugsbereiche u. ä. zu ergänzen. Erst durch die Integration und Bewertung der verschiedenen Merkmale ergibt sich der Typus der zentralen Orte und das Umland, das ihnen zugerechnet werden muß, und aus dem Vergleich mehrerer Orte ergibt sich zugleich die räumliche Abgrenzung der Einzugsbereiche der verschiedenen Typen, meist nicht in der Form von scharfen Linien, sondern als indifferente oder noch häufiger als sich überschneidende Zonen. Schwierigkeiten erwachsen vor allen Dingen daraus, daß die Einzugsbereiche der verschiedenen Typen der zentralen Orte nicht in einer Ebene nebeneinander liegen, sondern sich in verschiedenen Ebenen überlagern oder durchdringen, und es bedarf der planerischen und politischen Entscheidung, welche Orte für die Zukunft durch Ausbaumaßnahmen, Steigerung oder Abschwächung von Konzentrationstendenzen usw. gefördert werden sollen. Bei dem Problem der zentralen Orte ist, unbeschadet ihrer theoretischen deduktiven Ableitung aufgrund von volkswirtschaftlichen Modellen, die kartographische Methode von Anfang an relevant, sie spielt sowohl für die Typenbildung als auch für die räumliche Gliederung und damit für die Raumforschung eine ausschlaggebende Rolle.

Problematisch ist dagegen die kartographische Typenbildung und Raumgliederung, wenn sie auf der Basis von mehreren von Anfang an unabhängig voneinander nach rein statistischen Gesichtspunkten gegliederten Merkmalreihen vorgenommen wird, die mehr oder weniger willkürlich, jedenfalls nicht logisch zwingend miteinander kombiniert und dann in den Raum zurückprojiziert, d. h. einfach kartographisch „dargestellt" werden. Ein Beispiel dafür ist die Darstellung von Stadtregionen, wenn sie etwa auf den folgenden Merkmalreihen beruht: 1. Bevölkerungsdichte (als Kennzeichen des

Siedlungstyps und des Verstädterungsgrades), 2. Anteil der landwirtschaftlichen Erwerbspersonen an der Gesamtzahl der Erwerbspersonen (Kennzeichnung der Erwerbsstruktur), 3. Anteil der Auspendler in das großstädtische Kerngebiet an der Gesamtzahl der Erwerbspersonen (Kennzeichnung der Arbeitsstruktur und der Verflechtung der Umlandgemeinden mit dem Kerngebiet), 4. Anteil der Auspendler in das großstädtische Kerngebiet an der Gesamtzahl der Auspendler (Bedeutung eines zentralen Ortes oder mehrerer Einpendlerorte), 5. Isochronen, bezogen auf einen oder mehrere Zielpunkte des städtischen Kerngebietes. In jeder Reihe werden nach „Erfahrungswerten" Sinnschwellen gebildet, z. B. Bevölkerungsdichte über 300 Einwohner je km², Anteil der Auspendler in das Kerngebiet an den Erwerbspersonen: über 30% und über 20% usw. Die einzelnen statistischen Reihen sind aber nicht unabhängig voneinander, sie haben teilweise einen umfassenden, teilweise einen beschränkten Aussagewert. Selbst wenn man der einzelnen Reihe einen Aussagewert in bezug auf die Fragestellung zuerkennt, ist es zweifelhaft, ob durch die Aneinanderreihung oder Kombination der Merkmalreihen die Aussage verstärkt oder teilweise wieder aufgehoben wird, ob auf diese Art und Weise überhaupt eine komplexe Typenaussage über die strukturellen und funktionalen Raumeinheiten zustande kommt. Die Undurchsichtigkeit des Verfahrens ist kein Beweis für den Wahrheitsgehalt der Gesamtaussage, und dieser wird auch nicht dadurch erhöht, daß auf der Karte gewisse Typen zonenbildend zu wirken scheinen. Typologien der Städte nach der Einwohnerzahl (Metropolen, Großstädte, Mittel- und Kleinstädte), nach der Erwerbsstruktur, vorherrschenden Industriegruppen, Hafenstädten, Verkehrsknotenpunkten u. ä. lassen sich ohnehin nicht auf die ganz anders gearteten, vielgestaltigen Stadtregionen und Verdichtungsgebiete übertragen.

Schließlich gibt es in einigen Bereichen der Bevölkerungswissenschaft so deutlich ausgeprägte Typologien, daß man sie für die thematische Kartographie geradezu als prädestiniert ansehen möchte, etwa die Wanderungsbewegungen: Auswanderung und Einwanderung; Binnenwanderung; der Zug vom Land in die Großstadt, meist zunächst als Stufenwanderung von einzelnen Personen über die Klein- und Mittelstadt eingeleitet und später zur Familien- und Gruppenwanderung anwachsend; die Saisonwanderung von bestimmten Arbeitskräften, früher in der Landwirtschaft, heute vor allem im Gastgewerbe im Zusammenhang mit dem Fremdenverkehr; die durch Werbung und zwischenstaatliche Vereinbarungen ins Leben gerufene Wanderung von ausländischen Arbeitskräften in die industriellen Zentren und zentralen Orte des Einwanderungslandes; die staatlich gelenkte Zwangsumsiedlung von ganzen Völkerstämmen usw. Mit dieser horizontalen Bevölkerungsbewegung sind andere typische Erscheinungen verbunden: die Überalterung der ländlichen Räume gegenüber der Jugendlichkeit der wachsenden Großstädte; die Selektion in den Berufen, Begabungen, Charakteren, teilweise sogar in den Konstitutionstypen; die vertikalen Umschichtungen im Gesellschaftsgefüge. Aber in fast allen Fällen handelt es sich um sehr komplexe Vorgänge, die man wohl verbal umschreiben kann, aber noch keineswegs in Raumtypenkarten transparent machen kann. Nur die Gesamtwanderungsbilanzen über längere Zeiträume lassen sich statistisch genau genug erfassen und in generalisierenden Karten darstellen; für Raumtypenkarten der Wanderungsbewegungen im einzelnen reichen die Unterlagen in den seltensten Fällen aus, und die Bearbeitung erfordert, wenn tatsächlich Räume typischen Verhaltens der Bevölkerung in bezug auf die Wanderungen ermittelt werden sollen, einen derartigen Aufwand, daß man wahrscheinlich noch lange auf zufriedenstellende Wanderungstypenkarten wird warten müssen.

IV. Zusammenfassende Kritik des gegenwärtigen Forschungsstandes

Vom allgemeingeographischen Standpunkt aus lassen sich Typen von Landschaften auch ohne genaue Abgrenzung, gewissermaßen repräsentativ beschreiben und vergleichen. Wenn man aber Typenkarten zeichnet, ist gerade die räumliche Abgrenzung der verschiedenen Typen das eigentliche Ziel. Typenkarten sind mit Raumgliederungskarten so eng verwandt, daß sie in der Endform nahezu mit ihnen übereinstimmen. Darauf beruht ihre Bedeutung und Unentbehrlichkeit für die Raumforschung und Raumordnung.

Aus den vorstehenden Beispielen lassen sich die folgenden Feststellungen über den gegenwärtigen Stand der räumlichen Typisierung ableiten:

1. Qualitative Typenkarten kleinen Maßstabes, beispielsweise Schulatlaskarten über Vegetationstypen, Klimatypen usw., können nur einen groben Überblick vermitteln. Sie sind nur von allgemein informierendem und didaktischem Wert.

2. Qualitative Typenkarten mittlerer Maßstäbe, z. B. über naturräumliche und wirtschaftsräumliche Gliederungen aufgrund von Typenbildungen, ermöglichen unter Umständen wertvolle Einblicke in die Raumstruktur. Sie geben aber nur die subjektiven Ansichten der Autoren wieder, sind nicht beweisbar und begegnen deshalb im Rahmen des Kommunikationsprozesses von seiten der kritischen Benutzer, zum großen Teil mit Recht, erheblichem Mißtrauen.

3. Die Bemühungen um eine Quantifizierung führten zunächst zu einer völligen Auflösung der räumlichen Realität in analytische, unübersehbar zahlreiche Einzelkarten. Soweit überhaupt wieder eine Integration einzelner Elemente versucht wurde, ging man von Doppelskalen (selten) oder von Dreieckskoordinaten (häufiger) aus. Allgemein wurden statistische Methoden für die räumliche Untersuchung angewendet, die ihrem Wesen nach — Behandlung statistischer Massen, Loslösung von der räumlichen Gebundenheit, Gliederung der Massen nach Häufigkeitsverteilungen, Zeitreihenkorrelation, Errechnung von Globalwerten für größere Gebiete aufgrund des Gesetzes der großen Zahlen — raumfremd sind und zu zweifelhaften Ergebnissen führen, wenn diese in den Raum zurückprojiziert, d. h. in Karten übertragen werden. Raumbezogene und gleichzeitig quantitative Methoden für die Typisierung fehlen bisher weitgehend.

4. Der größte Teil der fachorientierten Typenkarten entsteht lediglich durch eine Übertragung fachlicher Abstraktionen und modellhafter Kombinationen in Karten. Auch bei fachlich gesicherter Exaktheit können sie für die Erkenntnis der Raumstruktur wertlos oder sogar irreführend sein. Eine Reihe sehr häufig gezeichneter Typenkarten könnte ohne weiteres durch noch überschaubare Tabellen ersetzt werden.

5. Für die Raumordnung werden Typen- und Raumgliederungskarten benötigt, die nicht nur den gegenwärtigen Stand erkennen lassen, sondern auch die Entwicklungstendenzen und ihre Beeinflußbarkeit durch raumrelevante Maßnahmen. Wissenschaftliche Typenkarten dieser Art werden bis auf weiteres ein Wunschtraum der Planer bleiben. Da für die planerischen Entscheidungen aber zusammenfassende Raumkenntnisse unabdingbar sind, ist der Planer auf selbstentworfene, leider ebenfalls (planerisch-)subjektive Typen- und Gliederungskarten angewiesen. Ein charakteristisches (positives) Beispiel dafür sind die Karten über die Raumgliederung nach zentralen Orten und ihren Einzugsbereichen, die trotz der hohen Komplexitätsgrade leidlich einsichtig sind; sie sind deshalb auch in den meisten Fällen eine brauchbare Grundlage für die Gebiets-

reform, wenngleich diese auch noch andere, darüber hinausgehende Gesichtspunkte zu berücksichtigen hat. Andere Typenkarten bringen die Raumordnung bei kritischen Benutzern leicht in den unberechtigten Verdacht der „Bildchenmalerei". In der Tat wird bei einigen solcher Typenkarten durch ihre Allgemeinverständlichkeit und ihre häufige Anwendung noch keine Objektivität garantiert. Andererseits besteht deswegen kein Anlaß, die planerische Brauchbarkeit und Verwertbarkeit von Typenkarten überhaupt in Frage zu stellen und zu anderen Methoden überzugehen, die nicht geringere Nachteile haben.

V. Künftige Aufgaben und Möglichkeiten

Die Weiterarbeit an den Problemen der Typenbildung bei thematischen Karten wird selbstverständlich ausgehen müssen von einer kritischen Untersuchung der bisher bei den verschiedenen Themen angewandten Methoden. Nur diejenigen Methoden werden künftig noch vertretbar sein, bei denen der Raum selbst primär in den Typisierungsprozeß eingeht, dagegen werden alle diejenigen ausgeschieden oder verbessert werden müssen, bei denen die Karte nur sekundär als Darstellungs-(Veranschaulichungs-)Mittel raumfremder Typisierungsprozesse in Erscheinung tritt.

Die Typisierung wird auch nicht als ein einmaliger Vorgang und als dessen unabänderliches Endergebnis aufgefaßt werden dürfen. Es wird in vielen Fällen sinnvoller sein, verschiedene Stufen der Typenbildung kartographisch zu fixieren, einerseits um dem Benutzer den Abstraktionsprozeß verständlicher zu machen, andererseits um zu verdeutlichen, daß je nach der Art der Fragestellung und Zielsetzung die Abstraktionen in unterschiedlicher Weise erfolgen können oder müssen. Es wird außerdem zweckmäßig sein, die Typenkarten auf den verschiedenen Stufen durch analytische oder komplexanalytische Karten zu „verifizieren".

Grundsätzlich stehen bisher zwei raumspezifische Konstruktionswege für Typenkarten zur Diskussion, einerseits die Kernraum- und Grenzgürtelbestimmungsmethode, erweitert um eine neu zu entwickelnde Methode der räumlichen Korrelation, andererseits die elektronische Datenverarbeitung, wenn bei ihr eine sinnvolle Operationalisierung des Abstraktionsvorganges und der Modellbildung als einander ergänzender Teilvorgänge möglich ist.

1. Kernraum- und Grenzgürtelmethode. Die Ermittlung von Kernräumen und ihren Grenzgürteln mit Hilfe der Überdeckung transparenter Karten für einzelne Merkmale ist ein altbekanntes geographisches und dialektgeographisches Verfahren, das leider im Laufe der Zeit etwas in Vergessenheit und in Mißkredit geraten ist. Der Grund dafür liegt wohl darin, daß weniger auf die Ermittlung des den eigentlichen Typus bestimmenden Kernraumes als auf dessen Randgebiet geachtet wurde und daß das letztere sich selten als eine scharfe Linie, sondern — wie der Name sagt — meist als ein mehr oder weniger breiter Gürtel abzeichnete. Übersehen wurde dabei, daß dieses den Realitäten durchaus entspricht: die Übergänge zwischen den unterschiedlichen Raumtypen pflegen langsam und stetig, selten abrupt zu erfolgen. Übersehen wurde ferner, daß auf diese Weise nicht nur die von den natürlichen Faktoren abhängigen „geographischen" Räume als deskriptive Raumtypen bestimmbar sind, sondern daß die Kartenüberdeckung ebenfalls für quantitative analytische Merkmale und Merkmalkombinationen der anthropogen bestimmten Räume benutzt werden kann. Im Grunde stimmt sie mit der statistischen Merkmalkombination, die zur Typenbildung benutzt wird, überein, deren Gültigkeit — wohl wegen der Benutzung von Zahlenwerten

(Erfahrungswerten, Schwellenwerten) — kaum jemals in Frage gestellt wurde. Der einzige Unterschied besteht darin, daß bei der statistischen Merkmalkombination schon aufgrund der Tabellen diejenigen Gebietsteile (meist administrative Grundeinheiten) ausgeschieden wurden, die den gestellten Schwellenwertanforderungen nicht genügen und daß die verbleibenden Gebietsteile schon aufgrund der statistischen Werte bestimmten „Zonen" zugeordnet wurden, ohne daß man von Anfang an wissen kann, ob sich die Werte überhaupt zu Zonen oder zu typischen Räumen zusammenschließen. Ein unbestreitbarer Nachteil dieses Verfahrens gegenüber der Grenzgürtelmethode liegt darin, daß die räumlichen Zusammenhänge zunächst überhaupt nicht beachtet werden und daß deshalb bei der Übertragung der Ergebnisse in die Karte oft genug „Korrekturen" sich als erforderlich erweisen, um offensichtlich vorhandene räumliche Zusammenhänge nicht zu zerreißen. Ein weiterer Vorteil der Grenzgürtelmethode ist auch die größere Beweglichkeit sowohl in der Merkmalauswahl und -kombination (indem einfach bestimmte Deckblätter fortgelassen und andere neu hinzugefügt werden) als auch in der versuchsweisen Abänderung von Schwellenwerten, die weniger starr als bei der statistischen Kombination an kritische Schwellenwerte gebunden sind.

Gemeinsam sind der statistischen Merkmalverknüpfung und der Kartenüberdeckung auch ihre Unzulänglichkeiten: kein strenger funktionaler Zusammenhang zwischen den herangezogenen Merkmalen; Widersprüche oder Doppelbewertungen durch sich überschneidende Merkmalreihen; Nichtberücksichtigung der Merkmaldominanz für die jeweilige Fragestellung usw. Beide Verfahren bedürfen dringend der Erweiterung und Verbesserung. Bei der Überdeckung von quantitativen thematischen Einzelkarten ist dabei insbesondere die Entwicklung einer räumlichen (flächendeckenden) Korrelationsmethode zwischen den verschiedenen Merkmalkarten erforderlich, die an die Stelle der raumunabhängigen statistischen Reihenkorrelation treten muß. Die Methode der Isokorrelaten kann hierfür einen Ausgangspunkt bilden, und Vergleiche mit der Indikatrix bei der Verzerrung von Kartennetzen liegen nahe.

Erforderlich und möglich sind auch Annäherungen an die deduktiven volkswirtschaftlichen Methoden, die theoretische Typen konstruieren und als Modelle, meist in Anpassung an physikalische Feldtheorien, in den Raum zu übertragen versuchen. Die Kernraum-/Grenzgürtelmethode ist die einzige Möglichkeit, solche Modelldeduktionen an der räumlichen Realität zu überprüfen. Die thematische Kartographie erweist sich somit durch ihre Methode der räumlichen Typenbildung als ein einzigartiges Instrument, die unüberwindlich erscheinenden Barrieren zwischen den mit verschiedenen Ansätzen arbeitenden und einander verständnislos gegenüberstehenden oder sich bekämpfenden wissenschaftlichen Disziplinen zu überwinden.

2. Elektronische Datenverarbeitung und Modellfunktion der Karte. Durch ihr streng analytisches Vorgehen ist die elektronische Datenverarbeitung im Grunde der Typenbildung (im bisherigen Sinne) entgegengesetzt. Dennoch kann sie gerade wegen der strengen Systematik bei der Analyse auch für die Typisierung wertvolle Hilfe leisten, indem sie einerseits logische Unregelmäßigkeiten bei der Analyse aufdeckt und indem sie andererseits bei der Typenbildung einen funktional geordneten Auf- und Zusammenbau der Merkmale gewährleistet.

Wenn durch die Karte ein bestimmter Raumtypus untersucht oder dargestellt werden soll, so wird man zunächst versuchen müssen, ihn möglichst exakt in seiner räumlichen Eigenart verbal zu definieren und, besonders wenn von Anfang an eine bestimmte Raumgliederung durch die Typisierung angestrebt wird, auch die Dimensionen (Größenordnungen) der Regionen zu bestimmen. Aus dem Gesamtkatalog der

Merkmale (Elemente, Kriterien) sind sodann diejenigen auszuwählen, die als Bausteine für den Typus geeignet, notwendig und hinreichend erscheinen. Die in Betracht kommenden Merkmale sind in einem weiteren Schritt auf ihre Kompatibilität zu überprüfen, was am besten an Hand einer Matrix geschieht; dabei sind diejenigen Merkmale zu eliminieren, die anderen widersprechen; gegebenenfalls sind sie durch neue, geeignetere Merkmale zu ersetzen. Ebenso wichtig ist die Herstellung einer Rangordnung der Merkmale durch paarweisen Vergleich und, darauf aufbauend, eine zahlenmäßige Gewichtung, die auch die Skalengliederung der einzelnen Merkmale (Legenden der analytischen Karten) zu berücksichtigen hat und in konstanten Faktoren oder Prozentwerten auszudrücken ist. Eine solche Gewichtung ist allerdings selten ganz ohne eine subjektive Wertung möglich. Der logische Aufbau des gesamten Systems engt aber den Ermessungsspielraum des Autors weitgehend ein, und wesentlich ist es, daß später für den Benutzer der Karte alle Schritte einschließlich der Gewichtung erkennbar und nachprüfbar bleiben.

Damit ist die wesentlichste Vorarbeit umrissen, die für die elektronische Datenverarbeitung geleistet werden muß, wenn sie für Typenkarten nutzbar gemacht werden soll. Sofern es sich um ein flächenbezogenes oder in Form von Flächenstufenkarten dargestelltes analytisch-statistisches Material handelt, könnte die Datenverarbeitung weiter zu einer Objektivierung der Typenkarten beitragen durch die Erfassung und Berechnung der Daten nach Kartengitternetzen (Sechsecke, Quadrate, Dreiecke) anstelle der unregelmäßig geformten und unterschiedlich großen administrativen Einheiten. Auch dafür sind noch umfangreiche Vorarbeiten (Festlegung der Koordinaten usw.) erforderlich.

Im übrigen ist es zweckmäßig, sich gerade bei der Anwendung der elektronischen Datenverarbeitung die Funktionen der Karten zu vergegenwärtigen, die sie als Abbildungs-(Darstellungs-)Modelle einerseits und als Denkmodelle andererseits spielen können und müssen. Aus der Merkmalvielfalt der Raumwirklichkeit wird eine geeignet erscheinende Auswahl getroffen und führt zu einem vereinfachten Abbildungsmodell der realen Welt. Umgekehrt wird die Typenkarte durch Verknüpfung der einzelnen Merkmale gewonnen; sie kann als Denkmodell aufgefaßt und an der realen Welt daraufhin getestet werden, ob sie bereits als hinreichend genaue Annäherung aufgefaßt werden kann. In der Geographie wird die Karte meist nur als Abbildungsmodell der Wirklichkeit angesehen; sie bleibt deshalb in der Deskription stecken; in der Volkswirtschaft beschränkt man sich auf das abstrakte Denkmodell und läuft Gefahr, die Theorie mit der Wirklichkeit zu verwechseln und die Theorie überzubewerten. Die Typenkarten verbinden beide Zweige des Flußdiagramms, in dem sich die Schritte der Selektion und der Integration zusammenfassen lassen.

Die zentrale Aufgabe der Typisierung in der thematischen Kartographie, wenn sie der Raumforschung und Landesplanung nutzbar gemacht werden soll, bleibt die Raumgliederung, die unter sehr verschiedenen Gesichtspunkten vorgenommen werden kann und muß: nach strukturellen Einheiten oder nach Funktionsräumen, nach der Bevölkerungsstruktur, -entwicklung und -bewegung, nach zentralörtlichen Bereichen, nach ausgeglichenen Arbeitsmarktregionen und der Pendlerverflechtung, nach zweckmäßigen Einheiten für eine moderne Gebietsreform, nach der Zuordnung von Verdichtungsgebieten und Naherholungsräumen, nach der Hierarchie der Planungsräume usw. Das ist ein so umfangreicher Aufgabenkatalog, daß die Problematik, der Entwicklungsstand und neue Möglichkeiten nur an einzelnen Beispielen untersucht werden können. Wesentlich ist es dabei, einerseits den Typisierungsvorgang durchsichtig und nachvollziehbar zu machen — wozu es auch gehört, diejenigen kritischen Stellen des Ablaufprozesses zu verdeutlichen, an denen subjektive Entscheidungen (bisher) unvermeidlich sind —, andererseits, wie immer wieder betont werden muß, die Karte nicht nur als ein bloßes Darstellungsmittel für raumfremde Typenbildungen zu betrachten, sondern die räumlichen Verteilungs- und Dichtestrukturen, d. h. die einzelnen thematischen Karten selbst, zum tragenden Element der räumlichen Typisierungen und Raumgliederungen zu machen.

Literaturhinweise

Board, C.: Maps as Models. In: R. C. Chorley — Haggett, P.: Models in Geography. London 1967, S. 671—725.

Lehmann, E.: Die Typisierung als Problem der kartographischen Darstellung im „Atlas DDR". In: Peterm. Mitt., 1968, S. 61—71.

Maergoiz, I. M.: Fragen der Typologie in der ökonomischen Geographie. In: Peterm. Mitt., 1967, S. 161—178.

Otremba, E.: Gedanken zur kartographischen Synthese. In: Internat. Jahrb. f. Kartographie, 1968, S. 90—112.

Witt, W.: Thematische Kartographie. 2. Aufl. Abhandlungen der Akademie für Raumforschung und Landesplanung, Bd. 49, Hannover 1970.

Beiträge zur Typenbildung im Prozeßfeld des Verdichtungsraumes*)

von

Christoph Borcherdt und Heinrich Schneider, Stuttgart

I. Zielsetzungen und methodische Vorüberlegungen der Untersuchung

Der Beitrag im ersten Band zur „Thematischen Kartographie“[1]) sollte eine Bilanz bisher erschienener Karten zum Thema „Verdichtungsraum“ aufstellen und zugleich die Wege markieren, die für die geplanten eigenen Untersuchungen in Frage kamen. Vorgesehen wurde die Anwendung zweier unterschiedlicher Methoden. Einerseits sollte versucht werden, mit Hilfe gemeindestatistischer Daten Möglichkeiten zur gestuften Abgrenzung und inneren Differenzierung von Verdichtungsräumen zu finden. Andererseits war geplant, durch Kartierungen auf topographischer Grundlage und deren Ergänzung durch weitere qualitative Aussagen das Gefüge charakteristischer Bestandteile von Verdichtungsräumen sichtbar zu machen.

Über das letztere Vorhaben soll an dieser Stelle berichtet werden. Es sind die Untersuchungen zwar noch nicht abgeschlossen, aber die Arbeiten an einer Legende für eine „Typenbildung im Prozeßfeld des Verdichtungsraumes“ sind jetzt so weit gediehen, daß die bisherigen Ergebnisse zur Diskussion gestellt werden sollen[2]). Es handelt sich um eine Legende für eine Kartierung im Maßstab 1 : 25000, mit der vor allem qualitative Unterschiede der Erscheinungen innerhalb von Verdichtungsräumen sichtbar gemacht werden sollen. Als Versuchsfeld diente der Nordwestteil des Verdichtungsraumes Stuttgart[3]).

Die Zielsetzung unserer Arbeit liegt auf zwei verschiedenen Ebenen. Einerseits geht es um Überlegungen zu den Darstellungsmöglichkeiten, damit die geplante thematische Karte eine größere Raumeinheit möglichst überschaubar darbietet. Daraus ergeben sich zunächst Forderungen bezüglich des Maßstabes. Wir haben uns für den Maßstab 1 : 25000 entschieden. Später soll eventuell versucht werden, auch eine Legende für den Maßstab 1 : 50000 zu entwickeln. Aus dem Maßstab ergeben sich jedoch Folge-

---

*) Mit dem „Entwurf einer Legende für die Darstellung von Typen im Prozeßfeld des Verdichtungsraumes“ in der gesonderten Kartenmappe.

[1]) Ch. Borcherdt: Die kartographische Abgrenzung von Verdichtungsräumen. In: Untersuchungen zur thematischen Kartographie, 1. Teil, Forschungs- und Sitzungsberichte der Akademie für Raumforschung und Landesplanung, Bd. 51, Hannover 1969, S. 53—76.

[2]) Sehr zu danken ist der Deutschen Forschungsgemeinschaft, die das Arbeitsvorhaben in sehr wesentlichem Maße fördert.

[3]) Leider läßt sich aus Kostengründen die von uns entworfene Karte weder im ganzen noch in einem Ausschnitt gedruckt vorlegen. Somit fehlt natürlich auch die Möglichkeit, das eigentliche kartographische Produkt unserer Bemühungen vorzustellen. Die Ausführungen sind daher ganz auf eine Interpretation der Kartenlegende zugeschnitten. Die Erörterung der kartographischen Probleme tritt zwangsläufig in den Hintergrund.

rungen bezüglich Größe und Bedeutung der darstellbaren Sachverhalte. Es muß darauf geachtet werden, daß bei der unumgänglichen Generalisierung nicht solche Merkmale unter den Tisch fallen, die zwar von nur geringer Flächenausdehnung, jedoch von hoher Aussagekraft sind.

Darum muß andererseits — unabhängig von den Darstellungsfragen — eine Typologie aller jener Sachverhalte entwickelt werden, die wesentliche Aussagen über einen Verdichtungsraum machen können. Die Definition der Abgrenzung oder einer Randzone des „Verdichtungsraumes" ist dabei für unsere Arbeiten unmaßgeblich. Unsere Untersuchungen beziehen sich ja nicht auf ein homogenes Raumgebilde, es geht nicht um das Diesseits und Jenseits von einer Verdichtungsraumgrenze, sondern um die Erfassung und Darstellung einer sehr heterogen zusammengesetzten Raumstruktur.

Allerdings darf der Verdichtungsraum nur bezüglich seiner Abgrenzung nach außen hin unscharf bleiben, nicht hinsichtlich der Erfassung und Definition seiner wesentlichen Bestandteile. Als zum Wesen des Verdichtungsraumes gehörig wird vorrangig die „Dichte" verstanden, und zwar die Dichte auf dem Gebiet der „Urbanität". Aus dieser Prämisse folgert, daß eine Typologie der Einzelerscheinungen im Verdichtungsraum einerseits an dem Gegensatz von „wenig dicht — sehr dicht" gemessen werden muß, andererseits den Gegensatz von „urban — nicht urban" zu berücksichtigen hat. Diese beiden Gegensatzpaare gehören zum gedanklichen Kernstück der Untersuchungen.

Der Verdichtungsraum als Ganzes und seine verschiedenen Teile werden als ein Prozeßfeld beständiger Weiterentwicklung betrachtet. Die Dynamik jeder Art von Veränderungen ist jedoch in einer Kartierung auf topographischer Grundlage nur bruchstückhaft zum Ausdruck zu bringen. Die Prozesse als solche lassen sich mit Hilfe der gemeindestatistischen Untersuchungen sicherlich besser erfassen und herausarbeiten. Für die Kartierung auf topographischer Grundlage sind die Prozeßabläufe deshalb aber nicht unwichtig. Haben doch die Ergebnisse früherer Prozeßabläufe ein Mosaik verschiedenartiger Strukturen entstehen lassen, die ihrerseits ein höchst unterschiedlich zu bewertendes Prozeßfeld für die Weiterentwicklung und für die Umbewertung durch die späteren Generationen bilden. So erfreuen sich beispielsweise die großstädtischen Villenviertel aus der Zeit um die Jahrhundertwende trotz riesiger Treppenhäuser, hoher Heizungskosten, mangelhafter Installationen und anderer Nachteile in den Villen auch weiterhin noch einiger Wertschätzung. Sie haben zwar ihre Bedeutung als hochrangige Wohnviertel großenteils schon verloren, dafür aber bedienen sich mancherlei Bürofunktionen der Kulisse altüberkommener Repräsentationsformen. Ein anderes Beispiel wäre der vom Stadtkern weiter entfernt gelegene Villen-Vorort, wo die enorm angestiegenen Grundstückspreise einen höheren Überbauungsgrad geradezu herausfordern, so daß nun die älteren Ein- und Zweifamilienhäuser durch moderne Eigentums-Wohnanlagen mit 8, 12 und mehr Wohnparteien abgelöst werden[4]).

Ein solchermaßen angenommenes Prozeßfeld älterer und neuerer Strukturelemente spiegelt die Wertungen der im Verdichtungsraum lebenden Menschen in der Sicht der jeweiligen Zeit wider. Will man den Verdichtungsraum nicht nur als eine Anhäufung vielgestaltiger und qualitativ unterschiedlicher Bausubstanzen und Funktionen begreifen, sondern als einen Lebensraum heutiger Generationen, so wird man auch die

---

[4]) Hierzu auch CH. BORCHERDT: Der Wandlungsprozeß der Bebauung großstädtischer Villenvororte, erörtert am Beispiel von München-Solln. In: Die Erde, 103. Jg., 1972, S. 48—60.

Wertungen der heute diesen Lebensraum bevölkernden Menschen — so gut und soweit es geht — mit in den Mittelpunkt der Untersuchungen stellen müssen.

Dies erfordert jedoch — etwas vereinfacht ausgedrückt — die Einordnung der Typen zugleich auch in einen von „gut bis schlecht" reichenden Bewertungsrahmen. Die damit zusammenhängenden Überlegungen bilden ein weiteres Kernstück der Untersuchungen. Es ist völlig klar, daß alle Wertungen zwischen „gut und schlecht" unendlich vielen subjektiven Einschätzungen unterliegen und selbst in ihren Summen oder Durchschnitten nur schwer konkret zu fassen sind. Das hindert aber nicht, sie zunächst einmal gedanklich in ein Modell des Verdichtungsraumes einzubeziehen.

Es sind jedoch die Schwierigkeiten für alle Definitionen der Wertungen von „gut bis schlecht" nur besonders auffallend und vermutlich allgemein anerkannt, weil sie in hohem Maße von gefühlsmäßigen Einstellungen bestimmt werden. Ähnliche Schwierigkeiten bestehen jedoch auch bei einer Wertskala von „wenig dicht bis sehr dicht". Ab welchem Wert ist beispielsweise eine Bevölkerungsdichte als „sehr dicht" oder gar als „zu dicht" zu bezeichnen? Immerhin besteht bei der Kennzeichnung von Dichteerscheinungen gegenüber den Wertungen von „gut und schlecht" der Vorteil, daß man konkrete Dichtewerte nennen und gewissermaßen für sich selbst sprechen lassen kann.

Soll jedoch eine Kartenlegende nicht nur den Schlüssel zum Lesen einer Karte abgeben, sondern auch zum Erkennen der in der Karte angesprochenen Problematik verhelfen, dann sollten die zur Typenbildung herangezogenen Kriterien möglichst exakt sichtbar gemacht werden. Dann bedürfen auch gerne gebrauchte Formulierungen wie „zu dicht" oder „überlastungsverdächtig" einer näheren Präzisierung. Den Gefahren der „Überlastung" stehen in der Behördensprache die „gesunden Strukturen" gegenüber. Aber wer stellt unter welchen Gesichtspunkten fest, was das „Gesunde" und das „Ungesunde" nun eigentlich ist? Hat eine Behörde solche Feststellungsbefugnisse, und ergeben sich daraus dann etwaige Konsequenzen?

Der Landesentwicklungsplan Baden-Württemberg vom Juni 1971 gibt gemäß der Entschließung der Ministerkonferenz für Raumordnung immerhin die „Anzeichen nachteiliger Verdichtungsfolgen" an (S. 83): „... eine im Verhältnis zu Verkehrsflächen und notwendigen Freiflächen überhöhte bauliche Nutzung, im Verhältnis zum Verkehrsbedarf unzureichende Verkehrsflächen, unangemessen hoher Zeitaufwand für die Zurücklegung von Entfernungen im Stadtverkehr, außergewöhnlich hohe Aufwendungen für Infrastrukturmaßnahmen, Gesundheitsgefährdung durch Lärm und Luftverschmutzung." Weiter unten heißt es dann: „Weitere Anzeichen nachteiliger Verdichtungsfolgen sind überhöhte Grundstückspreise, Wohnungsmangel, ein übergroßer Anteil von Fernpendlern, schwierige Verkehrsprobleme, weit überdurchschnittliche Kosten für Verkehrsbauwerke und für die Wasserversorgung und immer neue Eingriffe in Grünflächen und Naherholungsräume. Ab wann die Nachteile der Verdichtung deren Vorteile überwiegen, läßt sich generell und abstrakt nicht beschreiben. Ein gehäuftes Vorliegen oder Auftreten von Funktionsstörungen deutet aber an, daß das Optimum einer Verdichtung allgemein oder in bestimmter Beziehung erreicht oder überschritten ist und daß raumstrukturelle Mängel vorliegen."

Es soll hier nicht auf Einzelheiten dieser nur andeutenden Formulierungen eingegangen werden. Es soll daraus jedoch die Forderung abgeleitet werden, bei der kartographischen Darstellung von Verdichtungsräumen auch die Gebiete nachteiliger Verdichtung — zumindest das gehäufte Auftreten von Nachteilen — sichtbar zu machen. Einem solchen Anliegen will die oben genannte Wertungsskala von „gut bis schlecht" gerecht werden, wobei sich das extrem Negative wohl noch am leichtesten wird definieren lassen.

Was aber wäre andererseits das „Optimum einer Verdichtung"? Ein ökonomisch definiertes Optimum von Verdichtung läßt sich rechnerisch ermitteln, indem festgestellt wird, ab welchen Dichtewerten die verschiedenen Versorgungseinrichtungen, die — nach den Wertungen der Bevölkerung — für einen Stadtteil erforderlich sind, sinnvoll und rentabel eingerichtet werden können. Es könnte auch festgestellt werden, ab welchen Mindest-Einwohnerdichtewerten attraktive öffentliche Verkehrsmittel zu schaffen wären und wie groß die zumutbaren Reichweiten der Haltestellen wären.

Natürlich ergibt sich nach der sorgfältigen Berechnung eines „Optimums an Verdichtung" die Frage, wie lange ein solches Optimum wohl als solches betrachtet werden könnte. Wann fallen die Wertungen der Menschen schon wieder anders aus, wann wird ein anders geartetes Optimum angestrebt? Was wird dann aus dem früheren Optimum? Zunächst ist jedoch auch der rechnerisch brauchbarste Dichtewert keine Garantie dafür, daß die Menschen in einer Siedlung mit eben diesem rechnerischen „Optimum an Verdichtung" zufrieden leben werden. Es hängt schließlich so unendlich viel von der Gestaltung der Umwelt ab. Architektonische Kühnheit muß nicht unbedingt glückliche Wohnungsinhaber zur Folge haben. Selbstverständlich kann man es nicht allen Menschen gleichermaßen recht machen, aber es dürfte auch nicht nur eine einzige Gestaltungsform des „Optimums" geben.

Mißt man den Wertungen einer Bevölkerung über das Ausmaß von erreichter, wünschenswerter oder zumutbarer Dichte einige Bedeutung bei, so wird man eine nicht unbeträchtliche Relativierung der an sich konkret erscheinenden Dichtewerte in Kauf nehmen müssen. In dem einen Viertel kann die Bevölkerungsdichte als „zu dicht" angesehen werden, während in einem anderen ein ähnlicher Dichtewert keine negativen Folgen zeitigt. Erst aus einem Zusammenspiel mehrerer Faktoren, etwa Haustypen, Wohnungsgrößen, Kinderspielplätzen, Straßenlärm, Geruchsbelästigung u. a. m., ergeben sich die Wertungen für ein „zu dicht" oder für eine Einstufung als „schlecht".

Die Versuche, präzise Aussagen über eine von „nicht urban bis urban" reichende Wertskala zu machen, können ebenfalls nur auf unsicherem Untergrund aufbauen. Viele Merkmale, die eben noch „typisch Städtisches" kennzeichnen, haben in einer Zeit, in der sich außerordentlich rasch die Kontraste zwischen „Stadt" und „Land" verwischen, an Aussagekraft verloren. Folglich werden Aussagen über das breite Mittelfeld der Erscheinungen, die nicht als extrem stadtgebunden oder als extrem landgebunden erscheinen, u. U. in ihrer Zuordnung strittig bleiben. Das gilt vor allem auf dem Gebiet des „Wohnens", zumal es hinsichtlich eines „urbanen Wohnens" Ermessenssache ist, ob dazu allein mit formalen Kriterien, wie mit den Formen von Wohnhäusern und den Typen von Wohnungen, oder mit noch weiteren Kriterien, nämlich unter Einbeziehung von Versorgungsmöglichkeiten und der Verkehrsanbindung, eine Aussage gemacht werden kann.

In der Kartenlegende sind die „Aussagen zur Urbanität" nur scheinbar fest eingefügt. Sie sind in Wirklichkeit nur undeutlich verschwommen und sollen nur provisorisch eine Lücke überbrücken, die es später durch präzisere Aussagen zu füllen gilt. Auf die Vorläufigkeit der jetzigen Lösung und einige Ansätze zur Bewältigung des Problems wird später zurückzukommen sein. —

Das Dilemma der kartographischen Darstellung von Verdichtungsräumen ist aus diesen wenigen skizzenhaften Vorbemerkungen erneut sichtbar geworden. Es gilt eine

Raumstruktur durch das Sichtbarmachen ihrer Wesenszüge zu interpretieren. Nur ein Teil dieser Wesenszüge ist bisher durch unbestrittene konkrete Definitionen erfaßbar. Für die anderen müssen der Rahmen und die Abstufungen der Definitionen erst gefunden werden. Dabei bleiben einige Teilziele vorerst unerreichbar. Das gilt beispielsweise für die Ausweisung von Zonen überdurchschnittlicher Lärmbelästigung, ebenso auch für die Bewertung der Infrastruktur. Andere Teilziele lassen sich wenigstens näherungsweise auf indirektem Wege erreichen. Das gilt beispielsweise für die mit Landwirtschaft und Erholung zusammenhängenden Themen.

Im folgenden soll nun die hier vorzustellende Legende für eine Kartierung von Verdichtungsräumen im Maßstab 1 : 25000 beschrieben und erläutert werden. Der gedankliche Rahmen für diese Legende kann als vorläufig abgesteckt gelten. Manche Details werden allerdings noch der Korrekturen und auch einer besseren Präzisierung bedürfen. Wo und wie dies bereits als möglich erscheint, soll wenigstens andeutungsweise mitgeteilt werden.

II. Die Ermittlung und Einstufung der Areale

Die Prüfung aller kartographisch darstellbaren Areale an den Gegensatzpaaren „sehr dicht — wenig dicht" sowie „urban — nicht urban" und eine anschließende Bewertung nach einer von „gut bis schlecht" reichenden Skala sind bereits als Hauptanliegen der Untersuchung genannt worden. Es wurde auch schon betont, daß der Verdichtungsraum vorrangig als ein ganz spezifischer Lebensraum gesehen werden soll. Demzufolge sind die verschiedenen Grunddaseinsfunktionen der Arealabgrenzung zugrunde gelegt worden. Neben den Wohngebieten werden Arbeits-, Verkehrs- und Erholungsflächen ausgewiesen und die Hauptzentren des Sich-Versorgens dargestellt.

Die erste Aufgabe der Kartierung des Verdichtungsraumes Stuttgart bildete die Abgrenzung von Arealen, in denen jeweils eine der Grunddaseinsfunktionen mit den dazugehörenden Bauten und Folgeeinrichtungen dominiert oder mehrere sich so ergänzen, daß eben diese Kombination einen eigenen Areal-Typ ergibt.

Die Areale einer bestimmten Grunddaseinsfunktion müssen in einem zweiten Arbeitsgang an Hand der schon erwähnten Wertungsskalen eingestuft und eventuell untergliedert werden, z. B. die Wohngebiete in solche mit relativ hoher und solche mit vergleichsweise geringerer Bevölkerungsdichte, die Erholungsgebiete in solche, die nur über Clubmitgliedschaften, und in solche, die für jedermann zugänglich sind.

Langwierige empirische Untersuchungen mußten vorausgehen, um die Trennlinien zwischen den einzelnen Typen und Untertypen festlegen zu können. Nach Möglichkeit sollten alle Areal-Typen auch quantitativ beschrieben und definiert werden, was bei Dichtewerten keine größeren Schwierigkeiten bereitet. Zum anderen sollten jedoch auch die physiognomischen Erscheinungen der einzelnen Areale nicht unberücksichtigt bleiben, zumal sich in ihnen Wertungen in hohem Maße widerzuspiegeln vermögen.

1. Die Areale der Kategorie „Wohnen"

Für die Areale des Wohnens sind Bemessungen und Wertungen nach der Bevölkerungsdichte oder nach der Wohnungsdichte, auch nach der Urbanität, für qualitative Unterscheidungen durchaus üblich. Zur Kennzeichnung der in der Karte dargestellten Areale ist vorrangig die Bevölkerungsdichte von Bedeutung. Die Bevölkerungsdichte kann jedoch, wenn sie einer Bewertung dienen soll, nicht allein gesehen werden, sie muß sich auf die Typen der Bebauung beziehen. Areale mit freistehenden, gartenumgebenen Ein- und Zweifamilienhäusern unterscheiden sich hinsichtlich der Bevölkerungsdichtezahlen beträchtlich von Arealen mit Reihenhäusern oder Gebieten vorherrschender vielgeschossiger Wohnblockbebauung.

Für die Ermittlung der *Bevölkerungsdichte* bieten sich zwei Wege an. Entweder können die Ergebnisse der Volkszählung herangezogen werden, was soweit möglich ist, als die kleinsten Zähleinheiten vollständig innerhalb eines Areals mit ganz bestimmter Bebauung liegen. Oder man legt einige Stichprobenuntersuchungen für die verschiedenen Bebauungstypen der Einstufung der Areale zugrunde. Das letztere Verfahren ist zeitsparender und dann anwendbar, wenn keine starke Unterteilung der Areale nach der Bevölkerungsdichte angestrebt, sondern eine Zusammenfassung der Einzelwerte zu nur wenigen Dichte-Gruppen als ausreichend erachtet wird.

Denkbar wäre auch eine Ergänzung der Aussage über die Bevölkerungsdichte durch Angaben über die Wohndichten, also über die Personenzahl in bezug auf die tatsächlichen Wohnungsflächen. Da im Augenblick hierzu keine Zahlenunterlagen zur Verfügung stehen, wurde auf die Einbeziehung dieses Sachverhaltes verzichtet.

Denkbar wäre weiterhin die Berücksichtigung der Veränderung der Bevölkerungsdichte, ihrer Verringerung oder ihrer Zunahme. Eine Zunahme der Bevölkerungsdichte ergibt sich in einem begrenzten Gebiet entweder durch eine zunehmende Überbauung (etwa durch das Auffüllen von Baulücken) oder durch eine Erhöhung der Geschoßzahlen (etwa bei der Ablösung älterer durch neue Bauten) oder durch eine stärkere Belegung bereits vorhandener Wohngebäude (etwa durch die Einrichtung von Massenquartieren). Die Einbeziehung von Aussagen über die Veränderung der Bevölkerungsdichte unterblieb jedoch, um die Karte nicht zu überladen.

Eine Ausgliederung von Arealen nach den oben schon erwähnten *Bebauungstypen* bietet den Vorteil, daß dabei die Darstellung der Bevölkerungsdichte mit der Wiedergabe einer die verfügbaren Wohnflächen ungefähr abschätzenden Wohngebäude-Typisierung verbunden werden kann, wobei indirekt auch noch in groben Zügen qualitative Eigenschaften der einzelnen Wohngebiete sichtbar werden, soweit sie von dichter oder lockerer, von hoher oder niedriger Bauweise mitbestimmt werden. Areale einheitlicher Bauweise lassen sich recht gut aus Luftbildern im Maßstab 1 : 12000 herausfinden. Bungalows, kleine Siedlerhäuschen für ein bis zwei Familien, Einfamilien-Reihenhäuser, Miethäuser mit Etagenwohnungen und andere Wohnhaustypen lassen sich dabei gut unterscheiden. Nachdem in der Regel ein ziemlich enger Zusammenhang zwischen diesen Bebauungstypen und bestimmten Bevölkerungsdichtestufen besteht, lassen sich für die Kennzeichnung der verschiedenen Areale nebeneinander ausweisen: Gebäudetyp, Geschoßzahl, Geschoßflächenzahl, Haushalte pro Wohngebäude und Bewohner pro Hektar. Als zusätzliche Entscheidungshilfen lassen sich aus den Luftbildern auch die Anzahl der Hauseingänge und die Art der Nutzung der Freiflächen rund um die Häuser ermitteln. Allerdings ist eine extrem hohe Belegung von Wohnquartieren durch die Aufteilung in Kleinstwohnungen und durch Untervermietung aus den Luftbildern nicht zu ersehen. Ebenso sind Nutzungsänderungen von Wohngebäuden etwa durch Büros und Praxen aus solchen Unterlagen in der Regel nicht nachzuweisen. Aber das Auseinanderklaffen von Physiognomie und Funktion der Gebäude ist nur in den Randgebieten der City eine so häufige Erscheinung, daß sich bei einer Beschränkung allein auf die Luftbildauswertung eine zu hohe Fehlerquote ergeben würde.

Neben die zunächst quantitativ bezogene Wertung der Wohngebiete tritt die qualitative in Hinblick auf den Grad an Urbanität. Für diesen etwas schillernden Begriff erfolgt die Orientierung an der Vorstellung von der „Stadt als dem in höchstem Maße arbeitsteiligen Lebensraum", wobei die starke berufliche Differenzierung der Bevölkerung in erster Linie für den Verdichtungsraum im ganzen zutrifft, während die einzelnen Areale u. U. sehr eng begrenzte Sozialstrukturen aufweisen können. Alle Areale müssen jedoch hinsichtlich der Versorgungseinrichtungen relativ gut gestellt sein, um den Bedarf einer mit allen Kommunikationsmitteln reichlich versehenen, anspruchsvollen Bevölkerung decken zu können. Das gilt insbesondere für die Nähe bzw. gute Erreichbarkeit von Einrichtungen auf den Gebieten von Einzelhandel, Gesundheitswesen, Ausbildung und Nahverkehr.

Ein breitgefächertes und qualitativ hochrangiges Versorgungsangebot setzt jedoch — unter dem Gesichtspunkt der „Rentabilität" — eine große Zahl an zu versorgender Bevölkerung im Einzugsgebiet voraus und — wenn dieses Einzugsgebiet in Hinblick auf zumutbare „Reichweiten" bzw. Wegestrecken möglichst auch eng begrenzt bleiben soll — entsprechend auch eine relativ hohe Bevölkerungsdichte.

Maßstäbe für eine optimale Urbanität müssen beim Fortgang der Untersuchungen noch erarbeitet werden. Auch soll versucht werden, eine für Verdichtungsräume noch unzulängliche Urbanität näher zu definieren, d. h., es soll aufgezeigt werden, auf welchen Gebieten Mängel bestehen. Andererseits werden Areale, in denen an die Stelle einer Nutzungsvielfalt einseitige gewerbliche Strukturen getreten sind, als bereits „überurban" gekennzeichnet werden. Vor allem eine ungehindert expandierende City birgt die Gefahr in sich, infolge ihrer Einseitigkeit und einem extremen Kontrast zwischen Tag- und Nachtbevölkerung der Vielfalt an Urbanität eines Stadtzentrums Abbruch zu tun.

Die in der Legende mit „Aussagen zur Urbanität" versehene Spalte ist — wie oben schon angedeutet — als noch unvollständig anzusehen. Sie soll zunächst die gedankliche Richtung aufzeigen. Noch sind nämlich die Wertungsskalen für die oben erwähnte Einstufung urbaner Versorgungsmöglichkeiten und urbaner Verkehrsbedienung nicht erarbeitet. Sie könnten in ihrer Summe definierte Aussagen über Stufen der Urbanität machen. Die äußere rechte Spalte in der Legende enthält den Vorschlag, eine solche Wertung vorzunehmen. Nach Einfügung definierter Abstufungen wird sie die jetzt noch recht einseitig an Einwohnerdichte und Haustypen anknüpfenden „Aussagen zur Urbanität" ergänzen oder ablösen können.

Die jetzt in der Legende aufgeführten Zuordnungen zur Urbanität werden sicher auf Kritik stoßen, wenn man ihre Brückenschlagfunktionen zum zunächst nur angedeuteten Ufer der Einstufung multipler stadtadäquater Versorgungsangebote übersieht. Mit Einfamilienhäusern locker bebaute Wohnviertel beispielsweise stuft die Legende als „nicht-urban" ein, selbst wenn ältere Villenviertel längst vollständig in das überbaute Gebiet der ausufernden Großstadt einbezogen, vielleicht sogar relativ zentrumsnah gelegen sind und sicherlich von Menschen mit ausgesprochen „städtischen" Berufen bewohnt werden. Die vorgenommene Einstufung mag zunächst unlogisch erscheinen. Aber einst waren die Villen, die Landhäuser, draußen vor den Toren der Stadt in sehr bewußt nichtstädtischen Bauformen entstanden. Ob dafür nun Gründe der Repräsentation, des Erholungs- und Freizeitwertes oder der Flucht vor der sich entfaltenden Stadt des Industriezeitalters anzuführen sind, ist hier in diesem Zusammenhang nicht weiter wichtig. Die Viertel mit gartenumgebenen Häusern bildeten einen Kontrast zum geschlossenen Baukörper des Stadtkerns. Daraus ergeben sich auch für die Gegenwart mancherlei Folgerungen. Sind solche Villenviertel flächenmäßig sehr ausgedehnt, dann dürften die Nachteile aller locker bebauten Gebiete mit geringer Bevölkerungsdichte hinsichtlich der Ausstattung mit Versorgungseinrichtungen und leistungsfähigen öffentlichen Verkehrsmitteln großenteils zutreffen. Dem Grad der Versorgung wird jedoch hier bei der Zuordnung zur Urbanität die Priorität zuerkannt. Das bedeutet allerdings auch, daß für kleinere Villenviertel die Nachteile der unzumutbaren Distanzen zu den Versorgungs- und Verkehrseinrichtungen dank der Nachbarschaft zu gut ausgestatteten anders überbauten Vierteln gar nicht wirksam sein müssen. In der Karte sollen entsprechende Schraffuren die guten Versorgungsmöglichkeiten sichtbar machen.

Auf diese Art der kartographischen Darstellung sei deshalb besonders hingewiesen, weil eine komplexe Legende, welche sich nicht mit einer einfachen und doch wiederum nichtssagenden Benennung des einzelnen Typs begnügt, sondern die Aggregation von möglichst genau zu definierenden verschiedenartigen Sachverhalten berücksichtigen will, wohl zwangsläufig mit der wachsenden Zahl von Einzelfaktoren an Überschaubarkeit verliert. Erst das Miteinander von Flächenfarbe und Schraffur bzw. Signatur wird am Ende auch der Variationsbreite der Grundtypen gerecht werden können.

Noch ein weiterer Hinweis auf „Aussagen zur Urbanität“ ist vielleicht ganz zweckmäßig. Auch hohe Bevölkerungsdichten bei vielgeschossiger moderner Bauweise bedingen nicht unbedingt vollkommene Urbanität. Die reine „Schlafstadt“ zeigt die Mängel monofunktionaler Großsiedlungen. Reine Wohnsiedlungen werden daher in der Legende zunächst als „randurban“ eingeschätzt und dann später allenfalls als „urban“ bewertet, wenn sie hinsichtlich aller Versorgungsmöglichkeiten und infolge der Nähe zu vielfältigen anderen Arealtypen den Erfordernissen genügen. In ähnlicher Weise sind auch die übrigen „Aussagen zur Urbanität“ im Sinne von Aussagen über Prädispositionen zu verstehen. —

Nicht unwesentlich für die Beurteilung von Stadtvierteln ist die Kenntnis des sozialen Gefüges. Die berufliche Gliederung der Erwerbspersonen ist jedoch ebensowenig vollständig zu erfassen wie die Einkommensverhältnisse der Familien. Das Material der Volkszählungen bringt hierzu kaum Hinweise, eigene Stichprobenerhebungen sind in der Regel zu zeitraubend. Ganz brauchbare Unterlagen wären Angaben über die Streubreite der Wohnungsmieten, sofern sie aus Zählungen zu gewinnen sind. Ein eigener Versuch, entsprechende Angaben aus Zeitungsanzeigen zu erhalten, erwies sich als nicht lohnend, teils wegen der zu unterschiedlichen regionalen Streuung der angezeigten Objekte, teils auch wegen des zu großen Zeitaufwandes für derartige Untersuchungen.

In Anbetracht des unzureichenden Materials über die *Sozialstruktur* und über die Einkommensverhältnisse der Bevölkerung ist auf diesem Gebiet eine Beschränkung auf eine nur grobe Differenzierung oder auf die Heraushebung extrem strukturierter Areale unumgänglich. Diese Beschränkung erscheint aber sachlich gerechtfertigt, weil die zahlreichen Areale mit gemischten Einkommensstrukturen weniger einer besonderen Hervorhebung bedürfen als die Areale mit sehr homogenen Einkommenshöhen der Wohnbevölkerung, insbesondere die Gebiete mit stark unterdurchschnittlichen Einkommensverhältnissen. Aber auch die Wohngegenden der besonders wohlhabenden Schichten lassen sich rasch ermitteln und verdienen eine besondere Hervorhebung, zumal sich aus den Extremen der Sozialstrukturen auch die Extreme hinsichtlich der Ausstattung mit Versorgungseinrichtungen u. a. m. erklären lassen. Die Problematik der Bewertung zwischen „gut und schlecht" wird hier im Hintergrund bereits andeutungsweise sichtbar.

Hinsichtlich der Sozial- und Einkommensstruktur werden also nur drei Arealgruppen unterschieden: a) Areale mit vorwiegend mittleren Einkommen bei großer Bandbreite der Sozialstruktur, b) Areale mit überdurchschnittlichen Einkommen bei schmaler Bandbreite der Sozialstruktur und c) Areale mit vorwiegend stark unterdurchschnittlichen Einkommen und relativ homogener Sozialstruktur.

Ein Zusammenhang zwischen diesen ziemlich einfachen Sozialstrukturtypen und den Wohngebäudetypen ist nur mit großen Einschränkungen feststellbar. Wohl ist der Gebäudetyp „Bungalow" in seiner aufwendigsten Form fast ausnahmslos den einkommensstärksten Gruppen der Wohnbevölkerung zuzuordnen, aber es sind auf der anderen Seite die einkommensschwächsten Gruppen, die man in den Arealen mit Miethäusern und Wohnblocks zu suchen haben wird, nicht unbedingt auf Anhieb zu erfassen. Dazu bedarf es eingehender Nachprüfungen in solchen aus Luftbildern ermittelten Arealen durch Besichtigungen und Befragungen an Ort und Stelle.

Art, Qualität und Anzahl von *Versorgungseinrichtungen* spiegeln in hohem Maße die Bevölkerungsstruktur eines Wohngebietes wieder. Hier im Zusammenhang soll jedoch weniger den spezielleren stadtgeographischen Fragestellungen zum Themenkomplex „Versorgung" nachgegangen werden. Es wird vielmehr auszugehen sein von der Prämisse, daß Urbanität auch einen hohen *Versorgungsgrad* der im Verdichtungsraum lebenden Bevölkerung umschließt. „Versorgung" bedeutet in unserem Falle im engeren Sinne ein gut erreichbares Versorgungsangebot auf den Gebieten von Einzelhandel und Gesundheitswesen, im weiteren Sinne auch ein Versorgungsangebot durch Schulen, öffentliche Büchereien, innerstädtische Erholungsflächen und Sporteinrichtungen. Die Einbeziehung und Wertung des „guten oder schlechten" Versorgungsangebotes in den einzelnen Teilen eines Verdichtungsraumes erfolgt in doppelter Hinsicht. Einmal ist — auf die einzelnen Wohngebiete bezogen — die Frage zu stellen, ob und in welchem Maße bzw. auf welchen Gebieten die hier lebende Bevölkerung gut oder weniger gut versorgt ist. Zum anderen sind gewichtige Zentren der Versorgung als funktionale Steuerungszentren gesondert hervorzuheben. Die Überlegungen zu dem letzteren Gesichtspunkt sollen später dargelegt werden (II/2b), dagegen sind zu dem ersteren Gesichtspunkt hier schon einige Bemerkungen erforderlich, weil ein Versorgungsangebot mitbestimmend ist für die qualitative Einschätzung von Wohnvierteln.

Es sind in der Tat im Augenblick nur wenige Bemerkungen zur Frage nach dem Versorgungsgrad der einzelnen Wohngebiete zu machen, weil hierzu noch keine Arbeitsergebnisse, sondern erst einige Pläne vorliegen. Es ist daran gedacht, die Versorgungsverhältnisse als „gut", „mittelmäßig" und „unzureichend" einzustufen. Nachdem für eine Verdichtungsraum-Bevölkerung eine „gute" Versorgung vorausgesetzt wird, bedürfen die „urbanen Wohngebiete" mit gutem Versorgungsangebot keiner besonderen Hervorhebung in der Karte. Es wird zweckmäßig sein, nur die mittelmäßige oder unzureichende Versorgung durch eine aufgesetzte Schraffur kenntlich zu machen. Umgekehrt könnte man bei den „nicht urbanen" Wohngebieten verfahren, dort also eine nur „unzureichende oder mittelmäßige" Versorgung gewissermaßen voraussetzen und eine „gute" Versorgung durch zusätzliche Signaturen als Besonderheit hervorheben.

Eine „gute" oder eine „unzureichende" Versorgungssituation in einem Wohngebiet kann auf zwei sehr verschiedenartigen Wegen ermittelt werden. Zum einen bietet sich eine Ermittlung der Versorgungsmöglichkeiten auf dem Wege der Befragung der Wohnbevölkerung an. Das erbringt zwar eine Vielzahl recht subjektiver Äußerungen, hat aber den Vorteil, daß sich auch die von Wohngebiet zu Wohngebiet wechselnden Anspruchsniveaus der Bevölkerung einigermaßen erfassen lassen. Zum anderen bietet sich die Erfassung und qualitative Klassifikation der in einem Wohngebiet vorhandenen Versorgungseinrichtungen an. Das bietet den Vorteil der Vergleichbarkeit innerhalb des gesamten Verdichtungsraumes aufgrund von recht exakten, quantifizierbaren Unterlagen. Dabei genügt es allerdings nicht, etwa nur die Lage, Anzahl, Größe und Qualität von Einzelhandelsgeschäften, Ärztezentren, Krankenstationen, Grund-, Haupt- und weiterführenden Schulen festzuhalten und kartographisch darzustellen. Es ist dies zwar auch nicht überflüssig, und darauf wird — wie oben schon erwähnt — noch zurückzukommen sein. Es sollen aber gleichfalls auch — und darauf zielen ja auch die eventuellen Befragungen ab — die Kontakte bzw. die Kontaktmöglichkeiten zwischen den Versorgungseinrichtungen und der Wohngebietsbevölkerung für die qualitative Einschätzung der Wohngebiete herangezogen werden. Vorrangig wird dabei die Erreichbarkeit der verschiedenen Versorgungseinrichtungen zu beachten sein. Um die Erreichbarkeit unter den Gesichtspunkten einer Wertung von „gut bis schlecht" beurteilen zu können, kann man die tatsächlichen Entfernungen an Richtwerten oder Normzahlen für „zumutbare Wegstrecken" sowie für die „Reichweite" zentraler Güter und Dienstleistungen messen.

Am Ende soll das Versorgungsausmaß in den verschiedenen Arealen des Wohnens bewertet und dergestalt in die Karte übertragen werden, daß die verschiedenen Versorgungsstufen möglichst exakt definiert sind. Das setzt freilich noch umfangreiche Untersuchungen voraus. Es sind zwar der Literatur mancherlei „Richtzahlen" zu entnehmen, aber ihre Anwendbarkeit erfordert in Anbetracht der teilweise recht erheblichen Unterschiede sorgfältige Überprüfungen. Auch müssen die Versorgungsbereiche der einzelnen Ladenzentren erst einmal ermittelt werden, was nur mit Hilfe zahlreicher Stichprobenbefragungen möglich ist. Schließlich gilt es dann zu überprüfen, wieweit die empirisch ermittelten Bereichsgrenzen sinnvoll und zweckmäßig sind, ob sie eventuell — unter planerischen Überlegungen — durch Soll-Grenzen streckenweise zu ersetzen sind, um nicht ein rechnerisches Versorgungsdefizit oder Versorgungsüberangebot in einem zentralörtlichen Bereich festzustellen, das sich lediglich aus andersgelagerten Strukturschwächen erklärt. Aber diese letzteren Vorstellungen mögen vielleicht schon über das hinausgehen, was die geplante Karte erbringen sollte. Nicht zuletzt sind ja auch von der kartographischen Darstellbarkeit Grenzen bezüglich des Umfanges der Aussagen gesetzt.

Die Frage, inwieweit sich Aussagen über die Versorgung mit denen über die erreichte Urbanität werden in Einklang oder gar zur Deckung bringen lassen, wird ebenfalls noch in einem späteren Stadium der Untersuchungen zu beantworten sein. In der Arbeitshypothese wird davon ausgegangen, daß in einem Verdichtungsraum mit seinem hohen Maß an Arbeitsteilung eine gewisse Durchmischung von bestimmbarer Bandbreite hinsichtlich der verschiedenen Funktionen in den überbauten Arealen die Regel ist. Demzufolge sind Arbeitsplätze im Dienstleistungsbereich in bestimmter Relation zur Wohnbevölkerung in jedem Wohngebiet zu erwarten. Wenn jedoch die Funktionen des Tertiären Sektors — wie das in einer City mitteleuropäischer Prägung der Fall ist — die Wohnungen weitgehend verdrängt haben und nahezu allein die Flächennutzung bestimmen, dann ist für ein solches Areal eine Übersteigerung an Urbanität festzustellen. In der Kartenlegende wird unter solchen Gesichtspunkten also auch eine „Überstufe" in der Skala der Urbanität ausgewiesen.

Als Darstellungsweise ist für die Areale des Wohnens vorgesehen, durch Flächenfarben die Verknüpfung der Aussagen über Bevölkerungsdichte und Urbanität wiederzugeben. Strukturelle Einseitigkeiten oder Extreme lassen sich durch aufgesetzte Raster und Schraffuren kennzeichnen (siehe IV).

2. *Die Areale der Kategorie „Arbeiten"*

a) Industrie und andere nichtlandwirtschaftliche, großflächige Betriebe

Um auch Industriegebiete oder Agglomerationen anderer nichtlandwirtschaftlicher Betriebe mit großem Flächenanspruch nach den Gesichtspunkten „Dichte" und „Urbanität" typisieren zu können, sind umfangreiche Vorarbeiten erforderlich, weil die bisher in der Literatur veröffentlichten Untergliederungen für unsere Zielsetzungen nicht oder nur teilweise ausreichen. Die hier vorgetragene Konzeption ist daher nur eine vorläufige; nach Möglichkeit sollte sie später einmal verbessert werden.

Zur Dichteberechnung bietet sich die Zahl der Arbeitsplätze pro Arealfläche an. Ein Betrieb, der vielen Personen auf möglichst kleiner Fläche Arbeit gibt, ist der Bodenknappheit in einem Verdichtungsraum in hohem Maße angepaßt. Dagegen ist ein große Flächen beanspruchender und gleichzeitig doch nur relativ wenige Menschen beschäftigender Betrieb — allein vom Standpunkt der „Dichte" her gesehen — zunächst als „unpassend" anzusehen; er steht im Widerspruch zu allen sonstigen Charakteristika eines Verdichtungsraumes. Die Existenz großer Fabrikkomplexe oder ganzer Fabrikviertel mit relativ geringer Arbeitsplatzdichte in zahlreichen Großstädten vermag eine solche Auffassung nicht zu widerlegen. Es sind nämlich diese Fabriken vor etlichen Jahrzehnten weit außerhalb der Stadt oder vielleicht am Rande eines Vorortes errichtet worden. Sie waren damals „nicht urban", und heute sind sie es im allgemeinen noch immer nicht, ihre Standorte sind nur in historischer Sicht zu verstehen.

Die *Arbeitsplatzdichte* kann nicht isoliert betrachtet werden. Sie ist vor allem abhängig von der Branchenstruktur und von den technischen Rationalisierungsmöglichkeiten. Es hat jedoch die von J. Dahlhaus und D. Marx (1968) erstellte Tabelle des Flächenbedarfs pro Arbeitsplatz in den verschiedenen Industriezweigen[5]) eine erste Gruppierung nach dem Prinzip der Dichte ermöglicht. Berücksichtigen muß man dann jedoch, daß sich zwar in einem mehrgeschossigen Bau Arbeitsplätze gewissermaßen „übereinanderstapeln" lassen, daß andererseits aber in verschiedenen Branchen die Fertigungsprozesse nur auf einer Ebene rationell ausgeführt werden können. Immerhin lassen sich in zahlreichen Branchen die Arbeitsplätze mehrgeschossig anordnen und damit hohe Dichtewerte erreichen. Bedenken muß man sodann, daß im Falle von Schichtarbeit die Zahl der Arbeitsplätze pro Grundfläche verdoppelt oder verdreifacht wird. Auch sind Geschoßbauweise und Schichtarbeit abhängig von technischen und organisatorischen Erfordernissen und ebenso von wirtschaftlichen Konjunkturen, sie müssen nicht branchenspezifische Kennzeichen sein. Und eben diese Einschränkungen erschweren sinnvolle Gruppierungen der Branchen nach Arbeitsplatzdichtestufen.

Auch die Unterschiede produktionstechnischer und organisatorischer Art zwischen Großbetrieben und Kleinbetrieben fallen ins Gewicht. Sie waren zunächst in unscharfer Trennung, nämlich durch die Angaben „groß" und „klein", in die Legende aufge-

---

[5]) Die Zahlen bei Dahlhaus/Marx basieren auf Angaben aus Nordrhein-Westfalen; sie werden durch Zahlen von Grotz aus dem Mittleren Neckarraum ergänzt.

nommen worden, mußten aber dem Bemühen um Klarheit und Vereinfachung wieder zum Opfer gebracht werden. Die bisherige Gruppenbildung nach Branchen unterscheidet eine erste Gruppe mit geringer Arbeitsplatzdichte und hohem Flächenbedarf, wozu mit ähnlichen Merkmalen auch die Großbetriebe der Stadt-Versorgung, des Großhandels sowie der Speditionen gerechnet werden, von einer zweiten Gruppe mit zwar ebenfalls hohem Flächenbedarf, jedoch höherer Dichte der Arbeitsplätze; hierzu zählen vor allem Betriebe der Investitionsgüterindustrie. Eine dritte Gruppe, die nochmals unterteilt wird, ist dann durch geringen Flächenbedarf pro Betrieb und hohe Dichte der Arbeitsplätze gekennzeichnet. Sie umfaßt vorwiegend Betriebe der Konsumgüterindustrie.

Durch diese modifizierte Dichte-Skalierung wird bereits die Grundlage für die Einstufung der Areale nach der Skala der Urbanität geschaffen. Die erste Gruppe kann als „nicht-urban", die zweite als „randurban" und die dritte mit Einschränkungen als „urban" bezeichnet werden. Abhängig ist die Einstufung als „urban" jedoch von einem weiteren Faktor, nämlich von der Vielfalt der Berufsstruktur in den Betrieben. Die Siedlungen eines Verdichtungsraumes haben eine größere berufliche Differenzierung ihrer Wohnbevölkerung aufzuweisen als vergleichbare Gemeinden in den Peripherieräumen. Dies ist einerseits eine Folge der Vielfalt der Branchen, andererseits eine Folge des größeren und differenzierteren Arbeitsplatzangebotes innerhalb der einzelnen Branchen. Umgekehrt ist natürlich auch ein Teil der Industrie an Standorten mit breitgefächertem Arbeitskräfteangebot interessiert.

In der Legende unserer Karte wird die *berufliche Differenzierung* der in Industriebetrieben und anderen nichtlandwirtschaftlichen Großbetrieben Beschäftigten zunächst nur in der groben Untergliederung nach „gering" und „stark" ohne nähere Definition aufgeführt. Sie bedarf in der Karte keiner besonderen zusätzlichen Kennzeichnung, weil die erste, als „nicht urban" charakterisierte Gruppe, eine nur geringe berufliche Differenzierung aufzuweisen hat. Für die „randurbane" zweite Gruppe ist dagegen eine relativ starke berufliche Vielfalt typisch. Die dritte Gruppe wird man unter dem Gesichtspunkt der beruflichen Differenzierung der Beschäftigten unterteilen müssen in eine „randurbane" Teilgruppe mit geringer und in eine „urbane" Teilgruppe mit starker beruflicher Differenzierung.

Diese Gruppeneinteilung setzt spezielle Informationen bei der Herstellung der Karte voraus, die aus physiognomisch faßbaren Indikatoren nicht zu gewinnen sind. Das Luftbild 1 : 12000 ist für die Einstufung der Industriegebiete und anderer Areale mit vorherrschenden nichtlandwirtschaftlichen Großbetrieben nur für erste Informationen und Abgrenzungen zu gebrauchen. Die endgültigen Arealgrenzen und die Zuordnung der einzelnen Areale zu den aufgestellten Typen sind nur durch Feldaufnahmen sowie deren Ergänzung durch die Beschäftigten-Statistik und durch Befragungen zu erhalten. Die Darstellung der Arealtypen durch Flächenfarben bietet dann keine weiteren Probleme.

b) Konzentrationen des Tertiären Sektors

Die Arbeitsplätze des Tertiären Sektors sind zu einem großen Teil in den Wohn- und Industrievierteln verteilt, sie treten an nur wenigen Stellen so massiert auf, daß die dadurch geprägten Areale in der Karte flächenhaft darstellbar sind. Als typisches „Dienstleistungsareal" ist im Kern großer Städte im allgemeinen nur die City auszuweisen. Dabei soll der Begriff der City hier weitgefaßt sein und neben dem hochrangigsten Geschäftszentrum auch die angrenzenden Banken-, Großhandels-, Behörden- und Kulturviertel mit umschließen.

Schon die Viertelszentren sind jedoch in der Regel zu klein, um optisch bei flächentreuer Darstellung gut sichtbar zu sein. Sie sind jedoch in ihrer Funktion als Versorgungsmittelpunkte so bedeutsam, daß auf ihre Sichtbarmachung nicht verzichtet werden kann. Hier bietet sich die Hervorhebung durch Symbole an für Viertelszentren, die als Unterzentren zu betrachten sind, für größere Ladenkonzentrationen mit zahlreicheren und spezialisierteren Branchen, die als Mittelzentren den mittelfristigen und auch gehobenen Bedarf zu decken vermögen. Auch die City und eine eventuelle Neben-City werden zusätzlich zur besonderen Flächenfarbe noch mit einem ähnlichen Symbol besonders hervorgehoben werden müssen, um nicht bezüglich der Darstellungsweise und Lesbarkeit einen Bruch eintreten zu lassen.

Die besonders starke Hervorhebung der „zentralen Orte“ und der zur unmittelbaren Nahversorgung dienenden Ladengeschäftskonzentrationen ist erforderlich, weil in der Regel an solchen Stellen auch zahlreiche weitere Arbeitsplätze des Tertiären Sektors konzentriert sind. Einerseits üben diese Zentren eine starke Anziehungskraft auf die Bevölkerung in der Nachbarschaft oder auch noch darüber hinaus aus, andererseits stellen sie u. U. nicht unwesentliche Steuerungszentren für die Entwicklung in den verschiedenen Stadtteilen oder Dörfern dar. Die Qualität des Versorgungsangebotes ist ein sehr gewichtiger Faktor in der Gesamtqualität einer Siedlung oder eines Siedlungsteiles. Davon hängt u. a. ab, welche Berufsgruppen und welche Unternehmer sich zur Ansiedlung entschließen werden. Mehr braucht wohl an dieser Stelle hierzu nicht ausgeführt zu werden, weil sonst die ganze Zentrale-Orte-Thematik aufgerollt werden müßte.

Folglich soll hier auch ohne nähere Begründungen nur kurz angedeutet werden, daß die Typenbildung bei den Ladengeschäftskonzentrationen nach den Kriterien bei der Einstufung „zentraler Versorgungsorte“ oder „Selbstversorgerorte“ erfolgt. Dazu bedarf es der Ermittlung der Ausstattung, d. h. der Branchenstruktur eines Ladenzentrums, woraus sich die Definition einer Mindest-Ausstattung der verschiedenen Zentrums-Typen ableitet. Dazu bedarf es ebenso zahlreicher Befragungen der Bevölkerung, wieweit sie das Angebot als ausreichend erachtet, wie sie also die einzelnen Zentren bewertet und — entsprechend ihrer Inanspruchnahme — einstuft.

Bei diesen Befragungen könnte man gleichzeitig die Einzugsbereiche der verschiedenen Stadtviertel- oder Dorf-Ladenzentren ermitteln. Sie könnten in der Karte mit gerissenen Linien umgrenzt werden.

Als Symbol für die Darstellung der Versorgungszentren werden Dreieck, Quadrat und Kreis gewählt, um die gleichen Darstellungsmittel wie in der Karte der „Zentralen Orte in der Bundesrepublik Deutschland“ sowie in einigen anderen ähnlichen Karten zu dieser Thematik zu verwenden. Denkbar wäre auch, die Symbole nicht in die Karte selbst aufzunehmen, sondern sie in einem transparenten Deckblatt einzutragen. Es bewirken ja die Symbole in der Karte, daß den Standorten der bedeutsameren Versorgungskonzentrationen ein vergleichsweise sehr starkes Gewicht beigemessen wird, was im Falle starker Kleingliedrigkeit der Areale vielleicht nicht immer wünschenswert ist.

c) Landwirtschaft

Wer einen Verdichtungsraum mit dem Auto durchfährt, unterschätzt leicht die Bedeutung und allein schon den reinen Flächenanteil der Landwirtschaft. In der kartographischen Darstellung eines Verdichtungsraumes kommt das flächenhafte Übergewicht der Landwirtschaft zwangsläufig deutlich zur Geltung. Es kann nicht darauf ankommen, detaillierte Aussagen über die landwirtschaftliche Nutzung zu machen. Aber unter welchen Gesichtspunkten sollte und könnte man überhaupt Aussagen über die Landwirtschaft bzw. über die Bodennutzung in einem Verdichtungsraum machen?

Unter den Gesichtspunkten von „Dichte" oder „Urbanität" kann man den Arealen der Landwirtschaft nur schlecht nahekommen, und mit Bezeichnungen wie „gut" oder „schlecht" lassen sich Formen der Bodennutzung auch nicht einstufen. Es sind andersgeartete Aussagen erforderlich, die zur Frage nach den Zuständen und Kräften in einem Verdichtungsraum Auskunft geben. Man könnte daran denken, die teilweise sehr zahlreichen landwirtschaftlichen Nebenerwerbsbetriebe wenigstens indirekt mit dem Stichwort „Urbanität" in Verbindung zu bringen, aber dieser Zusammenhang ist zu unverbindlich. Jedenfalls aber sind die von Nebenerwerbsbetrieben bewirtschafteten Flächen anders einzuschätzen als die der Existenzsicherung dienenden Flächen der bäuerlichen Betriebe. Die von den einzelnen Sozialgruppen bewirtschafteten Flächen lassen sich jedoch nur in höchst umständlicher und zeitraubender Weise ermitteln; folglich muß auf eine solche Unterscheidung verzichtet werden.

Unter dem Gesichtspunkt der „Dichte" könnten in der Karte Auskünfte über die Betriebsgrößenstruktur und den Besatz mit landwirtschaftlichen Erwerbspersonen gegeben werden. Das wäre vielleicht in Hinblick auf die übrigen Merkmale der „Dichte" konsequent, würde aber für das Gesamtthema kaum etwas aussagen.

Sinnvoller ist wohl, mit dem Gesichtspunkt der „Dichte" andere Überlegungen zu verbinden, die auf eine Einbeziehung der *Betriebsorganisation* abzielen. Anstelle von „Dichte" wird dabei die Arbeits- und Ertragsintensität in Ansatz gebracht. Die Flächen werden je nach der Arbeits- und Ertragsintensität der landwirtschaftlichen Nutzung zu drei Typen zusammengefaßt. Ein erster Nutzungstyp, dem hier die relativ geringste Arbeits- und Ertragsintensität beigemessen wird, setzt sich zusammen aus den gesamten Feldflächen, den Wiesen und Weiden, den Sozialbrache- und Ödlandflächen. Zu einem zweiten Nutzungstyp sind die Areale der Dauer-Sonderkulturen, der Rebkulturen sowie der Baum- und Beerenstrauchkulturen zusammengefaßt. Den dritten Nutzungstyp bilden die größeren, zusammenhängenden Gartenbauflächen, die in der Regel besonders arbeitsintensiv bewirtschaftet werden.

Der Einteilung der Nutzungstypen liegen nicht nur Überlegungen bezüglich der Dichte der Arbeitsplätze und der Arbeitsintensität zugrunde. Auch das Ausmaß der Abhängigkeit von Marktbeziehungen und Kapitalinvestitionen wurde — ohne freilich gewichtet zu werden — mit einbezogen. Je mehr eine Landwirtschaft in einen Verdichtungsraum integriert und je „stabiler" sie ist, desto mehr vermag sie den Verlockungen kurzfristiger Baulandspekulationen zu widerstehen. Aus diesem Grund wurden auch innerhalb der ersten beiden Bodennutzungstypen jene Flächen besonders gekennzeichnet, die flurbereinigt sind und somit von einer expandierenden Bebauung weniger leicht geschluckt werden als Kleinstparzellen in Gemengelage.

In diesem Zusammenhang muß auch die kartographische Hervorhebung der Aussiedlerhöfe Erwähnung finden. Sie sind nicht wie die übrigen Areale des Wohnens flächentreu, sondern überproportional durch Kreisscheiben dargestellt, sie würden sonst im Maßstab 1 : 25000 kaum sichtbar sein. Sie sollen jedoch besonders hervorgehoben werden, weil es sich bei den Aussiedlerhöfen vorwiegend um die vergleichsweise stabilste Gruppe unter den Landwirtschaftsbetrieben handelt. Die von den Aussiedlerhöfen bewirtschaftete Fläche läßt sich nicht gesondert darstellen, weil sie durch Zupacht und Verpachtung mehr oder minder stark wechseln kann und sich zudem nur bei den Höfen selbst durch Befragung in Erfahrung bringen läßt.

Nicht übersehen werden soll der Hinweis auf die Nebenbedeutung der landwirtschaftlichen Areale für die Auflockerung eines Verdichtungsraumes. Ebenso wichtig ist die Rolle als Erholungszone etwa für Spaziergänger sowie ihre Rolle als Träger von Ausgleichsfunktionen im Naturhaushalt. Dabei gewinnen auch die Areale, die vorher als die geringster Ertragsintensität eingestuft wurden, eine allerdings quantitativ kaum zu bemessende Bedeutung. Diese wird nur dann augenfällig, wenn besondere Maßnahmen die genannten zusätzlichen Funktionen stützen, z. B. durch die Ausstattung mit Erholungseinrichtungen oder durch die Ausweisung als Landschafts- oder Naturschutzgebiet. Diese Kriterien lassen sich auch zusätzlich in der Karte darstellen, worauf später zurückzukommen sein wird.

Die Kartierung der drei Arealtypen kann nach den Luftbildern des Maßstabs 1:12000 vorgenommen werden. Unterlagen über die flurbereinigten Flächen liegen im Landesamt für Flurbereinigung und Siedlung vor.

3. Areale der Kategorie „Erholung" sowie sonstige unbebaute Flächen

Außerhalb der bebauten Zonen sind die einzelnen Areale nur in wenigen Fällen einer einzelnen, bestimmten Funktion vorbehalten. Sie dienen großenteils mehreren Funktionen, die sich grob in Nutz-, Schutz- und Erholungsfunktionen einteilen lassen. Die Zuordnung eines bestimmten Areals zu einem Typ erfolgt sowohl unter dem Aspekt der vorherrschenden, physiognomisch leicht erfaßbaren Nutzung als auch der wesentlichsten Funktion innerhalb des Verdichtungsraumes. Während bei den landwirtschaftlichen Arealen die verschiedenen Nutzungsformen als Feldland, Wiesen- und Weideflächen, Obst- und Rebkulturen usw. als dominant betrachtet werden, wird beim Wald für unsere Kartendarstellung nicht der forstwirtschaftliche, sondern der Erholungs-Wert als gewichtiger veranschlagt. Die Darstellung der Wälder in dunkelgrünem Farbton entspricht nur zufällig dem Üblichen, beabsichtigt ist vor allem die Herausstellung des Zusammenhanges aller in grünen Farbtönen und Farbstufen dargestellten Areale.

Eine Kennzeichnung der einzelnen Arealtypen der Kategorie Erholung nach der „Dichte" oder nach der „Urbanität" ist schwierig. Zum einen wird ein großer Teil der zur Erholung sich anbietenden Flächen in periodisch stark wechselndem Umfang frequentiert, d. h., die Besucherzahl ist jahreszeitlichen und noch mehr witterungsbedingten Schwankungen unterworfen. Zum anderen besteht die Notwendigkeit, für jeden dieser so unterschiedlich gearteten Arealtypen besondere Dichte-Skalen zu entwickeln; denn Sportplätze, Schrebergärten und Waldgebiete haben natürlich bei jeweils ganz anderen Zahlen die Grenze der „vernünftigen Dichte" erreicht. Dementsprechend können derartige Areale auch nicht nach dem Gesichtspunkt des Flächenbedarfs pro Erholungssuchenden gewichtet und bewertet werden. Wollte man dies trotzdem versuchen, etwa um das „Personen-Potential" der Erholungsareale eines Verdichtungsraumes in ein Verhältnis zur Wohnbevölkerung zu setzen, dann müßte man erst noch erörtern, ob und warum dabei von der tatsächlich-durchschnittlichen, von der tatsächlich-maximalen oder von einer als „zumutbar" angesehenen Belastung mit Personen pro Hektar ausgegangen werden soll. Trotz dieser hier vorgetragenen Bedenken sind in der Kartenlegende auf der Grundlage von Richtzahlen über den Flächenbedarf pro

Erholungssuchenden Angaben über die mittlere Besucher- bzw. Benutzerdichte in Erholungsarealen aufgenommen worden. Vielleicht sind diese Daten zu Vergleichszwecken ganz nützlich; für ihre Berechnung wurden die Tabellen bei R. Krysmanski (1971) herangezogen.

Wichtiger dürften in unserem Zusammenhang die Fragen nach den Besucher- oder Benutzergruppen in den verschiedenen Erholungs-Arealen und nach den Besitzern der für die Erholung in Betracht kommenden Flächen sein. Es kann nämlich der Schrebergarten nicht der Allgemeinheit zur Verfügung stehen, auch wenn viele Menschen einen Schrebergarten haben möchten und die Nachfrage nach solchen Kleinparzellen groß ist. Ob es sich dabei um Privat-, Genossenschafts- oder Gemeinde-Besitz handelt, ist weniger wichtig als die Feststellung, daß die Schrebergärten nur den Eigentümern oder den Pächtern und ihren Familien zur Erholung dienen. Ähnlich ist die Begrenzung auf einen bestimmten Personenkreis etwa bei einem Golfplatz oder einem anderen Sportgelände, das nur über eine Klub-Mitgliedschaft zugänglich ist. Dagegen können städtische Grünanlagen oder ein staatliches Forstgebiet von allen Gruppen besucht werden.

Eine Bewertung nach der von „gut bis schlecht" reichenden Skala ist bei den Arealen der Erholung besonders problematisch, weil sehr unterschiedliche Kriterien bei einer Bewertung zusammengefaßt und schließlich doch recht subjektiv gewichtet werden müßten. Ob und inwieweit auf diesem Gebiet bei weiteren Untersuchungen konkrete Ergebnisse erzielt werden können, bleibt mit einiger Skepsis abzuwarten. Angedeutet sei hier nur die rein theoretische Überlegung, wie wohl ein recht beliebtes, aber auch sehr überlaufenes Erholungsgebiet in der von „gut bis schlecht" reichenden Skala einzustufen wäre. Die erreichte hohe Besucherzahl mag vielleicht tatsächlich für die Beliebtheit eines solchen Gebietes sprechen und von den Behörden in Anbetracht der „sinnvollen und ökonomischen Arealnutzung" in einem an derartigen Flächen nicht reichlich gesegneten Verdichtungsraum wohlwollend betrachtet werden. Es ist jedoch gar nicht so sicher, ob die hohe Besucherzahl dem Bedürfnis „Sehen und gesehen werden" entspricht oder ob die hohe Dichte nur der Ausdruck für zwar vorhandene Erholungsbedürfnisse, jedoch fehlende Flächen von ähnlicher Qualität ist.

Eine eingehende Beschäftigung mit den Möglichkeiten einer Wertung nach den Gesichtspunkten der Skala „urban — nicht urban" muß ebenfalls auf erhebliche Schwierigkeiten stoßen. Das Dilemma beginnt mit der Einstufung des Schrebergartens, der einerseits ja nur das „städtische Pendant" des dörflich-ländlichen Krautgartens ist und somit eine mehr ländlich ausgerichtete Komponente in einem Verdichtungsraum darstellt. Andererseits sind es nun einmal Städter, die einem Hobby nachgehen, bei dem sich Erholung, körperliche Betätigung und nützliche Vitaminproduktion miteinander verquicken. Früher einmal hatten die meisten Kleinstadt-Bürger ihren eigenen Schrebergarten vor den Toren der Stadt mit eben den gleichen Selbstversorger-Funktionen wie der dörfliche Krautgarten. Bedenkenlos wird man den Schrebergarten heute auch noch zur Reihe der typischen Elemente eines Land-Städtchens zählen können. Aber ist im Rahmen einer Großstadt und eines expandierenden Verdichtungsraumes der Schrebergarten noch ein typisch städtisches Element? Wohl kaum. Wie groß müßten doch sonst die in Schrebergärten aufgeteilten Flächen sein! So käme am Ende einer solchen Überlegung am ehesten noch die Einstufung in die Reihe der „nicht urbanen" Areale in Frage. Der Schrebergarten dürfte wohl als ein Relikt vergangener Zeiten und „ländliches Beiwerk" aufzufassen sein.

Die Wochenendhaus-Gruppe irgendwo an einem hübschen Platz an der Peripherie des Verdichtungsraumes möchte man zunächst als besonderes Areal des ländlichen Raumes ausweisen. Ein Wochenendhaus-Gebiet dient der Erholung draußen im Grünen. Die Zweifel hinsichtlich der Eindeutigkeit der Zuordnung kommen dann, wenn man zunächst vom Standpunkt der physiognomischen Betrachtung nicht nur die Bauweise, sondern auch die durchaus nicht immer „ländliche" Gartenanlage sieht. Sie werden größer, wenn man die Gruppe von Städtern den Dorfbewohnern gegenüberstellt und sich überlegt, ob nicht eben dieses Nebeneinander unterschiedlicher sozialgeographischer Gruppen in der Karte besonders hervorgehoben werden sollte. Bewirkt doch die steigende Nachfrage nach Grundstücken für Wochenendhäuser häufig ein allgemeines Ansteigen der Grundstückspreise in einer ländlichen Gemarkung, das sich auf den rein landwirtschaftlichen Grundstücksverkehr nachteilig oder sogar lähmend auswirken kann. Solche Konfliktmöglichkeiten unterschiedlicher Interessen bedürfen besonderer Aufmerksamkeit, sollen also auch in der Karte Berücksichtigung finden.

Unter den gleichen Gesichtspunkten und doch wieder in anderer Weise können die Waldgebiete in zwei Arealtypen untergliedert werden. Man kann nämlich unterscheiden zwischen Wäldern mit vorrangiger Nutzfunktion zum Zwecke der Holzgewinnung und Wäldern, die durch mancherlei zusätzliche Einrichtungen wie Waldlehrpfad, Sportpfad, Schutzhütten, Feuerstellen, Wanderparkplätze usw. als Erholungsgebiete attraktiver gemacht werden. Für den Verdichtungsraum Stuttgart waren Unterlagen für eine solche Unterteilung von der Forstdirektion Nord-Württemberg dankenswerterweise zur Verfügung gestellt worden.

Die kartographische Erfassung der übrigen Areale der Kategorie Erholung konnte ohne Schwierigkeiten mit Hilfe der Luftbilder vorgenommen werden. Die Darstellung erfolgt in Flächenfarben, wobei die Unterteilung der Waldareale durch Intensitätsabstufung der Grundfarbe zum Ausdruck gebracht wird. Sachverhalte, die Kontraste, Konfliktbereiche usw. signalisieren, müssen durch zusätzliche Signaturen hervorgehoben werden.

III. Linien des Verkehrs

Daß dem gesamten Verkehrswesen innerhalb eines Verdichtungsraumes eine überragende Bedeutung zukommt, muß wohl kaum besonders hervorgehoben werden. Es bedarf eher einer Rechtfertigung, warum der Verkehr in unserem Kartenentwurf nur teilweise Berücksichtigung findet, und es bedarf einer Erläuterung, wie die in der Legende aufgeführten Verkehrslinien-Typen zustande gekommen sind.

Zunächst muß davon ausgegangen werden, daß sich im Maßstab 1 : 25000 nur ein Teil der Verkehrswege darstellen läßt. Die Beschränkung auf eine Hervorhebung weniger, bedeutsamer Verkehrslinien ist also allein schon technisch bedingt. Zum anderen entspricht es der inhaltlichen Zielsetzung unserer Karte, gewichtige strukturelle und funktionale Wesenszüge innerhalb eines Verdichtungsraumes in Form einer Zusammenfassung zu möglichst exakt definierten Typen sichtbar zu machen.

Bezüglich des Verkehrs sind zwei Sachverhalte wesentlich. Erstens bedeutet Verkehr die Verbindung von Quellgebieten und Zielgebieten. Zweitens können Verkehrslinien eine ausgesprochen trennende Wirkung haben, wenn die Verkehrstrasse — wie bei der Eisenbahn — nur einem einzigen Verkehrsträger vorbehalten ist und allem übrigen Verkehr nur in großen Entfernungen Über- oder Unterführungen zur Verfügung stehen, oder wenn ganztägig dicht befahrene Straßen nur sehr gelegentlich oder an nur wenigen Stellen überquert werden können.

Will man einen „durchschnittlichen“, vorwiegend streuenden, für einen Verdichtungsraum gewissermaßen „normalen“ Straßenverkehr, wie er alle Areale durchquert oder mit anderen Arealen verbindet, als „gegeben“ annehmen, dann bleibt als Aufgabe die Herausstellung der bedeutsamen und zugleich der trennend wirkenden Verkehrsstraßen, außerdem die Kennzeichnung der Verkehrsdichte auf diesen Trassen.

Dem Leitgedanken der Darstellung der „Dichte“ kann also mit Einschränkungen Rechnung getragen werden. Die Einbeziehung des Problemkreises „Urbanität“ führt dagegen von den Verkehrslinien weg zur Fläche, nämlich zur Frage nach der Anbindung der einzelnen Areale an das Netz der öffentlichen Verkehrsmittel. Man wird nach Wegen suchen müssen, die Verkehrsbedienung der einzelnen Viertel qualitativ und quantitativ zu bewerten. Den Individualverkehr wird man zweckmäßigerweise völlig außer Betracht lassen oder nur in bezug auf den ruhenden Verkehr berücksichtigen. Die mangelhafte Ausstattung eines Viertels mit Garagen wäre ein denkbarer Anlaß, um auch den Individualverkehr zu erwähnen. Vorrangig wird jedoch das Verkehrsangebot durch öffentliche Verkehrsmittel zu beachten und für eine Bewertung heranzuziehen sein. Das Maß an derzeitiger „urbaner Verkehrsbedienung“ durch öffentliche Verkehrsmittel könnte auch nach der dritten, von „gut bis schlecht“ reichenden Skala bewertet werden. In welcher Form das geschehen kann, muß zu einem späteren Zeitpunkt erprobt werden.

Nach der Darlegung der gedanklichen Konzeption der Einbeziehung des Verkehrswesens muß nun erläutert werden, unter welchen Gesichtspunkten die Typisierung der Verkehrslinien vorgenommen worden ist. Den Ausgangspunkt für die Einstufung nach dem Gesichtspunkt der Dichte bildete beim Straßenverkehr der Unterschied in der Verkehrsdichte während des Ablaufes eines Werktages. Angenommen wurde zunächst die Möglichkeit einer Gliederung der Straßen nach ihrer Verkehrsbelastung in vier Typen: a) in wenig belastete Straßen in Wohngebieten; b) in vorwiegend wenig belastete Nebenstraßen mit starker Verkehrsdichte in den Stoßzeiten; vielfach Funktion als Ausweich-Ausfallstraße; c) in ganztägig stark belastete Hauptstraßen; d) in Hauptstraßen in peripheren Räumen mit vorwiegend mittlerer Verkehrsdichte mit Spitzenbelastung in den Stoßzeiten.

Um eine derartige Typenbildung vornehmen zu können, bedarf es einer möglichst großen Zahl von Verkehrs-Zählstellen und einer chronologischen Aufgliederung der Zählergebnisse, aus welcher der Tagesablauf des Verkehrs zu ersehen ist. Das gewünschte Material stand allerdings nur für das Gebiet der Stadt Stuttgart zur Verfügung und wurde vom Tiefbauamt der Stadt freundlicherweise zur Auswertung überlassen. Die Daten von rund 500 verschiedenen Zählungen, die seit 1968 im Stadtgebiet durchgeführt worden sind, waren verständlicherweise für Zwecke des Amtes erhoben worden, ließen sich jedoch für die Typenbildung gut verwenden. Für den übrigen Verdichtungsraum war zwar umfangreiches Material von Zählungen an Bundes- und Landesstraßen, auch von einigen bedeutsamen Kreisstraßen, vom Regierungspräsidium Nord-Württemberg zu erhalten, doch waren daraus die gewünschten Informationen über den Tagesablauf des Verkehrs nur näherungsweise abzulesen. Die Belastung der Straßen in der Spitzenverkehrsstunde war bereits von der Behörde mit Hilfe eines empirisch ermittelten Faktors aus den gezählten Vierstundenwerten errechnet worden. Aus dem Anteil dieser Spitzenverkehrsstunde am gesamten Tagesverkehr wurde dann auf den Ablauf des Verkehrs im Tagesgang geschlossen. Nachdem diese Ermittlungen sehr eindeutige Übereinstimmungen im Verkehrsablauf zwischen den „Landstraßen“ und den Straßen im engeren Stadtgebiet erbrachten, bedurfte es keiner zusätzlichen Auf-

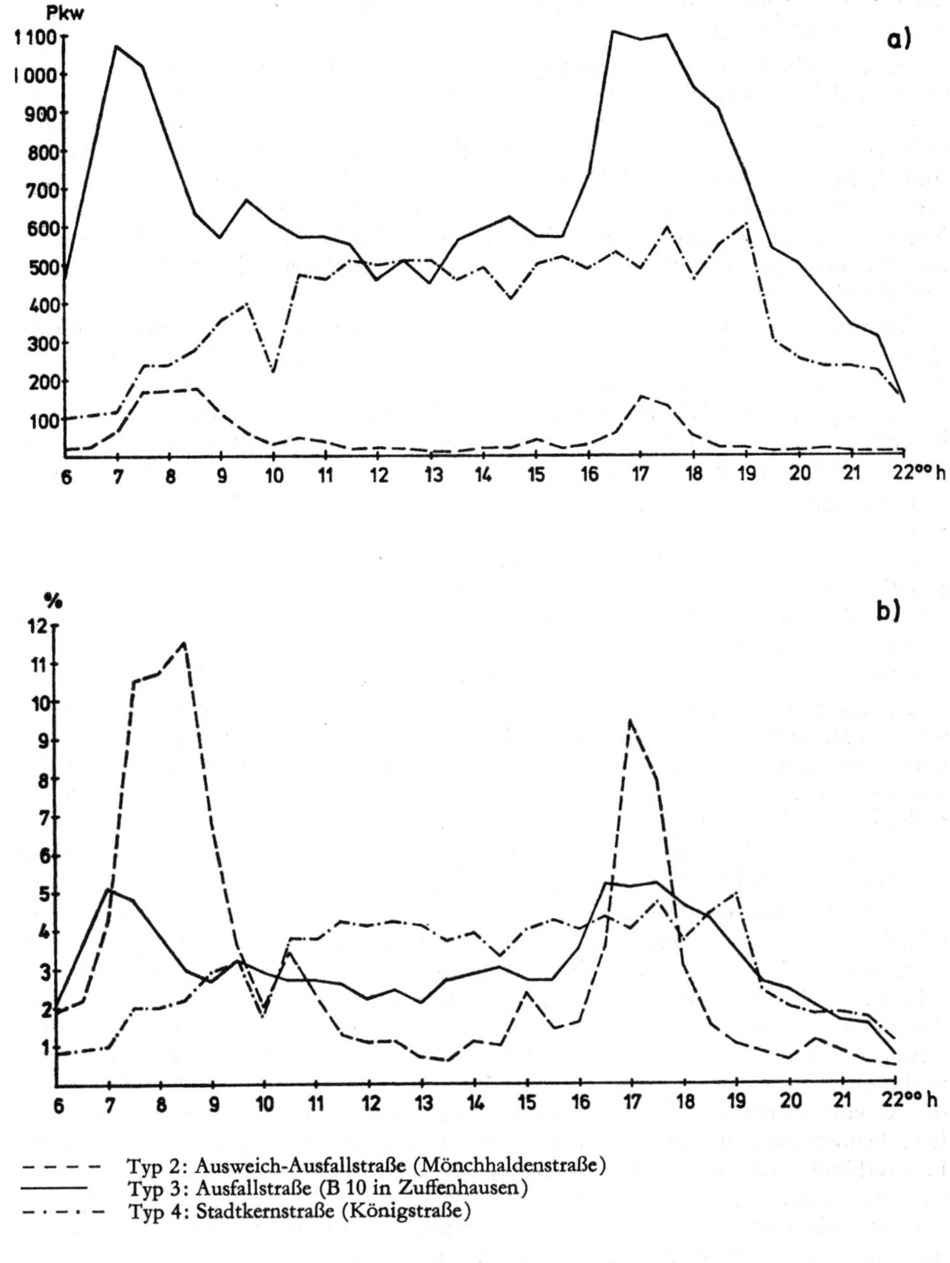

Abb. 1: Typen der Verkehrsbelastung (PKW) von Straßen im Tageslauf
a) Anzahl der Personenkraftwagen pro halbe Stunde (6.00—22.00 h)
b) Prozentualer Anteil der Halbstundenwerte am Gesamtverkehr

stellung von Typen für die Landstraßen. Der oben genannte Typ d) konnte also mit b) zusammengefaßt werden.

Die in Abb. 1 wiedergegebenen typischen Kurven des Verkehrsablaufes machen deutlich, daß aus dem umfangreichen Zählungsmaterial eine klare Typenbildung erarbeitet werden konnte. Bei den Auswertungen ließ sich sogar noch ein zusätzlicher weiterer Straßenverkehrstyp ermitteln, der Typ der Stadtkernstraße (Typ 4, Königstraße). Er zeigt bei unterschiedlich hohem Gesamtverkehrsaufkommen einen erst in den Vormittagsstunden ansteigenden Verkehrsablauf, der in den Mittags- oder frühen Nachmittagsstunden seine höchste Dichte erreicht. Das Vorherrschen von Fahrzeugen zum Zwecke von Einkaufs- und anderen Versorgungsfahrten spiegelt sich in diesem Verkehrsablauf wider.

Ausweich-Ausfallstraßen (Typ 2, Mönchhaldenstraße) sind gekennzeichnet durch einen tagsüber vorwiegend ruhigen Verkehrsablauf mit jedoch hohen Morgen- und Abendspitzen. Die Hauptein- und Ausfallstraßen (Typ 3, B 10 in Zuffenhausen) können bei ganztägig hoher Verkehrsbelastung in den Stoßzeiten gar keine so extrem darüber liegenden Spitzenwerte aufweisen, weil diese ohnehin schon über die Leistungsfähigkeit dieser Straßenzüge hinausgehen.

In die Karte sind nicht alle eben aufgezeigten Straßenverkehrs-Typen übernommen worden. Dargestellt werden nur die zuletzt genannten Haupt-Ein- und -Ausfallstraßen sowie die Ausweich-Ausfallstraßen, die in den Stoßzeiten den zu dichten Verkehr auf den Hauptstraßen entlasten bzw. den Kennern der örtlichen Verhältnisse zur Umfahrung der Engpässe dienen müssen. Aufgenommen wurden in die Karte außerdem die bedeutsameren Landstraßen ab einer bestimmten Verkehrsdichte, und zwar — wie die Stadtstraßen — in zwei Gruppen unterteilt.

Die „normalen" Straßen in den Wohn- und Industriegebieten können aus den erwähnten Maßstabsgründen in eine thematische Karte nicht aufgenommen werden. Auch konnte und mußte auf die besondere Hervorhebung der Stadtkernstraßen verzichtet werden, weil sich deren Ausbreitung fast völlig mit dem Arealtyp „City" deckt. Noch völlig offengeblieben ist bisher die Frage, ob und in welcher Form die Straßenbreite oder die Zahl der Fahrspuren in die Straßen-Typenbildung einbezogen werden sollen. Hierzu müssen noch weitere Überlegungen angestellt werden.

Die kartographische Darstellung der bedeutsameren Verkehrsstränge durch unterschiedlich stark ausgezogene Doppellinien verfolgt den zweifachen Zweck: einmal des Aufzeigens der Lage der verschiedenen Areale zu den Hauptverkehrslinien, wodurch beispielsweise die Zusammenhänge zwischen jungen Verdichtungsschwerpunkten und den Verkehrsverhältnissen sichtbar werden. Zum anderen will die graphische Ausführung auch die oben schon erwähnte trennende Wirkung zahlreicher Verkehrswege hervorheben. Unter diesem Gesichtspunkt sind auch sämtliche Eisenbahnlinien eingetragen worden, und zwar zunächst unabhängig von ihrer Bedeutung etwa für die tägliche Pendelwanderung oder für Fernverbindungen. Der Sachverhalt der Eisenbahn-Fernverbindungen wurde sogar völlig aus unserer Darstellung des Verdichtungsraumes ausgeklammert. Bei den Eisenbahnen wurden jedoch solche Linien etwas deutlicher hervorgehoben, die mit mindestens 25 Zugpaaren pro Tag im Nahverkehr ein besonders günstiges Angebot an Verkehrsmöglichkeiten aufweisen.

Der Vollständigkeit halber sei in diesem Zusammenhang erwähnt, daß gelegentlich auch „Areale des Verkehrs" besonders ausgewiesen werden müssen. Hierzu gehören beispielsweise Bahnhöfe, Rangieranlagen, Autohöfe und ähnliches. Ebenso muß der Verkehr auf Wasserstraßen in der Karte Berücksichtigung finden.

IV. Zusätzliche Kriterien und Wertungen

Wesentliches Anliegen des Karten- und Legendenentwurfes ist die Einbeziehung von Wertungen, die möglichst nicht „allgemein und ungefähr" gehalten sein sollen, sondern die Maßstäbe und Kriterien für die Bewertungen offenlegen. Das gilt in besonderem Maße für einige Sachverhalte, die bisher noch gar nicht oder nur sehr randlich erwähnt wurden, weil dem Betrachtungsrahmen vorrangig die Grunddaseinsfunktionen als Ordnungsprinzip zugrunde gelegt sind.

Dazu gehören die Benachteiligungen, denen sämtliche Arealtypen durch Lärmbelästigung und durch Luftverschmutzung ausgesetzt sein können. Besondere Benachteiligungen durch häufigen und langanhaltenden Lärm ergeben sich beispielsweise entlang großer Durchgangsstraßen und auch an stark frequentierten Kreuzungen, wobei — je nach den Schallverhältnissen — sehr unterschiedlich breite Zonen darunter zu leiden haben. Lärmbelästigungen können auch durch Industriebetriebe entstehen, insbesondere hat die Bevölkerung im Bereich von Flugschneisen darunter zu leiden. Luftverunreinigungen ergeben sich in der Hauptsache wohl durch Staubentwicklung und andere unerfreuliche Emissionen von Industriebetrieben sowie durch den Straßenverkehr, gelegentlich auch — aber das dürfte insgesamt wohl von untergeordneter Bedeutung sein — in Form von Geruchsbelästigungen. Nachteile von ganz anderer Art zeigen sich verschiedentlich in Bergbaugebieten, wo durch Grubensenkungen die vielseitigsten Schäden entstehen können, was hier aber nur nebenbei erwähnt werden soll.

Es besteht die Absicht, diese Nachteile vor allem in ihren gesundheitsgefährdenden Extremen in der Karte darzustellen. Vorerst ist aber nur eine Absichtserklärung möglich, denn es stehen keine Meßdaten für ganze Areale, geschweige denn für den ganzen Verdichtungsraum zur Verfügung. Die kartographische Darstellung der Zonen starker Lärmschäden und Luftverunreinigungen soll als „zusätzliche" Aussage mit Hilfe von Schraffuren vorgenommen werden. Es sind die vorgesehenen Senkrecht- und Waagerechtschraffuren zwar den Schrägschraffuren, mit denen die Unterversorgung der Wohngebiete hinsichtlich der Einkaufsmöglichkeiten und bezüglich der „Verkehrsversorgung" hervorgehoben werden soll, sehr ähnlich, aber das hat auf der anderen Seite den Vorteil, daß alle irgendwie ungünstig zu bewertenden Gebiete nach einem einheitlichen Prinzip besonders hervorgehoben werden.

Von der Erfassung und Darstellung der „Ungunst" in den Wohngebieten war oben im entsprechenden Zusammenhang schon die Rede. Trotzdem soll auch hier nochmals kurz darauf eingegangen werden. Es bezieht sich die Kennzeichnung der Ungunst auf zwei verschiedene Themenkreise. Zum einen soll die ungenügende Ausstattung oder auch die sehr ungünstige Erreichbarkeit der notwendigen Versorgungseinrichtungen für den täglichen Einkauf, aber auch an Kindergärten, Schulen, Ärzten usw. hervorgehoben werden. Dabei gibt es zwei Ursachen, die bei der Darstellung jedoch nicht unterschieden werden: Entweder herrscht ein tatsächlicher „Mangel" an solchen Einrichtungen, oder es ist das Gebiet zu dünn bevölkert, um alle Einrichtungen in gut erreichbarer Nähe zu haben.

Zum anderen sollen unzureichende Voraussetzungen auf dem Sektor Verkehr im Kartenbild gekennzeichnet werden. Solche sind gegeben, wenn es an leistungsfähigen öffentlichen Verkehrsmitteln in zumutbarer Entfernung mangelt oder wenn in einem Wohnareal ein fühlbarer Mangel an Garagen oder Abstellplätzen für die Privatautos herrscht, so daß bei vollgeparkten Straßenrändern bereits Nachteile für die Zufahrtmöglichkeiten eintreten.

Die benötigten Unterlagen über die „Ungunst“ sind teils aus Kartierungen und Entfernungsberechnungen, teils auch nur mit Hilfe von Befragungen zu bekommen. Aber ihre Beschaffung erfordert einen überaus großen Arbeits- und Zeitaufwand. Ob sich auch mit vergleichsweise einfachen Mitteln die Ungunstgebiete erfassen lassen, soll erst noch erprobt werden.

Es müssen die Kennzeichnungen ungünstiger Zonen nicht unbedingt direkt in die Karte aufgenommen werden, man könnte sie auch auf einem gesonderten Deckblatt einzeichnen. Einem solchen Vorschlag soll aber gleich hinzugefügt werden, daß die Methode der Aussagen-Addition mit Hilfe von Deckblättern nicht dazu verleiten darf, sorgfältig überlegte, ausgewählte Aussagen, die in eine vereinfachende und Übersicht vermittelnde Typenbildung eingegangen sind, durch Stoffanhäufungen zu verwässern. Nach Möglichkeit sollten alle erforderlichen Aussagen, mit denen das Mosaik der Typen in einem Verdichtungsraum zu kennzeichnen ist, in eine einzige Karte aufgenommen werden können. In unserem Falle ließ sich das Experiment noch nicht zu Ende führen, sind daher zwangsläufig auch noch nicht alle Darstellungsfragen erprobt.

So bleibt zunächst nur der recht theoretische Hinweis, daß in extrem ungünstigen Gebieten, in denen mehrere Nachteile zusammenkommen, sich die verschiedenen Schraffuren zu Kreuzschraffuren übereinanderlegen und so das Augenmerk besonders auf sich lenken.

Gegenüber den sich steigernden Schraffuren, welche die Ungunstzonen in einem Verdichtungsraum hervorheben sollen, treten die lockeren Punktraster als Anzeichen für extreme Sozialstrukturen stärker in den Hintergrund. Diese Form der Wertung einiger Wohngebiete auf der Grundlage kleinräumig aufbereiteten statistischen Materials — oder auch auf der Grundlage einiger Stichprobenbefragungen — muß hier in diesem Zusammenhang Erwähnung finden, weil sich diese Zusatzaussage in den Rahmen der übrigen Wertungsversuche einpassen muß. Die schwarzen Punktraster für größere geschlossene Wohngebiete extrem niedriger Einkommensgruppen sollen — wie die schwarzen Schraffuren — die Darstellung negativ zu wertender Sachverhalte ergänzen.

Um Extreme in den Sozialstrukturen nicht nur hinsichtlich ihrer negativen Erscheinungen zum Ausdruck zu bringen, sondern auch die Gebiete mit einem Vorherrschen der hohen Einkommensgruppen kenntlich zu machen, wurde ein rotes Punktraster eingefügt. Diesem Lösungsversuch liegt die Überlegung zugrunde, daß die besonders hohen Einkommensklassen „flächenhaft“ vor allem in den Gebieten überwiegender Villen- und Bungalow-Bebauung anzutreffen sind. Ein rotes Punktraster auf einem in gelbem Farbton gehaltenen „nicht-urbanen“ Wohnareal-Typ bringt farblich einen auch sachlich begründeten Kompromiß zustande. Ein locker bebautes Villengebiet mit mehr oder minder großen Gärten wird man strenggenommen nicht gerne als „urban“ bezeichnen. Aber seiner Bevölkerungsstruktur nach ist es alles andere als ländlich, denn hier leben Menschen mit vorwiegend ausgesprochen „städtischen“ Berufen. Das rote Punktraster erbringt nun eine Annäherung des vorher gelben Farbtones an die roten Farbtöne, in denen die „urbanen“ Bebauungstypen dargestellt sind.

Zusätzliche Aussagen von ganz anderer Art, die sich aber ebenfalls nicht auf ein einziges Areal beschränken müssen, erbringt die Kenntlichmachung aller „geschützten“ und daher allen verändernden Eingriffen weitgehend entzogenen Gebiete. Dazu gehören Naturschutzgebiete, Landschaftsschutzgebiete, Gewässerschutzgebiete sowie unter

Denkmalschutz stehende Teile einer Altstadt. Diese Sachverhalte müssen nicht besonders auffällig in der Karte sichtbar sein, es dürfte daher ihre verschiedenfarbige Umrandung durch Linien oder schmale Bänder zweckmäßig sein.

Zum Schluß sei nochmals um Nachsicht gebeten, daß diesem Bericht kein Abdruck der bereits vorliegenden Kartierung beigefügt werden kann. Ein farbiger Kartenausschnitt hätte die hier gemachten Vorschläge leichter beurteilen lassen. Bleibt nur zu hoffen, daß die Zusammenstellungen in der etwas voluminösen Legende, die man mit einiger Geduld lesen muß, wenigstens einige Anregungen für eine Diskussion zu geben vermögen.

Literaturhinweise

a) Unveröffentlichte Quellen

Branchen-Kartierung der Stadtpraktika des Geographischen Instituts der Universität Stuttgart, 1968—1971.

Einwohnerstatistik (Volkszählung 1970) nach Baublöcken — Statistisches Amt der Stadt Stuttgart.

Grotz, Reinhold: Zahlenmaterial zum Flächenbedarf der Industrie, basierend auf einer Umfrage bei Industriebetrieben im Mittleren Neckarraum.

Manuskript-Karten der Erholungseinrichtungen in Wäldern — Forstdirektion Nord-Württemberg.

Manuskript-Karten der Flurbereinigungen — Landesamt für Flurbereinigung und Siedlung.

Straßenverkehrszählung 1970 der Bundes-, Landes- und ausgewählter Kreisstraßen — Regierungspräsidium Nord-Württemberg.

Straßenverkehrszählung 1968—1972 im Stadtgebiet Stuttgarts — Tiefbauamt der Stadt Stuttgart.

b) Literatur

Bahrdt, Hans Paul: Die moderne Großstadt. Soziologische Überlegungen zum Städtebau. Reinbek 1961 (Rowohlts deutsche Enzyklopädie 127).

Bahrdt, Hans Paul: Humaner Städtebau. Hamburg 1968.

Beckmann, Dieter: Die Siedlungs- und Wirtschaftsstruktur der Stadt Gelsenkirchen. In: Bochum und das mittlere Ruhrgebiet, Festschrift zum 35. Deutschen Geographentag vom 8. bis 11. Juni 1965 in Bochum, Paderborn 1965, S. 157—175.

Bobek, Hans — Lichtenberger, Elisabeth: Wien. Bauliche Gestalt und Entwicklung seit der Mitte des 19. Jahrhunderts. Graz-Köln 1966.

Borcherdt, Christoph: Die kartographische Abgrenzung von Verdichtungsräumen. In: Untersuchungen zur thematischen Kartographie, 1. Teil, Forschungs- und Sitzungsberichte der Akademie für Raumforschung und Landesplanung, Bd. 51, Hannover 1969, S. 53—76.

Borcherdt, Christoph u. a.: Verdichtung als Prozeß. Dargestellt am Beispiel des Raumes Stuttgart. In: Raumforschung und Raumordnung, 29. Jg., 1971, H. 5, S. 201—207.

Borcherdt, Christoph: Der Wandlungsprozeß der Bebauung großstädtischer Villenvororte, erörtert am Beispiel von München-Solln. In: Die Erde, 103. Jg., 1972, S. 48—60.

Chisnell, Thomas C. — Cole, Gordon E.: „Industrial-Components" — A photo interpretation key on industry. In: Photogrammetric Engineering, Bd. 24, 1958, H. 4, S. 590—602.

DAHLHAUS, JÜRGEN — MARX, DETLEF: Flächenbedarf und Kosten von Wohnbauland, Gemeindebedarfseinrichtungen, Verkehrsanlagen und Arbeitsstätten. Veröffentlichungen der Akademie für Raumforschung und Landesplanung, Beiträge, Bd. 1, Hannover 1968.

Datensammlung Orts-, Regional-, Landesplanung. Hrsg. von einem Produktionskollektiv am Städtebaulichen Institut der Universität Stuttgart, Stuttgart 1969.

FEUCHTINGER, M. E. — MURANYI, T. — BILLINGER, H.: Untersuchungen über Gesetzmäßigkeiten im Verkehrsablauf auf den Straßen in der BRD. Bonn 1960 (Straßenbau und Straßenverkehrstechnik, H. 10).

GERLING, WALTER: Moderne Wirtschaftsbauten. Ihre Beziehungen zu Technik und Raum. Untersuchungen zur physiognomischen Erfassung der Wirtschaftslandschaft. Würzburg 1951.

JACOBS, JANE: Tod und Leben großer amerikanischer Städte. Frankfurt-Wiesbaden 1966.

KANNENBERG, ERNST-GÜNTER: Die Entwicklung der Kulturlandschaft im Verdichtungsraum Stuttgart von 1900 bis 1965. Grundlagen, Methoden und Ergebnisse einer kartographischen Untersuchung. In: Untersuchungen zur thematischen Kartographie, 1. Teil, Forschungs- und Sitzungsberichte der Akademie für Raumforschung und Landesplanung, Bd. 51, Hannover 1969, S. 149—161.

KAYSER, MARIE LOUISE: Kulturgeographische Karte vom Siegerland. Beitrag zur Darstellung der Kulturlandschaft im Kartenbild. Remagen 1958 (Forschungen zur deutschen Landeskunde 107).

KRYSMANSKI, RENATE: Die Nützlichkeit der Landschaft. Überlegungen zur Umweltplanung. Düsseldorf 1971 (Beiträge zur Raumplanung Bd. 9).

Landesentwicklungsplan Baden-Württemberg vom 22. Juni 1971. Hrsg. vom Staatsministerium Baden-Württemberg, Ministerpräsident. Stuttgart 1971.

LINDAUER, GERHARD: Beiträge zur Erfassung der Verstädterung in ländlichen Räumen. Mit Beispielen aus dem Kochertal. Stuttgart 1970 (Stuttgarter Geographische Studien, Bd. 80).

MITSCHERLICH, ALEXANDER: Die Unwirtlichkeit unserer Städte, Anstiftung zum Unfrieden. Frankfurt 1965.

OTREMBA, ERICH: Wirtschaftsgeographische Kartenaufnahme des Stadtgebietes von Hamburg. In: Berichte zur deutschen Landeskunde, Bd. 21, 1958, H. 2, S. 287—293.

RIS, KLAUS M.: Leverkusen. Großgemeinde — Agglomeration — Stadt. Remagen 1957 (Forschungen zur deutschen Landeskunde, Bd. 99).

SCHÄFER, HEINRICH: Neuere stadtgeographische Arbeitsmethoden zur Untersuchung der inneren Struktur von Städten. In: Berichte zur deutschen Landeskunde, Bd. 41, 1968, H. 2, S. 277—317 und Bd. 43, 1969, H, 2, S. 261—297.

STAMS, WERNER: Die Stadtkarte von Dresden. Inhalt und Gestaltung komplexer thematischer Stadtkarten. In: Petermanns Mitteilungen, Bd. 111, 1967, S. 61—75.

ZAPF, KATRIN — HEIL, K. — RUDOLPH, J.: Stadt am Stadtrand. Eine vergleichende Untersuchung in vier Münchner Neubausiedlungen. Frankfurt 1969 (Veröffentlichungen des Instituts für angewandte Sozialwissenschaft, Bd. 7).

Die Bildung von Raumtypen auf Grund von Kartierungen der Versorgungsschwerpunkte und Versorgungsbereiche zentraler Einrichtungen am Beispiel des Saarlandes*)

von
Peter Moll, Saarbrücken

Im folgenden soll der Versuch unternommen werden, vorhandenes Material über Standorte und Einzugsgebiete von Einrichtungen des Dienstleistungsbereichs kartographisch auszuwerten mit der Zielsetzung,

(1) — Räume zentralörtlicher und selbstversorgungsörtlicher Prägung voneinander zu unterscheiden und

(2) — zentralörtliche Bereiche gleicher Stufe voneinander abzugrenzen.

Die verfügbaren Materialien sind nicht zu diesem Zweck, sondern aus verschiedenen anderen Anlässen erarbeitet worden. Verwendet wurden alle einschlägigen Angaben und Kartierungen zu dieser Thematik aus dem Saarland, einer relativ kleinen und gut überschaubaren, im großen und ganzen in sich abgeschlossenen Region. Seit 1963 wurden hier auf Anregung von BORCHERDT[1]) erste Untersuchungen über funktionale Raumeinheiten durchgeführt, die 1964 zu einer *Karte der Einkaufsbereiche* führte, 1969 auch zu einer *Karte zentralörtlicher Bereiche.* Zwischenzeitlich führte LOOS[2]) Untersuchungen über die Raumbeziehungen sonstiger Einrichtungen freier Dienstleistungszentralität (Ärzte, Apotheken u. a.) durch. Bereiche mit Zwangszentralität (Behörden, Gerichte) waren im Rahmen der Arbeiten am Deutschen Planungsatlas, Band Saarland[3]) bereits kartiert. Kartierungen der Schülereinzugsbereiche wurden von der Landesplanungsbehörde mehrfach vorgenommen, zuletzt 1971[4]).

Sowohl die Erhebungszeitpunkte als auch die Erhebungsmethoden dieser Unterlagen sind verschieden. BORCHERDT arbeitete mit Hilfe einer Fragebogenaktion, LOOS ermittelte seine Bereiche durch Interviews; beide sich daraus ergebenden Bereichsgliederungen fußen daher auf repräsentativen Daten. Die schulischen und verwaltungs-

*) Mit 5 Kartenblättern in gesonderter Mappe: „Einkaufsorte und Einkaufsbeziehungen 1964", „Versorgungsbeziehungen im Gesundheitswesen 1966", „Versorgungsorte und zentralörtliche Versorgungsbereiche 1964", „Pendlereinzugsbereiche saarländischer Zielgebiete für weibliche Erwerbspersonen", „Versorgungsbereiche" (Abb. 1—3).

[1]) Einkaufsorte und Einkaufsbeziehungen 1964. Karte 1 : 200000. Dt. Planungsatlas Bd. X, Saarland. Hannover 1965, siehe Kartenmappe.

[2]) Versorgungsbeziehungen im Gesundheitswesen 1966. Karten 1 : 400000. Dt. Planungsatlas Bd. X, Saarland. Im Erscheinen, siehe Kartenmappe.

[3]) Bereiche ausgewählter Behörden 1964. Karten 1 : 400000. Dt. Planungsatlas Bd. X, Saarland. Hannover 1965.

[4]) Schülereinzugsbereiche der Hauptschulen, Realschulen und Gymnasien 1965 und 1971. Karten 1 : 400000. Dt. Planungsatlas Bd. X, Saarland. Im Erscheinen.

mäßigen Versorgungsbereiche wurden andererseits durch Totalerhebungen ermittelt. Dies trifft auch für eine weitere Kartengrundlage zu, und zwar für eine Karte der Berufspendelwanderung der im Dienstleistungssektor Beschäftigten im Jahre 1961[5]). — Zum Material ist zusammenfassend zu bemerken, daß die weite Zeitspanne von 10 Jahren zwischen den ältesten und den jüngsten Daten ebenso in Kauf genommen wurde wie die unterschiedlichen Erhebungsmethoden.

Die Materie, um die es geht, kann im grundsätzlichen als bekannt vorausgesetzt werden. Zentralörtlichkeit wird hier ausschließlich als überörtliche Erscheinung gesehen, genauer: als über die Gemeindegrenze hinausreichende Überschuß-Leistung von Dienstleistungseinrichtungen. Eine Differenzierung in innergemeindliche (Neben-) Zentren wird also nicht vorgenommen. Unter den Begriff Dienstleistungen fallen die Wirtschaftsabteilungen 4 bis 9, also nicht auch die öffentlichen Leistungen der Wasserversorgung und der Abwasserbeseitigung, ebenfalls nicht die des Polizei-, Feuerwehr- und Krankentransportdienstes sowie des Fernspre chdienstes[6]), des Rundfunks und Fernsehens und des Stückgutverkehrs[7]), weil ein Kunde die hier gebotenen Leistungen (zumindest in der Regel) erhält, ohne den Standort der Dienstleistung dafür aufsuchen zu müssen. Das aber ist das entscheidende Kriterium dafür, daß sich sog. Verflechtungsbereiche als funktionale Raumeinheiten herausgebildet haben. Sie bestehen aus

a) — einem Standortbereich (Ortszentrum) mit konzentriertem Leistungsangebot

b) — und einem Versorgungsbereich mit einer dem Leistungsangebot entsprechenden Nachfrage.

Die Abgrenzung solcher Raumeinheiten wäre um vieles einfacher, wenn die Ortszentren alle gleich groß und gleich gut wären und alle Versorgungsbereiche eine gleich große und gleich weit reichende Nachfrage entwickeln würden. Bezeichnend für das zentralörtliche System ist aber, daß sich unterschiedliche, hierarchische Stufen herausgebildet haben: unterschiedliche Vielfalt und Qualität des Angebots auf der einen und entsprechend unterschiedliche Häufigkeit der Inanspruchnahme auf der anderen Seite. Die übliche vierstufige Gliederung des zentralörtlichen Systems in Grund-[8]), Unter-[8]), Mittel- und Oberzentren versucht, dieser Differenzierung zu entsprechen. Grund- und Unterzentren (mit ihren Nahbereichen) sind in einem relativ engmaschigen Netz verteilt; erheblich weitmaschiger ist das Netz der Mittelzentren (mit ihren Mittelbereichen), und sehr weit auseinander liegen die Oberzentren (mit ihren Oberbereichen).

Im folgenden geht es zunächst um die unterste Versorgungsstufe, die Grundversorgung. Es sollen die Versorgungsorte dieser Stufe ermittelt werden, und dann ist der Frage nachzugehen, ob sie Verflechtungsbereiche entwickelt haben (Nahbereiche)

[5]) Pendlereinzugsbereiche saarländischer Zielgebiete 1961. Karten 1 : 400000. Karte 2: Auspendler im Dienstleistungssektor. Dt. Planungsatlas Bd. X, Saarland. Im Erscheinen. — Die Pendelwanderung schlechthin ist als Merkmal für die Abgrenzung zentralörtlicher Bereiche ungeeignet, da sie nur Einzugsgebiete industriell-gewerblicher Standortkonzentrationen voneinander abzugrenzen erlaubt, nicht aber Standortkonzentrationen des Dienstleistungsgewerbes. Nur wo das räumliche Gefüge dieser beiden Bereiche nach gleichartigem Verteilungsmuster und mit gleich hohem Konzentrationsgrad aufgebaut ist, würden sich Pendlereinzugsgebiete allgemein mit heranziehen lassen. Im Saarland ist das aus vielerlei Gründen nicht möglich (rohstoffgebundene Betriebe, Werkbusverkehrsnetz, Verschiebung der Standortkonzentrationen durch wirtschaftsstrukturelle und konjunkturelle Veränderungen im letzten Jahrzehnt, traditionell geringe räumliche Nähe von Arbeits- und Wohnstätten).

[6]) Telefonbeziehungen. Karten 1 : 400000. Dt. Planungsatlas Bd. X, Saarland. Im Erscheinen.

[7]) Neuordnung des Stückgutverkehrs (Stand 1971). Karte 1 : 200000. Dt. Planungsatlas Bd. X, Saarland. Im Erscheinen.

[8]) Z. T. andere Bezeichnungen in den einzelnen Bundesländern.

und wo die Grenzen dieser Bereiche verlaufen. Später wird die Untersuchung auf Mittelzentren und Mittelbereiche ausgedehnt.

Besonders in der Grundversorgung kommt es häufig vor, daß sie nicht über die Grenze der Standortgemeinde hinauswirkt. Hier liegen also Standort- und Versorgungsbereich innerhalb einer Gemeindegrenze. In diesen Fällen handelt es sich um sog. Selbstversorgungsgemeinden. Sie kommen gehäuft dort vor, wo einwohnerstarke Gemeinden bestehen, die über eine eigene Grund-(Mindest-) Versorgung verfügen: Hier ist weder Bedarf für eine Mitversorgung auf der Nachfrage-, noch auf der Angebotsseite gegeben. Natürlich ist dies nur in der Summe der Dienstleistungssektoren so: Bei einzelnen Sektoren mag eine übergemeindliche Bedeutung durchaus bestehen; wenn diese Bedeutung nicht durchschlägt, muß sie aber außer Ansatz bleiben. Ab wie vielen und welchen Versorgungssektoren so verfahren werden kann, ist noch näher darzulegen[9]).

In Verdichtungsräumen taucht die Selbstversorgungsgemeinde in der Stufe der Grundversorgung regelmäßig auf. Im allgemeinen reicht hierfür schon die Nachfrage von rd. 8000 Personen aus, im Falle benachbart liegender, besser ausgestatteter Dienstleistungszentren, zu denen hin stets eine gewisse Nachfrageverschiebung eintritt, rd. 10000 Menschen. Die Zahl der Einwohner, die mindestens erforderlich ist, hängt natürlich ganz von dem Ausstattungsniveau ab, das für einen Grundversorgungsort als angemessen angesehen wird. Abgestimmt auf saarländische Verhältnisse[10]) sind dies:

— Praktischer Arzt, Zahnarzt, Apotheke, Hauptschule, Bücherei mit mind. 2000 Bänden, Turnhalle 12×24 m, mind. 24 Beschäftigte im Einzelhandel je 1000 Einwohner, mind. 3 Mill. DM Einzelhandelsumsatz/Jahr, mind. 1500 DM Einzelhandelsumsatz je Einwohner/Jahr, Einzelhandelskonzentration in Ortskern.

Die Bedingungen erfüllen im Saarland derzeit 36 Gemeinden voll, weitere 46 zum größten Teil (Abb. 1). Deutlich erkennbar ist die Häufung von Grundversorgungsorten im Verdichtungsraum: Eine ununterbrochene Kette erstreckt sich von Beckingen bis in den Raum Saarbrücken und von diesem bis nach Ottweiler — Bexbach — Homburg. Nicht erkennbar ist, welcher der 65 Orte, die diesen geschlossenen Teppich[11]) bilden, auch zentralörtliche Aufgaben für das Gebiet außerhalb des geschlossenen Raumes wahrnimmt; es sind 18 Orte, wie später noch dargelegt wird. Die restlichen 40 sind Selbstversorgungsorte.

Der so umgrenzte Raum,

— in dem mit wenigen Ausnahmen jede Gemeinde mindestens eine eigene Grundversorgung hat,

— der somit die höchstmögliche Dichte von Dienstleistungsschwerpunkten unterer Stufe aufweist,

— der im übrigen mit dem Verdichtungsraum nahezu übereinstimmt,

---

[9]) Eine von Borcherdt benutzte Schwelle bei der Abgrenzung von Einkaufsbereichen lag z. B. bei 40% der Nennungen. Unterhalb schien ihm eine Zuordnung der befragten Gemeinden zum betreffenden Dienstleistungszentrum nicht mehr sinnvoll.

[10]) In Anlehnung an den Raumordnungsteilplan Zentrale Orte (Dienstleistungszentren) — Entwurf —. Saarländischer Minister des Innern, Saarbrücken. — Die hier verwendeten Gemeindedaten sind den Unterlagen für den Raumordnungsteilplan — Entwurf — entnommen.

[11]) Darunter 4 Gemeinden ohne ausreichende Grundversorgung.

weist — auf dem Gebiet der Grundversorgung — räumliche Identität von Standortbereich und Versorgungsbereich innerhalb der gleichen Gemeinde auf, ausgenommen bei den schon angesprochenen Zentralortsgemeinden, die — soweit sie in der Grundversorgung über die Abgrenzung hinaus wirken — diese Grenze unscharf halten. Dieser Raum wird als *Geschlossener Grundversorgungsbereich* bezeichnet. Er unterscheidet sich als eigener Raumtyp von den übrigen Landesteilen, die durch *überörtliche* Versorgung mit Dienstleistungen gekennzeichnet sind, wo also eine weitaus geringere Dichte von Standorten der Grundversorgung besteht, nämlich

— 21 Grundversorgungszentren auf 1741 km² Fläche bei 372000 Einwohnern, gegenüber

— 61 Grundversorgungszentren auf 826 km² Fläche bei 748000 Einwohnern, wohlbemerkt mit der Ungenauigkeit, die die über die Grenze beider Raumtypen hinwegreichenden Verflechtungen hervorrufen.

Der geschlossene Grundversorgungsbereich kann untergliedert werden in ein zusammenhängendes Gebiet vollständig ausgestatteter Versorgungsorte und in Teilgebiete, in denen die Gemeinden Ausstattungsmängel aufweisen. In der Regel liegt die Einwohnerzahl in diesen Fällen unter 8000, teilweise — so Püttlingen, Friedrichsthal und Elversberg — aber auch erheblich darüber. Der Ausstattungsrahmen, der ausgefüllt werden soll, strebt in den einzelnen Sektoren sicher keine hohe Norm an; gleichwohl ist die Summe der 9 Sektoren teilweise doch schwierig zu erreichen. Bei 34 Versorgungsorten — sie kommen in einer gewissen Häufung um Dillingen, Völklingen und im Raum Illingen — Neunkirchen — St. Ingbert vor — mangelt es an ausreichend hohem pro Kopf-Umsatz im Einzelhandel (1500 DM/Einw.) und/oder an einer deutlichen Einzelhandelskonzentration im Ortszentrum sowie an der Mindestquote von 24 Einzelhandelsbeschäftigten je 1000 Einw. (vgl. die nachfolgende Übersicht).

Ausstattung der Grundversorgungsorte

Vollständige Ausstattung

	Dienstleistungssektoren								
Gemeinde	1	2	3	4	5	6	7	8	9
Altenkessel	●	●	●	●	●	●	●	●	●
Bexbach	●	●	●	●	●	●	●	●	●
Blieskastel mit Blickweiler	●	●	●	●	●	●	●	●	●
Bous	●	●	●	●	●	●	●	●	●
Brebach-Fechingen	●	●	●	●	●	●	●	●	●
Dillingen	●	●	●	●	●	●	●	●	●
Dudweiler	●	●	●	●	●	●	●	●	●
Ensheim	●	●	●	●	●	●	●	●	●
Großrosseln	●	●	●	●	●	●	●	●	●
Heusweiler	●	●	●	●	●	●	●	●	●
Homburg	●	●	●	●	●	●	●	●	●
Illingen	●	●	●	●	●	●	●	●	●
Kleinblittersdorf	●	●	●	●	●	●	●	●	●

Lebach	●	●	●	●	●	●	●	●	●
Losheim	●	●	●	●	●	●	●	●	●
Ludweiler	●	●	●	●	●	●	●	●	●
Merzig	●	●	●	●	●	●	●	●	●
Neunkirchen	●	●	●	●	●	●	●	●	●
Oberthal	●	●	●	●	●	●	●	●	●
Ottweiler	●	●	●	●	●	●	●	●	●
Perl	●	●	●	●	●	●	●	●	●
Quierschied	●	●	●	●	●	●	●	●	●
Riegelsberg	●	●	●	●	●	●	●	●	●
Saarbrücken	●	●	●	●	●	●	●	●	●
Saarlouis	●	●	●	●	●	●	●	●	●
Saarwellingen	●	●	●	●	●	●	●	●	●
St. Ingbert	●	●	●	●	●	●	●	●	●
St. Wendel	●	●	●	●	●	●	●	●	●
Schiffweiler	●	●	●	●	●	●	●	●	●
Schmelz	●	●	●	●	●	●	●	●	●
Sulzbach	●	●	●	●	●	●	●	●	●
Tholey mit Theley	●	●	●	●	●	●	●	●	●
Völklingen	●	●	●	●	●	●	●	●	●
Wadern	●	●	●	●	●	●	●	●	●
Wadgassen mit Schaffhausen	●	●	●	●	●	●	●	●	●
Wiebelskirchen	●	●	●	●	●	●	●	●	●

Fast vollständige Ausstattung (I)

	Dienstleistungssektoren								
Gemeinde	1	2	3	4	5	6	7	8	9
Beckingen	●	●	●	●	●	●	●		●
Elversberg	●	●	●	●	●	●	●		●
Eppelborn	●	●	●	●	●	●	●		●
Freisen mit Oberkirchen	●	●	●	●	●	●	●		●
Friedrichsthal	●	●	●	●	●	●	●		●
Hüttersdorf	●	●	●	●	●	●	●		●
Köllerbach	●	●	●	●	●	●	●		●
Marpingen	●	●	●	●	●	●	●		●
Mettlach	●	●	●	●	●	●	●		●
Nalbach	●	●	●	●	●	●	●		●
Püttlingen	●	●	●	●	●	●	●		●
Schwalbach	●	●	●	●	●	●	●		●
Siersburg	●	●	●	●	●	●	●		●
Wallerfangen	●	●	●	●	●	●	●		●

Fast vollständige Ausstattung (II)

Gemeinde	Dienstleistungssektoren 1	2	3	4	5	6	7	8	9
Güdingen	●	●	●	●	●	●	●		
Heiligenwald	●	●	●	●	●	●	●	●	
Hüttigweiler	●	●	●	●	●	●	●		
Klarenthal	●	●	●	●	●	●	●		
Landsweiler-Reden	●	●	●	●	●	●	●		
Merchweiler	●	●	●	●	●	●	●		
Niederwürzbach	●	●	●	●	●	●	●		
Oberbexbach	●	●	●	●	●	●	●		
Orscholz	●	●	●	●	●	●	●		
Rohrbach	●	●	●	●	●	●	●		

Lückenhafte Ausstattung (I)

Gemeinde	Dienstleistungssektoren 1	2	3	4	5	6	7	8	9
Bischmisheim	●	●	●	●	●	●			
Ensdorf	●	●	●	●	●	●			
Gersheim mit Reinheim	●	●	●	●	●	●			●
Gersweiler	●	●	●	●	●	●			
Hassel	●	●	●	●	●	●			
Hilbringen mit Ballern	●	●	●	●	●	●			●
Holz	●	●	●	●	●	●			
Hostenbach	●	●	●	●	●	●			
Hülzweiler	●	●	●	●	●	●			
Limbach mit Kirkel	●	●	●	●	●	●			
Spiesen	●	●	●	●	●	●			
Uchtelfangen	●	●	●	●	●	●			
Überherrn	●	●	●	●	●	●			●

Lückenhafte Ausstattung (II)

Gemeinde	Dienstleistungssektoren 1	2	3	4	5	6	7	8	9
Differten	●	●	●	●		●	●		●
Elm	●		●	●	●	●	●		
Fischbach	●	●	●		●	●	●		
Nohfelden mit Türkismühle	●	●	●	●		●	●		●
Nonnweiler mit Otzenhausen	●		●	●	●	●	●		
Nunkirchen	●	●	●	●		●	●		●
Scheidt	●	●	●		●	●	●	●	
Weiskirchen	●	●	●	●		●	●		●
Wemmetsweiler	●	●	●		●	●	●		●

Dienstleistungssektoren:

1 Praktischer Arzt (1970)
2 Zahnarzt (1970)
3 Apotheke (1970)
4 Hauptschule (1970)
5 Bücherei mit mind. 2000 Bd. (1970)
6 Turnhalle 12×24 m (1970)
7 Einzelhandelsbeschäftigte 1970: mind. 24 je 1000 Einw.
8 Einzelhandelsumsatz 1967: mind. 3 Mill. DM insges. und mind. 1500 DM je Einw. und Jahr
9 Einzelhandelskonzentration im Ortskern (1970)
● vorhanden

Dies kann überwiegend aus der Nähe der einer höheren Versorgungsstufe zugehörigen Zentren Dillingen, Saarlouis, Völklingen, Saarbrücken, St. Ingbert und Neunkirchen erklärt werden. Zum Teil ist hier aber auch auf Versäumnisse der Gemeinden hinzuweisen, deren Wohncharakter jahrzehntelang einseitig überbetont worden ist und in denen kein kommunales Aktionsprogramm aufgestellt wurde, in dessen Rahmen öffentliche Investitionen hätten eingebaut werden können. Mangelndes Selbstverständnis und fehlendes Problembewußtsein vieler Gemeinden werden z. T. auch daran deutlich, daß im Saarland bisher kaum Flächennutzungspläne bestehen, die einen großen Teil der hier angesprochenen Fragen hätten klären können. Bessere Voraussetzungen dazu werden sicher gegeben sein, wenn einmal verbindliche Regionalpläne vorliegen.

Die Bestrebungen der Raumordnung, in einigen Zentren zur Attraktivitätssteigerung im Einzelhandelssektor zu gelangen, werden vielfach unterlaufen durch Ansiedlung von Verbrauchermärkten abseits der Ortszentren „auf der grünen Wiese". Bei den dadurch hervorgerufenen ungleichen Standortvoraussetzungen wird es kaum gelingen, an zentral gelegenen Punkten Einzelhandelskonzentrationen aufzubauen, die den einer optimalen Siedlungsstruktur am besten entsprechenden Orten (Gemeinden) zu einem abgerundeten Ausstattungsniveau verhelfen.

Nur 5 Gemeinden innerhalb und 4 Gemeinden außerhalb des geschlossenen Grundversorgungsbereichs weisen auch andere Mängel auf: nicht vorhandener Zahnarzt, zu kleine Bücherei und fehlende Hauptschule zeigen hier zusätzliche „Defizite" an. Für diejenigen 5 Gemeinden, die im geschlossenen Grundversorgungsbereich liegen und denen daher keine Möglichkeit gegeben ist, zentralörtlich zu wirken, kann nicht die Forderung erhoben werden, ihre Ausstattung zu vervollständigen, da die geringe Einwohnerzahl eine Auslastung nicht zuläßt. Das trifft in noch stärkerem Maße für die Gemeinden Bübingen, Rentrisch, Schafbrücke und Werbeln zu (1300 bis 3800 Einwohner), die als einzige Gemeinden innerhalb des geschlossenen Grundversorgungsbereichs eine mangelhafte Grundausstattung haben.

Der Raumtyp *„Geschlossener Grundversorgungsbereich"* wird auf einigen Karten deutlich, auf die weiter oben schon hingewiesen wurde;

— so auf der Karte *„Einkaufsorte und Einkaufsbeziehungen"*: Häufung der Einkaufsorte für kurz- und mittelfristigen Einkauf (entspricht im großen und ganzen dem Grundversorgungsniveau in dem hier gebrauchten Sinne) ohne überörtliche Einkaufsbeziehungen;

— ferner auf den Karten „*Versorgungsbereiche der Apotheken, Praktischen Ärzte und Zahnärzte*" (s. Anm. 2): gehäuftes Auftreten der Selbstversorgungsorte (graue Farbe).

Auch die Karte „*Versorgungsorte und zentralörtliche Versorgungsbereiche 1964*" von Borcherdt/Loos[12]) weist für den nahezu gleichen Raum weitaus überwiegend Selbstversorgungsorte aus.

In den Landesteilen, die nicht zu diesem Raumtyp gehören, kommen Grundversorgungsorte nur vereinzelt vor. 265 Gemeinden sind hier unterversorgt. Die Bevölkerung fragt die am Ort nicht vorhandenen Güter und Leistungen in anderen Gemeinden nach. Die überörtliche Dienstleistung ist für diesen Raum das Bezeichnende *(Zentralversorgungsbereich)*. Die Nachfrage nach Gütern und Leistungen entwickelt sich in teilweise recht weit vom Dienstleistungszentrum entfernten Orten; nach saarländischer Norm[13]) sollen die mitversorgten Gemeinden mindestens gleich viel Einwohner haben wie der Zentralort, möglichst mehr. Bei der untersten Stufe der Zentralorte, den Grundzentren, kommen Relationen bis 1 : 5 vor. Wenn außerhalb des Zentralortes bis zu fünfmal so viel Personen wohnen wie im Zentralort, dann wird bei Einwohnerdichtewerten um 200/km² deutlich, welche Integrationskraft von den Zentralorten ausgeht oder ausgehen muß auf ein Umland, für das die Orientierung auf einen Dienstleistungskern eine Frage des „Überlebens" in wirtschaftlicher, kultureller und sozialer Hinsicht ist. Die Konzentration aller Einrichtungen der Daseinsvorsorge auf einen solchen Kern ist das einzig wirksame Mittel um zu verhindern, daß durch Bevölkerungsabwanderung in besser ausgestattete Räume keine ausreichende Tragfähigkeit mehr gegeben ist.

Weniger sicher dürfte sein, ob Stützung und Stärkung der Zentralorte zur Attraktivitätssteigerung des Verflechtungsbereiches oder nur des zentralen Ortes selbst beitragen werden. Es ist zu vermuten, daß Wohngemeinden, die z. B. weder Grundschule noch Kindergarten auslasten können — die also weniger als ungefähr 2500 Einwohner haben —, langfristig keine Überlebenschance haben. Dieses Problem, das hier aber nicht zur Diskussion steht, macht deutlich, daß die Kenntnis über Struktur und Gefüge der einzelnen Verflechtungsbereiche Voraussetzung ist für Überlegungen zur künftigen Siedlungsstruktur, zur Bevölkerungsverteilung, zur Auslastung der Verkehrseinrichtungen usw.

Die Verflechtungsbereiche der Grundzentren (Nahbereiche) setzen sich aus der Summe der Versorgungsbereiche der einzelnen Dienstleistungen zusammen. Im privaten wie im öffentlichen Sektor — dort mit Ausnahme festgelegter Zuständigkeitsbereiche, z. B. der Katasteramtsbezirke — kann es keine lupenreine Übereinstimmung der Versorgungsbereiche zweier Dienstleistungen geben. Der Versorgungsbereich des praktischen Arztes in A richtet sich nach den Konkurrenzverhältnissen, die in diesem Berufszweig im größeren Raum um A herrschen, der Versorgungsbereich des Zahnarztes — auch in A — richtet sich nach den Konkurrenzverhältnissen dieses Berufszweiges. Leistungsvermögen des Einzelnen, Kapazität und technische Qualität der Einrichtung, externe Umstände wie Erreichbarkeit, Parkmöglichkeit, Auswahlmöglichkeit, Verschiedenartigkeit des Gesamtangebots am Ort u. a. m. beeinflussen jeden einzelnen Versorgungsbereich größen- und auch richtungsmäßig. Vollständige Deckungsgleichheit zweier oder mehrerer vergleichbarer Einrichtungen gibt es daher nicht.

---

[12]) In: Dt. Planungsatlas Bd. X, Saarland. Im Erscheinen.

[13]) Entwurf des Raumordnungsteilplans Zentrale Orte (Dienstleistungszentren) — s. auch Anm. 10 —.

Vergleichbar scheinen vor allem die Einrichtungen, die im Gebietsdurchschnitt größenordnungsmäßig eine gleiche Häufigkeit von Standorten aufweisen. Dazu gehören im Grundversorgungsbereich folgende Einrichtungen:

Dienstleistungseinrichtungen der Grundversorgung

Anzahl der Standortgemeinden im Saarland:

1	Praktischer Arzt	121
2	Zahnarzt	108
3	Apotheke	87
4	Hauptschule	101
5	Bücherei mit mind. 2000 Bänden	135
6	Turnhalle 12×24 m	129
7	Einzelhandelsbeschäftigte (mind. 24 je 1000 Einw.)	116
8	Einzelhandelsumsatz mind. 3 Mill. DM insgesamt/Jahr *und* mind. 1500 DM je Einw./Jahr	47
9	Einzelhandelskonzentration in Ortskern	59

Die Sektoren 8 und 9 fallen zwar aus dem typischen Häufigkeitsbereich (101—135 Standortgemeinden) heraus; sie wurden jedoch trotzdem noch dem Grundversorgungsniveau zugerechnet, weil sie deutlich von der Häufigkeit der Standortgemeinden mittelzentraler Bedeutung abgesetzt sind, wie folgender Vergleich zeigt:

Dienstleistungseinrichtungen der gehobenen Versorgung

Anzahl der Standortgemeinden im Saarland:

10	Facharzt	26
11	Krankenhaus mit mind. 4 Abt.	19
12	Realschule	15
13	Gymnasium	16
14	Berufsbildende Schule	16
15	Feste Einrichtung der Erwachsenenbildung	15
16	Turnhalle ab 18×33 m	10
17	Freibad (beheizt)	19
18	Hallenbad ab 10×25 m	14
19	Kaufhaus und Warenhaus	14
20	Sitz einer Sparkasse, Regional- oder Privatbank	11
21	Rechtsanwaltspraxis	16

Die größte Häufigkeit liegt zwischen 14 und 19 Standortgemeinden.

Hier muß jedoch kritisch angemerkt werden, daß nicht nach unterschiedlicher Häufigkeit im Besatz unterschieden ist, z. B. 1 Arzt, 2 Ärzte, 3 Ärzte je Standort usw.: Die daraus resultierenden graduellen Unterschiede müssen in Kauf genommen werden. Gravierend sind sie — für die oben angedeuteten Schlußfolgerungen — jedoch nicht. Es ist auch darauf hinzuweisen, daß sich quantitative und qualitative Veränderungen oft kurzfristig ergeben und daher sowieso nicht in den Griff zu bekommen sind.

Die Überlagerung der einzelnen Versorgungsbereiche kann aus den vorliegenden Kartierungen ermittelt werden. Es stellen sich dabei zwischen den Grundversorgungsorten erhebliche Unterschiede hinsichtlich ihrer Integrationskraft heraus: Abgesehen von teilweise erheblichen Lücken im Dienstleistungsangebot einiger Versorgungsorte und damit fehlender Ausstrahlung zeigt sich oft mangelnde räumliche Kongruenz der verschiedenen Versorgungsbereiche des gleichen Ortes — i. d. R. ein Zeichen dafür, daß mehrere Zentren an der Versorgung des betreffenden Raumes partizipieren. Ferner werden Überlagerungen innerhalb des gleichen Sektors deutlich, insbesondere bei eng benachbart liegenden Standorten. Schtießlich lassen sich auch unversorgte Leerräume ausgliedern, in die die Dienstleistungen benachbarter Zentren infolge ihrer begrenzten Ausstrahlungskraft nicht mehr erkennbar einwirken. Die Bevölkerung dieser „Leerräume" befriedigt ihre Versorgungsbedürfnisse so, daß keine einheitliche Tendenz zu bestimmten Zentren deutlich wird. Hier steht entweder eine Leistungsstärkung bestehender Nachbarzentren oder der Aufbau eines eigenen Zentrums zur Diskussion.

Im folgenden sollen nun Raumtypen innerhalb des Zentralversorgungsbereiches gebildet werden. Es erscheint denkbar, folgende drei Raumtypen zu unterscheiden:

1. Räume, die durch die Versorgungsleistungen jeweils *eines* Zentralortes deutlich zu einem Verflechtungsbereich integriert werden, wobei ein zweiter Versorgungsort Teilaufgaben übernehmen kann;
2. Räume, in denen eine starke Überlagerung der Verflechtungsbereiche von zwei oder drei Zentralorten deutlich wird, aber ein Ort den anderen (oder die beiden anderen) an Bedeutung doch übertrifft;
3. Leerräume, d. h. Räume ohne Integration in den Verflechtungsbereich eines Zentralortes (indifferente Gebiete).

Die Problematik der Typenbildung liegt zum einen in der Vergleichbarkeit der verschiedenen Versorgungsbereiche und zum anderen in ihrer räumlichen Abgrenzung voneinander. Nach welchen Gesichtspunkten kann eine Abgrenzung vorgenommen werden? Die Bildung der Raumtypen soll auf die unterschiedliche Integrationswirkung der Zentralorte abstellen. Die Integration ist um so stärker, je häufiger die Versorgungsbeziehungen in immer der gleichen Richtung bestehen. Die Integrationskraft ist um so nachhaltiger, je freier die Wählbarkeit unter verschieden gerichteten Versorgungsbeziehungen ist. Die Wählbarkeit stellt sich in einem abgestuften System dar: Verwaltungsdienste sind standortmäßig gar nicht wählbar, sondern sind in ihrem räumlichen Wirkungsfeld festgelegt; weiterführende Schulen sind frei wählbar, jedoch wegen hoher Entfernungsempfindlichkeit und der Abhängigkeit von öffentlichen Verkehrsverbindungen wiederum nicht so frei wählbar wie eine private Dienstleistung oder der Einkauf von Gütern. Auch die Häufigkeitsgrade sind unterschiedlich: schulische und Einkaufsbeziehungen finden häufiger statt als die Gesundheitsvorsorge oder ein Behördenbesuch. Die nachstehende Matrix verdeutlicht die gewählten Abstufungen:

Wählbarkeit			
Häufigkeitsgrad	groß	mittel	nicht gegeben
sehr häufig	Einkauf, private Dienstleistungen		Schulische Versorgung
relativ häufig		Gesundheitsvorsorge	
weniger häufig			Verwaltungsdienste

Es ergibt sich daraus folgende Bedeutungsabstufung:

1. Einkauf und private Dienstleistungen;
2. Schulische Versorgung (Hauptschule);
3. Gesundheitsvorsorge (Arzt, Zahnarzt, Apotheke);
4. Verwaltungsdienste (gemeindliche Aufgaben).

Die Verwaltungsdienste sind wegen der geringen Häufigkeit der Inanspruchnahme und zugleich nicht gegebener Wählbarkeit bei der Abgrenzung der Verflechtungsbereiche nicht berücksichtigt worden. Bei voneinander abweichenden Versorgungsbereichen der verbleibenden drei Dienstleistungsgruppen kann entsprechend dieser Abstufung der Integrationsgrad eines Zentralortes für eine mitversorgte Gemeinde bemessen werden und die Abgrenzung seines Verflechtungsbereiches erfolgen. Das Ergebnis ist auf dem Kartenblatt „Versorgungsbereiche", Abb. 2, festgehalten[14]).

Bei Raumtyp 1 — deutlich von *einem* Zentralort integrierter Verflechtungsbereich — erfolgt die Abgrenzung dort, wo mindestens zwei der Funktionen Einkauf, schulische Versorgung und Gesundheitsvorsorge von dem gleichen Versorgungsort ausgehen. Raumtyp 2 — sich überlagernde Verflechtungsbereiche — liegt dort vor, wo die Dominanz eines Zentralortes nicht erkennbar ist. Auf der Karte ist in diesen Fällen als Hinweis auf das relativ wichtigste Zentrum der im Einkauf dominierende Ort angegeben, denn der Einkauf wird für die wichtigste Versorgungsfunktion gehalten (s. o.). Bei Raumtyp 3 — indifferente Gebiete — ist selbst ein Überwiegen der Einkaufsbeziehungen zu einem Versorgungsort nicht mehr feststellbar; in den beiden anderen Versorgungssektoren bestehen überörtliche Beziehungen entweder nicht eindeutig zu einem Zentrum oder zu jeweils einem anderen Zentrum.

Je ein Beispiel soll die drei Raumtypen verdeutlichen:

1. *Wolfersheim:* Einkauf und private Dienstleistungen in Blieskastel, Hauptschule in Blieskastel, Gesundheitsvorsorge in Blieskastel.

2. *Oberesch:* Einkauf und private Dienstleistungen in Merzig, Hauptschule in Hemmersdorf, Gesundheitsvorsorge in Siersburg.

3. *Eisen:* Einkauf und private Dienstleistungen zum geringeren Teil am Ort, zum größeren Teil in verschiedenen anderen Orten, Hauptschule in Türkismühle, Gesundheitsvorsorge in Sötern.

Der überwiegende Teil des Zentralortsbereiches wird von Raumtyp 1 überdeckt. Eine besonders starke Integrationskraft haben die Orte Merzig, Wadern und St. Wendel — alles Orte mit mittelzentraler Bedeutung[15]) —, die 18, 14 bzw. 18 weitere Gemeinden zu ihrem Nahbereich integriert haben. Mit ebenfalls beträchtlicher Integrationswirkung versehen sind die zentralen Orte Perl, Saarlouis, Blieskastel, Losheim, Gersheim, Nohfelden-Türkismühle und Lebach, mit 10 bis 6 nahbereichsangehörigen Gemeinden. Im Einzelfall von nicht weniger intensiver Integration, aber insgesamt von deutlich geringerer Ausstrahlung sind die zentralen Orte Eppelborn, Orscholz, Heusweiler, Bexbach, Tholey-Theley und Weiskirchen; weitere 16 zentrale Orte mit weniger als 3 nahbereichsangehörigen Gemeinden beschließen diese Aufreihung (siehe Liste).

---

[14]) Von einem Nahbereich umschlossene einzelne Gemeinden, die den Zuordnungskriterien nicht voll entsprechen, werden ebenfalls zum Nahbereich gerechnet.

[15]) Raumordnungsteilplan Zentrale Orte (Dienstleistungszentren) — Entwurf —; a.a.O.

Zentraler Ort	Anzahl der zum Nahbereich integrierten Gemeinden	Bemerkungen
Merzig	18	Im Nahbereich hat Hilbringen die Funktion eines Versorgungsortes mit lückenhafter Grundausstattung. — Mittelzentrum.
St. Wendel	18	Mittelzentrum.
Wadern	14	Mittelzentrum im Aufbau.
Perl	10	—
Saarlouis	10	S. liegt im geschl. Grundversorgungsbereich. — Mittelzentrum.
Blieskastel	8	B. liegt im geschl. Grundversorgungsbereich. — Mittelzentrum im Aufbau.
Losheim	8	—
Gersheim	7	—
Nohfelden-Türkismühle	7	Doppelversorgungsort. Lückenhafte Grundausstattung.
Lebach	6	In der Grundversorgung Konkurrenz durch Schmelz, Hüttersdorf und Eppelborn. Mittelzentrum im Aufbau.
Eppelborn	5	—
Orscholz	5	In der Grundversorgung Konkurrenz durch Merzig und Mettlach.
Heusweiler	4	H. liegt im geschl. Grundversorgungsbereich.
Bexbach	3	B. liegt im geschl. Grundversorgungsbereich.
Tholey-Theley	3	Doppelversorgungsort.
Weiskirchen	3	Lückenhafter Grundversorgungsort.
Großrosseln	2	G. liegt im geschl. Grundversorgungsbereich.
Hüttigweiler	2	H. liegt im geschl. Grundversorgungsbereich. In der Grundversorgung Konkurrenz durch Illingen und Schiffweiler.
Kleinblittersdorf	2	K. liegt im geschl. Grundversorgungsbereich.
Oberkirchen	2	O. erreicht fast vollständige Grundausstattung nur mit Freisen (Doppelversorgungsort).
Oberthal	2	In der Grundversorgung Konkurrenz durch St. Wendel und Namborn.
Ottweiler	2	O. liegt im geschl. Grundversorgungsbereich. In der Grundversorgung Konkurrenz durch St. Wendel, Wiebelskirchen, Neunkirchen und Schiffweiler.

Beckingen	1	B. liegt im geschl. Grundversorgungsbereich. In der Grundversorgung Konkurrenz durch Dillingen.
Ensheim	1	E. liegt im geschl. Grundversorgungsbereich. In der Grundversorgung Konkurrenz durch St. Ingbert und Saarbrücken.
Hemmersdorf	1	Nicht ausreichende Grundausstattung.
Holz	1	H. liegt im geschl. Grundversorgungsbereich. Lückenhafte Grundausstattung.
Homburg	1	H. liegt im geschl. Grundversorgungsbereich. — Mittelzentrum. In der Grundversorgung Konkurrenz durch Zweibrücken.
Hüttersdorf	1	In der Grundversorgung Konkurrenz durch Lebach und Dillingen.
Mettlach	1	In der Grundversorgung Konkurrenz durch Merzig und Orscholz.
Namborn	1	In der Grundversorgung Konkurrenz durch St. Wendel und Oberthal. Nicht ausreichende Grundausstattung.
Nunkirchen	1	In der Grundversorgung Konkurrenz durch Wadern, Schmelz, Losheim und Weiskirchen. Lückenhafte Grundausstattung.
Primstal	1	In der Grundausstattung Konkurrenz durch Wadern und Hermeskeil. Nicht ausreichende Grundausstattung.

Nach den Ergebnissen der Untersuchung der Grundversorgungsorte (s. Abb. 1) hätten sich auch für Hilbringen, Marpingen, Nonnweiler-Otzenhausen und Schmelz Nahbereiche ergeben können. Die gut bis sehr gut ausgestatteten Gemeinden Marpingen und Schmelz vermögen sich offenbar gegen den Druck der benachbarten Versorgungsorte nicht durchzusetzen; das gleiche trifft für Hilbringen zu, das vor den Toren der Stadt Merzig liegt und das zudem eine recht lückenhafte Ausstattung hat (selbst im Verbund mit Ballern). Der Doppelversorgungsort Nonnweiler-Otzenhausen — nahe bei Hermeskeil gelegen — ist in gleicher Weise zu beurteilen, findet jedoch im Gegensatz zu Hilbringen ein Umland vor, das nahbereichsmäßig noch nicht zugeordnet ist, so daß Nonnweiler-Otzenhausen künftig mit Grundversorgungsaufgaben in sein Umland hineinwachsen kann.

Die Abgrenzung der Nahbereiche hat — auf der anderen Seite — einige, wenn auch nur kleine, Bereiche ergeben, in denen noch kein ausreichend ausgestatteter Versorgungsort die „Führung" übernommen hat. Es sind dies Hemmersdorf, Namborn und Primstal. Ihnen sind die Funktionen Hauptschule und Gesundheitsvorsorge gemeinsam. Da die drei Orte relativ nah zu gut ausgestatteten Versorgungsorten liegen, muß hier im Sinne geordneter Raumstrukturen von der Raumordnung geprüft werden, ob nicht eine nachteilige Standorthäufung besteht, die im wesentlichen durch Änderung der Hauptschuleinzugsgebiete beseitigt werden könnte.

Für die Raumordnung ergeben sich aus der Nahbereichsgliederung weitere Hinweise für eine planvolle Veränderung der Siedlungsstruktur. In Räumen mit gut ausgestatteten Zentralorten wird der Integrationsprozeß auch ohne aktive Unterstützung der öffentlichen Hand voranschreiten. Es muß jedoch darauf geachtet werden, daß keine konkurrenzierenden Standorte von Dienstleistungseinrichtungen entstehen, die in die bestehenden Nahbereiche hineinwirken. Dies gilt jedoch kaum für die Nahbereiche der Mittelzentren Merzig, Wadern und St. Wendel, die überdurchschnittlich groß sind und bei denen eine Umorientierung einzelner Randgemeinden zu kleineren Grundzentren mit der Folge deren Stärkung raumordnerisch sogar erwünscht wäre.

Bei einigen Zentralorten müßte die Integrationskraft durch Lokalisierung öffentlicher Dienstleistungen erheblich verstärkt werden. Insbesondere kommen hierfür zentrale Orte in Betracht, die das Haustadttal (Beckingen, Reimsbach?), das Bohnental (Schmelz, Limbach?), das obere Primstal (Nonnweiler-Otzenhausen, Primstal?), das Ostertal (Niederkirchen, Ottweiler?), das Höcherberggebiet (Bexbach, Wiebelskirchen?), die Parr (Gersheim, Hornbach?), den westlichen Bliesgau (Kleinblittersdorf, Ensheim, St. Ingbert, Blieskastel?), den südlichen Saargau (Überherrn, Saarlouis?), den Südwarndt (Großrosseln, Ludweiler?), einen Teil des nördlichen Saargaues (Siersburg?) und einige Gemeinden im mittleren Saarland (Saarwellingen, Lebach, Tholey, Marpingen?) stärker auf sich ausrichten könnten. In den meisten Fällen wird es genügen, Lücken im Dienstleistungsangebot auszufüllen und Standortkonkurrenzen abzubauen. Natürlich muß man sich im klaren sein, daß damit ein *lang*fristiger Integrationsprozeß eingeleitet wird, bei dem die Reaktion der Bevölkerung als die die zentralen Güter und Leistungen Nachfragenden aufmerksam zu beobachten ist und für die notwendige Erleichterungen wie die Neugestaltung der öffentlichen Nahverkehrsverhältnisse durchgeführt werden müssen.

Die vielleicht wichtigste Vorentscheidung für die Festigung bzw. Stärkung der von zentralen Versorgungsorten ausgehenden Integrationskraft ist die Neugliederung der kommunalen Gebietskörperschaften, die sich im Saarland in der Vorbereitungsphase befindet. Das dabei im Sinne einer zukunftsträchtigen Raumordnung vorrangig anzustrebende Ziel müßte die weitestgehende räumliche Kongruenz von Verwaltungs- und Versorgungsgebiet sein, verbunden mit dem Ziel, eine optimale Auslastung der Dienstleistungseinrichtungen zu erreichen. Das bedeutet, daß — zunächst ausgehend von den gut ausgestatteten Versorgungsorten — die Nahbereiche zu kommunalen Gebietseinheiten aggregiert werden, bis optimale Auslastungswerte erreicht sind. Diese zu erzielen, stehen die indifferenten Räume (s. Abb. 2) zur Gebietsabrundung zur Verfügung. Bestehende Nahbereiche, seien sie auch noch so klein, zu zerschneiden, wäre systemwidrig; sie mit anderen Nahbereichen zusammenzufassen, wäre sinnvoll, wenn dadurch tragfähige Einheiten zustandekommen.

Bei der kommunalen Neugliederung spielen im ländlichen Raum neben den zentralörtlichen Verhältnissen andere Gesichtspunkte ebenfalls eine — wenn auch untergeordnete — Rolle, z. B. die städtebauliche Situation. Im geschlossenen Grundversorgungsbereich (s. Abb. 1), wo übergemeindliche Verflechtungsbereiche auf dem Niveau der Grundversorgung nur in Ausnahmefällen bestehen, können aus der zentralörtlichen Gliederung in Nahbereiche keine maßgeblichen Kriterien für eine kommunale Gebietsreform hergeleitet werden. Das auf Grund höherer Bevölkerungsdichte mögliche höhere Versorgungsniveau kann sich an einwohnerstärkeren Verflechtungseinheiten orientieren, die mittelzentrale Funktionen wie Realschule, Gymnasium, Hallenbad, Mehrzweckhalle, Sporthalle, große Bibliotheken u. ä. haben.

Auf der Ebene der *gehobenen Versorgung* (mittleres Versorgungsniveau) hat die Untersuchung entsprechender Verflechtungsbereiche im Saarland zum Ergebnis, daß neben dem Raumtyp „Zentralversorgungsbereich" kein weiterer Raumtyp vorkommt (vgl. Abb. 3). Lediglich die Städte Dudweiler und Ottweiler können als Selbstversorgungsorte mittlerer Stufe gelten. Ausstattungskriterien für Mittelzentren sind folgende Dienstleistungseinrichtungen[16]):

Fachärzte (mind. 4 Fachrichtungen),
Akutkrankenhaus (mind. 4 Abteilungen),
Realschule und Gymnasium,
Berufsschule und Berufsfachschule,
Sonderschule L,
Bücherei (mind. 20000 Bände und ein Leseraum),
Feste Einrichtung der Erwachsenenbildung,
Turnhalle (mind. 18×33 m),
Sportanlage (Sportplatz mit Rundbahn 400 m, leichtathletische Nebenanlage, Einrichtung für Spezialsport wie Tennis, Rollschuhlaufen, Golf o. a.),
Beheiztes Freibad und Hallenbad (mit 25 m Bahn), auch als Kombinationsbad,
Einzelhandelsbeschäftigte je 1000 Einwohner: mind. 45,
Einzelhandelsumsatz je Einwohner und Jahr: mind. 1900 DM,
Kaufhaus und Warenhaus,
Innerörtliches Einzelhandels- und Dienstleistungszentrum,
Sitz einer Sparkasse oder Bank,
Rechtsanwaltspraxis.

Diese Ausstattungspaket ist in folgenden Orten — wenn auch z. T. nicht vollständig — vorhanden oder befindet sich, bei einzelnen Positionen, in der Realisierung:

Vollständige mittelzentrale Ausstattung

Saarbrücken, Homburg, Neunkirchen, Saarlouis, St. Ingbert, St. Wendel

Nahezu vollständige mittelzentrale Ausstattung

Dillingen, Merzig, Völklingen

Mittelzentrale Ausstattung mit geringen Mängeln

Lebach, Dudweiler, Sulzbach, Wadern

16) In Anlehnung an den Raumordnungsteilplan Zentrale Orte (Dienstleistungszentren), a.a.O., und unter Berücksichtigung der Entschließung der Ministerkonferenz für Raumordnung „Zentralörtliche Verflechtungsbereiche mittlerer Stufe in der Bundesrepublik Deutschland". Vom 15. Juni 1972. Der Bereich Öffentliche Verwaltung und Gerichte bleibt unberücksichtigt.

Mittelzentrale Teil-Ausstattung

Ottweiler, Blieskastel

Auskunft über die Ausstattungsschwächen gibt die nachfolgende Übersicht.

Ausstattung der Versorgungsorte gehobener Stufe mit mittelzentralen Dienstleistungen

Mittelzentrale Dienstleistungen	Orte mittelzentraler Ausstattung														
	Blieskastel	Dillingen	Dudweiler	Homburg	Lebach	Merzig	Neunkirchen	Ottweiler	Saarbrücken	Saarlouis	Sulzbach	St. Ingbert	St. Wendel	Völklingen	Wadern
Fachärzte (mind. 4 Fachricht.)	●	●	●	●	●	●	●	○	●	●	●	●	●	●	●
Akutkrankenhaus (mind. 4 Abt.)	○	●	●	●	●	●	●	●	●	●	●	●	●	●	●
Realschule und Gymnasium	○	●	○	●	●	●	●	○	●	○	●	●	●	●	○
Berufsschule u. Berufsfachschule		●		●	●	●	●		●	●	●	●	●	●	*●
Sonderschule L	●	●	●	●	●	●	●	●	●	●		●	●	●	
Bücherei: (mind. 20000 Bände, Leseraum)		●	●	●		●	●	○	●	●	●	●	●	●	
Feste Einrichtung der Erwachsenenbildung		●	●	●	●	●	●	●	●	●	●	●	●	●	●
Turnhalle (mind. 18×33 m)		●	●	●	●		●		●	●		●	●		
Sportanlage (Platz mit 400-m-Bahn, leichtathlet. Nebenanlagen, Spezialsport)	●	●	●	●	●	●	●	●	●	●	●	●	●	●	
Beheiztes Freibad und Hallenbad (25 m)		●	●	○	○	○	○		●	●	○	●	○	●	●
Einzelhandelsbesch./1000 E.: mind. 45	●	●		●	●	●	●		●	●	○	○	●	●	●
Einzelh.-Umsatz/E. u. Jahr: mind. 1900 DM	●	●		●	●	●	●		●	●	●	●	●	●	●
Kaufhaus und Warenhaus		●	●	●		●	●	●	●	●	●	●	●	●	
Innerörtl. Einzelh.- und Dienstleistungs-Zentrum	●	●	●	●	●	●	●	●	●	●	●	●	●	●	●
Sitz einer Sparkasse oder Bank	●			●		●	●	●	●	●		●	●	●	●
Rechtsanwaltspraxis	●	●	●	●	●	●	●	●	●	●	●	●	●	●	●

*) Nachbargemeinde Nunkirchen

● vorhanden, erfüllt ○ z. T. vorhanden, knapp unterschritten

Der häufigste Mangel besteht bei beheizten Freibädern. Alle aufgeführten Orte verfügen jedoch über Freibäder, für die also u. U. ein Umbau infrage käme. Ebenso schlecht sind die mittelzentralen Orte bei der Verteilung von Realschulen und Turnhallen weggekommen; dieser Mangel in der schulischen Netzgestaltung erfordert eine Überprüfung der betreffenden Fachplanungen. Zu den verbesserungsbedürftigen Verteilungsrastern zählt auch das der Berufs- und Berufsfachschulen sowie das der Büchereien (hier liegt mangelnde Zentralisierung vor). In den wenigen Fällen, wo der Einzelhandelssektor nicht dem mittleren Versorgungsniveau entspricht, wird eine vervollständigte, abgerundete Ausstattung im öffentlichen Dienstleistungsbereich eine Verbesserung nach sich ziehen.

Die meisten Investitionen sind in Blieskastel erforderlich; unter dem Aspekt, daß Ottweiler keinen eigenen mittelzentralen Bereich bildet, ist diese Stadt, die ebenfalls erhebliche Lücken in ihrem Versorgungsangebot aufweist, jedoch anders zu beurteilen. Die für Wadern und Lebach — beide verfügen über mittelzentrale Verflechtungsbereiche — vorzusehenden Investitionen halten sich in Grenzen.

Den mittelzentralen Verflechtungsbereichen liegen zugrunde
- die Einkaufsbeziehungen (gehobene Güter und Dienstleistungen),
- die Schulbeziehungen (Realschulen und Gymnasien),
- die Beziehungen zu Einrichtungen der Gesundheitsvorsorge (Fachärzte und Krankenhäuser).

Im Raum Saarbrücken ist eine gewisse Häufung mittelzentraler Versorgungsorte festzustellen (Saarbrücken, Dudweiler, Sulzbach, St. Ingbert). Starke Integrationskräfte haben die Mittelzentren Merzig, Dillingen, Saarlouis, Homburg, Neunkirchen und St. Wendel entwickelt (vgl. die Intensität der Bereichsgrenzen). Im größeren Raum Saarbrücken, der außer von Saarbrücken, Dudweiler, Sulzbach und St. Ingbert auch von Völklingen mittelzentral versorgt wird, sind deutliche Bereichsgrenzen nicht festzustellen, mit Ausnahme zwischen Klarenthal und Völklingen. Die Verflechtungsbereiche überlagern sich hier sehr stark. Saarbrücken dominiert eindeutig nur im Raum Obere Saar; es überrascht, daß der östlich daran anschließende Raum Blieskastel-Reinheim bisher weder von Saarbrücken noch von St. Ingbert integriert wurde. Diese Aufgabe könnte künftig Blieskastel zufallen, dem am verkehrsgünstigsten gelegenen und am weitesten entwickelten Zentrum des südöstlichen Saarlandes. Der gezielte Aufbau dieses neuen Mittelzentrums wird möglicherweise den Einfluß des Mittelzentrums Zweibrücken in der Parr zurückdrängen.

Der Homburger Verflechtungsbereich erstreckt sich traditionsgemäß zum großen Teil auf pfälzisches Gebiet. Im Raum Bexbach überlagern sich die Mittelbereiche von Homburg und Neunkirchen. Klare, aber wenig intensiv ausgeprägte Bereichsgrenzen bestehen zwischen Neunkirchen und St. Wendel. Dagegen ist der Neunkirchener Bereich sehr deutlich abgegrenzt vom indifferenten Raum Blieskastel (Kirkel) und von den Mittelbereichen St. Ingbert und Sulzbach. In Richtung Illingen und Lebach sind die Übergänge wieder fließend.

Im mittleren Saarland, insbesondere im Raum Lebach, herrscht ähnlich wie bei Blieskastel keine klare Verflechtungssituation. Lebach als relativ stärkster Zentralort dieses Raumes erweist sich gegenüber den Einflüssen Saarbrückens, Saarlouis' und Dillingens als zu schwach. Durch einen gezielten Ausbau Lebachs zum Mittelzentrum kann hier ein neuer Mittelbereich entstehen, ohne daß ein benachbartes Mittelzentrum dadurch in seinem Bereich gefährdet wäre. Ein eigener Mittelbereich Illingen wäre nur denkbar, wenn Illingen in einigen Gemeinden des westlichen Mittelbereichs Neunkirchen eine stärkere Integrationskraft als Neunkirchen entwickeln würde; dies ist von der Ausstattung her gesehen höchst unwahrscheinlich.

Im Spannungsfeld zwischen den Mittelbereichen St. Wendel und Merzig hat sich im Norden des Saarlandes ein größerer indifferenter Raum erhalten, in dem Wadern das führende Zentrum ist. Im Unterschied zu Blieskastel und Lebach hat Wadern bereits einen eigenen kleinen Mittelbereich entwickelt, der sich ohne Gefährdung Lebachs erweitern kann. Abgrenzungsschwierigkeiten sind lediglich gegenüber Hermeskeil im Norden erkennbar. Die Einflüsse von Birkenfeld im nördlichen Kreis St. Wendel sind gegenüber den Verflechtungen mit St. Wendel unbedeutend. Erheblich intensiver wirkt jedoch Trier in den Obermoselraum, der vom näher gelegenen Mittelzentrum Merzig her nicht integriert werden konnte. Gemeinsam mit Saarburg hat Trier im nordwestlichen Kreisgebiet eine relativ starke Stellung erlangt. Eine Alternative wie im Falle Blieskastel, Lebach und Wadern besteht in diesem Raum nicht, d. h. ein neues Mittelzentrum kann hier nicht gebildet werden.

Abgesehen von wenigen Randzonen und von einem Gebietsstreifen inmitten des Saarlandes sind die saarländischen Gemeinden vollständig in mittelzentrale Verflechtungsbereiche integriert. In dem NNW-SO verlaufenden Gebietsstreifen haben sich zwei kleine Mittelbereiche — St. Ingbert und Sulzbach — zwischen den gewichtigen Zentren des Ost- und West-Saarlandes herausgebildet; in Wadern ist ein solcher kleinerer Mittelbereich ebenfalls bereits nachweisbar. Die restlichen Lücken können Lebach und Blieskastel füllen. Für Maßnahmen der Landesentwicklung sind hier aus der Raumstruktur ableitbare Zielfelder deutlich geworden, für die zu hoffen ist, daß sie als schwach bzw. noch nicht integrierte Teilräume im Zuge territorialer Neuordnungen nicht zerrissen werden. Hier ist die Neugliederung der Landkreise angesprochen, im Unterschied zur Gemeindeschneidung nach Nahbereichen.

Zusammenfassend ist festzustellen, daß die vorliegenden Kartierungen über Standorte und Versorgungsbereiche zentraler Einrichtungen im Saarland ein umfangreiches analytisches Material zur Verfügung halten, das die Abgrenzung eines geschlossenen Grundversorgungsbereiches im verdichteten Gebiet von einem durch zentralörtliche Grundversorgung gekennzeichneten Bereich in den ländlichen Teilen des Saarlandes ermöglicht sowie eine Gliederung in mittelzentrale Verflechtungsbereiche erlaubt. Die Verflechtungsbereiche unterer wie gehobener Stufe sind sozusagen durch Übereinanderlegen der Versorgungsbereiche verschiedener Dienstleistungen ermittelt worden. Dabei war eine Beschränkung auf die Beziehungen zu Einkaufsstätten, zu Schulen und zu Einrichtungen der Gesundheitsvorsorge erforderlich. Die Häufigkeit der Überlagerung von Versorgungsbereichen des gleichen Versorgungsortes wurde zur Bestimmung des Integrationsgrades herangezogen, den ein Versorgungsort in seinem Verflechtungsbereich erreicht hat.

Je nach Intensität der Beziehungen wurden innerhalb des Raumtyps „Zentralversorgungsbereich“ drei differenzierende Raumtypen unterschieden:

1. deutlich von einem Versorgungsort integrierte Verflechtungsbereiche,
2. Räume mit starker Überlagerung zweier oder mehrerer Verflechtungsbereiche,
3. von Zentralorten nicht integrierte Räume (indifferente oder Leerräume).

Die Intensität der Grenzausbildung zwischen den Verflechtungsbereichen wurde kartographisch festgehalten. Innerhalb des Raumtyps „Geschlossener Grundversorgungsbereich“ wurde ein Teilbereich mit Gemeinden vollständiger Grundausstattung ausgegliedert. Umfang und Abstufung des Ausstattungskataloges wurden auf Grund empirischer Untersuchungen in Anlehnung an die bisher von der Ministerkonferenz für Raumordnung[17]) beschlossenen allgemeinen Ausstattungsmerkmale für Grund- und Unterzentren sowie für Mittelzentren festgelegt. Die den Kartierungen zugrundeliegenden Daten sind durch Totalerhebungen der Ausstattungsmerkmale bzw. durch Befragungen und Interviews bezüglich der Versorgungsbereiche gesichert.

Letztere bedürften einiger Korrekturen infolge der Veränderungen, die in den letzten 8 bis 6 Jahren in der Orientierung der Bevölkerung zu den Versorgungsorten erfolgt sind; sie sind jedoch mangels umfassender Nacherhebungen nicht bekannt. In einigen Teilräumen des Saarlandes haben 1971 durchgeführte Nachbefragungen[18]) wichtige Aufschlüsse über den Umfang der zu vermutenden Neuorientierungen ergeben. Die Bereichsverschiebungen waren gering, abgesehen von einer generellen Veränderung: In der Nachbarschaft vielfältig ausgestatteter, über die Grundversorgung weit hinausgehender Zentren haben sich die Verflechtungsbereiche kleiner Grundzentren als rückläufig erwiesen, die Integrationswirkung der bedeutenderen Zentren hat sich erheblich verstärkt und zeigt Expansion in den unterversorgten Raum.

So sind die Angaben über Versorgungsbeziehungen, die die Grundlage für die Bildung der Raumtypen innerhalb des Zentralversorgungsbereichs des Saarlandes waren, nicht als feststehende Tatsachen aufzufassen, sondern sind eher als sehr wahrscheinliche Merkmale für eine funktionale Raumgliederung zu verwenden, als Basis für raumordnerische Maßnahmen, die die bestehenden Raumstrukturen ausgestalten und normgerecht weiterentwickeln sollen. Bei der Zusammenschau der in einem Raum wirksamen Kräfte geht es nicht ohne Setzung von Schwellenwerten und andere notwendige Vereinfachungen, um das Funktionsgefüge in genügender Abstraktion sichtbar zu machen. Dies sollte bei einer kritischen Betrachtung der vorgestellten Bildung von Raumtypen im Einzelfall nicht außer acht gelassen werden.

---

[17]) Entschließung der Ministerkonferenz für Raumordnung über zentrale Orte und ihre Verflechtungsbereiche. Vom 8. 2. 1968. (U. a. in: Raumordnung im Saarland. 2. Raumordnungsbericht 1970. Ministerium des Innern, Saarbrücken 1970. S. 72—73).

[18]) Untersuchungen über Teilversorgungsbereiche im Saarland. Gutachten der GfK Nürnberg. Hektografiert, 1971. — Untersuchung über den Mittelbereich Homburg. Gutachten der METRA-DIVO Frankfurt/Main. Hektografiert, 1971.

Darstellung der Altersstrukturen und Altersstrukturtypenkarten*)

von

Werner Witt, Kiel

I. Forschungsstand

In der thematischen Kartographie ist die Altersstruktur der Bevölkerung bisher meist recht stiefmütterlich behandelt worden. Das ist erstaunlich deswegen, weil neben den rein mengenmäßigen Veränderungen der Einwohnerzahlen in den Ländern, Städten und Gemeinden der Altersaufbau doch eigentlich den Kernbereich der gesamten Bevölkerungswissenschaft bildet. Denn der Altersaufbau spiegelt die Entwicklung einer Population durch Geburten, Sterbefälle und Wanderungen wider; er ermöglicht Rückschlüsse auf die Reproduktionskraft der Bevölkerung, auf die Zahl der Kinder, der Wehrpflichtigen, der Rentner und Pensionäre, das Arbeitskräftepotential, auf die sogenannte Hypothek der Alten, auf die Zahl der Wahlberechtigten und sogar auf die politische Problematik, etwa die Revolutionsanfälligkeit junger Entwicklungsländer und die Brüchigkeit vergreisender Staaten.

Die Vernachlässigung der Altersstruktur in der Bevölkerungskartographie ist nur dadurch erklärlich, daß man offenbar der Meinung ist, man könne sich mit globalen Aussagen für größere Räume, meist ganze Staatsgebiete, begnügen, weil signifikante räumliche Unterschiede nicht vorhanden seien. Dieses Vorurteil wird durch die Art der statistischen Veröffentlichungen gefördert. Sie enthalten spezifische Altersangaben über die Bevölkerung meist nur für größere Gebietseinheiten, nur selten dagegen, d. h. nur bei den großen zehnjährigen Volkszählungen, auch differenziertere räumliche Daten etwa für die einzelnen Gemeinden, und auch diese bleiben auf eine sehr geringe Zahl von Altersgruppen beschränkt. Kartographisch dargestellt und regional ausgewertet werden solche Angaben fast nie.

Das ist von seiten der Statistik verständlich, von seiten der Regionalwissenschaften sehr bedauerlich. Denn nicht nur die weltweiten Unterschiede zwischen den jungen und den alten Völkern, sondern auch die regionalen Unterschiede der Altersstrukturen können sehr bemerkenswert sein. Bei gleicher Bevölkerungsdichte können die Alters- und Geschlechtsstrukturen beispielsweise für die Regionalplanung und den Städtebau von wesentlicher Bedeutung sein, etwa für die Unterschiede zwischen den Kernstädten und den Umlandzonen der Stadtregionen. Nach der Untersuchung der Stadtregionen 1961 betrug der Anteil der Unter-15jährigen an der Gesamtbevölkerung in den Kernstädten 18,6%, in den Umlandzonen dagegen 24% gegenüber einem Bundesdurchschnitt von 22,1%. Das ist vor allem auf die Unterschiede der Geburtenziffern zurückzuführen, die von den Kernstädten zu den Randzonen hin stetig ansteigen, und die

*) Mit 2 Farbkarten in gesonderter Kartenmappe: „Altersstruktur der Gemeinden in Schleswig-Holstein“, „Altersstruktur der Bevölkerung in Schleswig-Holstein“.

Geburtenziffern selbst sind wiederum eine Folge des höheren Anteils der jungen Familien. In manchen Stadtrandzonen ist der verstärkte Zuzug junger Leute ausschlaggebend, und die Städtebauer wissen sehr wohl, daß sie bei der Planung darauf Rücksicht zu nehmen haben.

Allerdings vergessen sie ebensooft, daß die derzeitigen Strukturen nur für eine relativ kurze Zeit unverändert bleiben. Auch die jungen Menschen werden älter und alt, die Alten sterben, neue Kinder werden geboren, und bald stimmen die für den Augenblick geplanten städtebaulichen und wohnungsbaumäßigen Strukturen nicht mehr.

Daß man bei der Planung von Kindergärten, Schulen, Krankenhäusern, Altenheimen usw. auf die Entwicklung der Altersstrukturen Rücksicht nehmen muß, ist zwar theoretisch eine Selbstverständlichkeit, aber sie wird leider in der Praxis nicht hinreichend beachtet. Vor allem werden die lokalen und regionalen Unterschiede vernachlässigt. Man verläßt sich auf den automatischen Ausgleich durch Geburt und Tod einerseits und durch die Wanderungsbewegungen andererseits oder man weist darauf hin, daß die Reichweite der zentralen Dienstleistungen ja ohnehin zunimmt.

In den größeren Gebietseinheiten wird durch den statistischen Massenausgleich eine Gleichförmigkeit vorgetäuscht, die die regionalen und lokalen Unterschiede verdeckt. Wir würden eine bessere Kenntnis der für die Planung maßgeblichen Raumstrukturen und Raumveränderungen haben, wenn wir auch die Altersstrukturen und ihre Entwicklung in kleineren Gebietseinheiten genauer analysierten, wenn wir sie also kartographisch untersuchten und darstellten.

II. Alterspyramiden

Die am meisten verbreiteten Darstellungen der Altersstruktur sind graphische Schaubilder, also Diagramme, nicht einmal Kartogramme. Allgemein bekannt sind die Alterspyramiden oder „Lebensbäume". Auf einer Senkrechten werden in arithmetischer Folge die Altersjahre oder die Geburtsjahre abgetragen, links und rechts davon als waagerechte Stäbe die absoluten Werte für die Zahl der Männer und der Frauen, die den einzelnen Altersjahren oder Geburtsjahren angehören. Der Anfangsbestand einer Bevölkerung nimmt Jahr für Jahr gemäß der Absterbeordnung ab, wodurch die Form einer Pyramide entsteht.

Durch die Wahl der Werteinheit hat man es weitgehend in der Hand, die Pyramiden schlanker oder dicker zu machen. Täuschungen durch ungleiche Maßstäbe sind nicht selten. Solche Alterspyramiden werden in der Regel nur für größere Gebiete aufgestellt. Der Vergleich mit den Grundtypen einer dreiecksförmigen, glocken- oder urnenförmigen Alterspyramide, die den Geburtenzahlen entsprechen, erlaubt nur recht allgemeine Aussagen über die Entwicklung normal wachsender, stagnierender oder vergreisender Bevölkerungskörper.

Charakteristische Einschnitte in dem Lebensbaum lassen allerdings bestimmte Ereignisse und Entwicklungen erkennen, die die natürliche Bevölkerungsbewegung maßgeblich beeinflußt haben, etwa der Geburtenausfall in Kriegen oder wirtschaftlichen Krisenzeiten, unmittelbare Kriegsverluste, aber auch — was meistens vergessen wird — Zu- und Abwanderungen. Auch die künftige Entwicklung in charakteristischen Altersgruppen, z. B. die Stärke der Altersklassen in der Schulzeit, während der beruflichen Ausbildungsperiode, beim Eintritt in das Erwerbsleben und beim Ende der Erwerbstätigkeit bei Männern und bei Frauen, die evtl. stark zunehmende Zahl der Alten u. a., läßt sich in großen Zügen daraus ablesen. Oft hält man es für zweckmäßiger, nicht jeden Jahrgang einzeln darzustellen, sondern Altersgruppen, etwa 5-Jahres- oder auch ungleiche Jahresgruppen, zusammenzufassen, um charakteristische Erscheinungen deutlicher hervorzuheben. Zu der regionalen Zusammenfassung kommt dann noch die sektorale hinzu.

Vergleiche zwischen mehreren solcher Alterspyramiden, entweder für verschiedene Zählungstermine und dasselbe Gebiet oder für denselben Zählungstermin, aber verschiedene Gebiete, werden erleichtert, wenn man nicht die absoluten, sondern die relativen Werte, bezogen auf die jeweilige Gesamtbevölkerung des betreffenden Gebietes, darstellt. Aber solche Vergleiche bleiben doch ziemlich an der Oberfläche. Selbst der visuelle Vergleich zwischen der Männer- und der Frauenseite ist nicht leicht. Man überträgt deshalb oft die eine auf die andere Seite der Pyramide, um den Männer- oder den Frauenüberschuß in den einzelnen Altersklassen deutlich zu machen. Wenn das geschieht und wenn man dazu noch die Darstellung um 90° dreht, dann geht die Darstellung in ein normales Stabdiagramm oder Kurvendiagramm über. Als solches erscheint es oft als Nebenzeichnung auch auf den Karten, z. B. in dem tschechoslowakischen Nationalatlas.

Unterteilungen der Lebensbäume nach dem Familienstand (ledig, verheiratet, verwitwet, geschieden) sind die Regel und lassen deutlich die Herkunft des Diagramms aus dem statistischen Bereich erkennen. Unterteilungen nach Erwerbstätigen und Nichterwerbstätigen, nach bestimmten Wirtschaftsgruppen usw. wären für die Planung wichtiger; sie würden beispielsweise auf der Frauenseite die Zeiten der Vollerwerbstätigkeit und des Ausscheidens aus ihr infolge von Verheiratung, die spätere Teilbeschäftigung oder Wiederaufnahme der Beschäftigung verdeutlichen können.

Setzt man die Alterspyramiden für größere Verwaltungsbezirke in eine Kartengrundlage hinein, so entstehen Kartogramme. Sie sind in Regional- und Nationalatlanten gar nicht so selten zu finden, aber im Grunde ziemlich wertlos, weil visuelle Vergleiche zwischen den einzelnen Pyramiden wegen der unterschiedlichen Basen noch unsicherer werden als bei den Diagrammen, selbst wenn man die prozentualen und nicht die absoluten Werte darstellt. Bei der Durchsicht eines Nationalatlasses verwendet niemand längere Zeit auf solche Kartogramme; man blättert einfach über sie hinweg, d. h., sie sind letzten Endes überflüssig. Wenn man schon auf die Lebensbaumdarstellung nicht verzichten will, ist es in der Tat besser, sich auf eine Darstellung für das Gesamtgebiet zu beschränken und die regionalen Abweichungen in möglichst prägnanter Zusammenfassung verbal zu beschreiben.

III. Diagramme, isometrische Darstellungen

Um die Vergleichsmöglichkeiten zu erleichtern, wird in dem französischen Atlas économique et sociale pour l'aménagement du territoire (Fasc. I 1967) zu der normalen Alterspyramide des ganzen Landes eine weitere Graphik hinzugefügt, bei der die Altersklassen in Zusammenfassungen von Männern und Frauen für jeweils fünf Jahresgruppen (in Prozentwerten der Gesamtzahlen) gesondert für 1. ländliche Gemeinden und landwirtschaftliche Haushaltungen, 2. ländliche Gemeinden und nichtlandwirtschaftliche Haushaltungen, 3. Agglomerationen bis 10000, 10—50000, 50—100000, über 100000 Einwohner und 4. für den Pariser Wohnkomplex durch die Darstellung der Altersklassen der Gesamtbevölkerung Frankreichs überlagert werden. Die Unterschiede in den beiden ländlichen Siedlungstypen und den verschiedenen Größenklassen werden dadurch verdeutlicht, daß die positiven und negativen Abweichungen von dem Gesamtdiagramm durch unterschiedliche Schraffuren noch hervorgehoben werden. In entsprechender Weise wird die Altersstruktur in den einzelnen Departements durch überlagernde Säulendiagramme der Departements und Gesamtfrankreichs für die Altersklassen bis zu 20 Jahren, 20—64 Jahre und 65 Jahre und darüber veranschaulicht.

In den USA sind isometrische Blockbilder, die von Pseudoisolinien ausgehen, auch für die Altersstrukturdarstellung empfohlen worden. Sie lassen sich auch automatisch zeichnen und wirken sehr anschaulich, sind aber doch nur Bilder, bei denen die Verzerrungen sehr stark sind und sowohl durch die scheinbar stetigen Veränderungen als auch durch die mehr oder weniger starken Überhöhungen falsche Eindrücke entstehen müssen.

Exakter sind perspektivische Verzerrungen von Koordinatendreiecken, die in die Horizontale umgekippt werden und bei denen die absoluten Werte für die einzelnen Strukturpunkte durch Säulen dargestellt werden. Besser wäre es allerdings, wenn auch hierfür nicht das Koordinatendreieck, sondern eine topographisch-administrative Karte als Grundlage gewählt würde und wenn man die Säulen unmittelbar in die maßgeblichen Altersklassen unterteilte.

Bei einer Einteilung in eine größere Zahl von Altersklassen lassen sich auch Sechsecke zur Veranschaulichung verwenden. Ebenso könnte man sich der Polarkoordinaten bedienen: in ihnen läßt sich für die einzelnen Jahrgänge die errechnete Absterbeordnung und die davon abweichende tatsächliche Besetzung darstellen. Alle solchen graphischen Darstellungen dienen aber primär der Veranschaulichung. Für die Typisierung leisteten sie allenfalls Hilfsdienste.

IV. Prozentkurven als Grundlage von Typenkarten

Mitunter sind vereinfachte graphische Darstellungen zweckmäßiger als die traditionellen Lebensbäume. Man kann beispielsweise für kleinere administrative Einheiten die prozentualen Abweichungen der einzelnen Jahrgänge von dem Durchschnitt des Gesamtgebietes, der als gerade Linie gezeichnet wird, in Kurven darstellen, am besten ebenfalls getrennt nach Männern und Frauen. Allerdings setzt das voraus, daß die statistischen Daten auch für die kleineren statistischen Einheiten jahrgangsweise oder wenigstens nach Jahrgangsgruppen zur Verfügung stehen, was leider sehr oft nicht der Fall ist. Man kann solche Polygonzüge auch für verschiedene Zähltermine einander gegenüberstellen und die Unterschiede untersuchen. Die prozentualen Abweichungen vom Gesamtdurchschnitt werden um so größer, je kleiner die Teilgebiete sind. Der Statistiker pflegt das mit dem Hinweis auf Zufälligkeiten abzutun, die durch die geringeren statistischen Massen bei kleiner werdenden regionalen Einheiten bedingt sind. In Wirklichkeit ist für die regionalen Unterschiede aber eine Vielfalt von Ursachen maßgebend, die für die Planung von größerem Interesse sind als globale, aber regional keineswegs abgesicherte statistische Erklärungen.

Kurvendiagramme der beschriebenen Art können, wenn sie systematisch für alle kleinen administrativen Einheiten gezeichnet werden, als Ausgangsmaterial für den Entwurf der Typenkarten der Altersstruktur dienen. Wenn man diejenigen Kurven, die einen ähnlichen Verlauf zeigen, zusammenfaßt — den Grad der Kurvenähnlichkeit kann man evtl. noch durch Korrelationskoeffizienten bestimmen, jedoch muß man dabei unter Umständen einzelne Kurvenabschnitte, d. h. Altersklassen, besonders beachten —, wenn man dann den sich gleichartig verhaltenden Gemeinden eine geeignete Farbe oder Signatur zuordnet und diese in eine Karte überträgt, so erhält man eine erste Typenkarte der Altersstruktur. Es ist wahrscheinlich, daß sich dabei auch bereits gewisse Raumtypen herausschälen und daß sich insbesondere Zusammenhänge mit den Gebieten ländlicher oder gewerblicher Struktur, den Klein- und Mittelstädten, den Stadtrandzonen, den Erholungsräumen, der Konfessionsverteilung usw. erkennen lassen. Ein ständiger Vergleich mit solchen und anderen Raumkategorien ist schon bei der Zusammenfassung der Kurven zu Typen unbedingt erforderlich, weil man dadurch Fehler oder Ungenauigkeiten bei der Typenbildung von Anfang an korrigieren kann. Dem Kartographen ist eine solche kombinierte, wechselseitig vergleichende Arbeitsweise, die die statistischen Werte und die Karten über andere Tatbestände gleichzeitig benutzt, im Prinzip ja nicht unbekannt, aber sie ist nicht sonderlich beliebt, weil sie außerordentlich arbeitsaufwendig ist.

Eine so gewonnene Typenkarte sagt natürlich nur etwas aus über das Verhältnis und das relative Gewicht der Altersgruppen zueinander in den Gemeinden zu einem bestimmten Zeitpunkt. Das sollte auch klar in der Bezeichnung der Typen zum Ausdruck kommen. Sie sagt dagegen nichts aus über das Zustandekommen solcher Verteilungsmuster. Von einer verfeinerten Typenkarte wird man aber erwarten können, daß aufgrund einer differenzierteren Analyse auch die Entwicklungsbedingungen untersucht werden. Es muß z. B. festgestellt werden, ob etwa ein hoher Anteil an Jugendlichen auf einen hohen Geburtenüberschuß in dem betreffenden Gebiet zurückzuführen ist oder vielleicht auf die Zuwanderung von jungen Familien, ob der hohe Geburtenüberschuß evtl. mit dem religiösen Bekenntnis zusammenhängt oder ob die Zuwanderung auf bestimmten wirtschaftlichen Entwicklungen, etwa einer verstärkten Industrialisierung, beruht. Das erfordert in jedem Fall komplexe Raumanalysen und eine Vielzahl von anderen kartographischen Untersuchungen, den Vergleich durch Kartenüberdeckung, Kern- und Grenzgürtelbestimmung, den Versuch einer Quantifizierung durch räumliche Korrelationen und wenn möglich eine Gewichtung der bestimmenden Faktoren. Die endgültige Typenkarte, die die Ausgangskarte ergänzt und möglicherweise völlig verändert, bedarf in jedem Fall einer abschließenden und bewertenden Diskussion.

Kartentechnisch ist es bisher üblich, die ermittelten Typen dadurch zu kennzeichnen, daß man die ganze Gemeindefläche mit der ihr zukommenden Farbe oder Schraffur anlegt. Das ist meist nicht zu empfehlen, da durch die rein qualitative Kennzeichnung die maßgeblichen Unterschiede in der Dichte und Verteilung der Bevölkerung unberücksichtigt bleiben und deshalb die quantitative Bedeutung der Typen nicht zum Ausdruck kommt. Bei den größeren und mittleren Maßstäben (bis etwa 1 : 500000) ist es besser, zunächst eine quantitative Größenpunktkarte der Bevölkerungsverteilung, erforderlichenfalls nach der Methode der internationalen Weltbevölkerungskarte (also als Kugelberechnung, aber Kreisflächenzeichnung), zu entwerfen und dann die einzelnen Größenpunkte mit der ihnen nach der Typengliederung zukommenden Farbe zu versehen. Bei sehr kleinen Punkten, etwa in ländlichen Gebieten oder vor allem in Streusiedlungsgebieten, kann das freilich zu Schwierigkeiten führen. In solchen Fällen, aber auch nur in diesen Fällen, ist eine leichte Flächenfärbung, die zugleich die Bevölkerungsdichte andeutet, vorzuziehen.

Die quantitativen Größenpunkte sollen nur die qualitativen Typenfarben erhalten. Wenn man die Größenpunkte — vielleicht sogar noch die Halbkreise für den männlichen und den weiblichen Bevölkerungsanteil — nach den Altersklassen in Sektoren unterteilt, so würde das nur zu einer unübersichtlichen und ausdruckslosen Konfettikarte führen.

V. Karten spezifischer Altersklassen als Typenkarten

Anstelle von Gliederungen in einzelne Altersjahre oder Jahrfünfte, wie sie bei Alterspyramiden die Regel sind, faßt man bei Karten nur wenige, für den sozialökonomischen Bereich wichtig erscheinende Altersklassen zusammen: die Jugendlichen, die Erwerbsfähigen und die Alten. Jede dieser Altersklassen verkörpert bereits einen „Typus", der sich von den andern durch seine zeitliche Begrenzung unterscheidet. Das zeitliche Merkmal soll ja hierbei allein maßgebend sein für die eindeutige Zuordnung zu diesen Typen. Alle Menschen lassen sich nach diesem Merkmal eingruppieren, die Zuordnung ist allerdings nur für einen bestimmten Zeitpunkt gültig, da das Alter sich ständig ändert. Die Kombination von mehrfachen Merkmalen, wie sie bei andern Typenkarten die Regel ist, wird jedoch bei dieser Typenkarte der Altersstrukturen überhaupt nicht verlangt. Deshalb kann jede Karte über die Verteilung und die Dichte der drei Altersklassen, der Jugendlichen, der Erwerbsfähigen und der Alten, ob in absoluter oder in relativer oder in kombinierter Darstellung, mit vollem Recht bereits als eine Alterstypenkarte aufgefaßt werden. Diese Karten stellen die einfachste Form von Typenkarten dar, die denkbar ist, und unterscheiden sich im Prinzip nicht von Karten der Hautfarbe, der Sprache u. ä.

Dennoch bleibt diese Auffassung unbefriedigend. Unter einer Typenkarte der Altersstruktur wird überwiegend doch wohl eine zusammenfassende Karte verstanden, die für jedes Gebiet erkennen läßt, wie die drei Altersklassen sich in ihrer mengenmäßigen Zusammensetzung verhalten; man erwartet eine Aussage darüber, ob die Jungen oder die Alten oder die Erwerbsfähigen stärker oder schwächer in dem Gebiet vertreten sind, als dem Durchschnitt entspricht, und daraus leiten sich dann weitere Fragen ab nach dem Zustandekommen der ungleichmäßigen Verteilung, sofern eine solche festgestellt wird.

Auch sonst ergeben sich einige definitorische und methodische Schwierigkeiten. Beginn und Ende der drei Klassen sind nicht eindeutig bestimmt. Am klarsten ist noch der statistische Beginn des Alters mit 65 Jahren. Aber wie soll man bei einem gleitenden Ende der Erwerbstätigkeit, etwa zwischen 62 und 67 Jahren, verfahren? Wie soll man sich bei den Frauen verhalten, bei denen die Erwerbstätigkeit schon mit 60 Jahren endet, praktisch in der Regel aber bereits viel früher? Kann man bei den Männern und Frauen unterschiedliche Altersjahrgänge zusammenfassen, wie es beispielsweise bei dem tschechoslowakischen Nationalatlas geschehen ist, in dem man die arbeitsfähigen Jahrgänge der Männer von 15—69 Jahren und der Frauen von 15—54 Jahren addierte? Wann beginnt das erwerbsfähige Alter, mit 20 Jahren (Atlas der Niederlande und Atlas von Paris und der Pariser Region) oder mit 14 Jahren (Atlas von Österreich)? Man kann gute Gründe für die verschiedenen Einstellungen anführen: das Ende der Volksschulzeit, das Ende der Berufsschulpflicht oder der Berufsausbildung, den Beginn des Wahlalters, das Ende der Militärdienstpflicht, das Ende der Fachhochschul- oder der Universitätsausbildung.

Vergleiche zwischen verschiedenen Atlanten sind wegen der unterschiedlichen Altersklassenbildung fast immer unmöglich oder sehr erschwert. Aus rein praktischen Überlegungen sollte man, wenn es möglich ist, das Ende der Jugendlichenzeit spät ansetzen, etwa bei 20 Jahren, nicht etwa nur, weil der wirkliche Eintritt in das Berufsleben in der Regel erst spät erfolgt, sondern auch um die Klassen der Jugendlichen, der Erwerbsfähigen und der Alten nicht zu unterschiedlich groß werden zu lassen. Wählt man 15 Jahre als Grenze, so ist in der Bundesrepublik Deutschland (1961) das Verhältnis von Jugendlichen : Erwerbsfähigen : Alten insgesamt schon 22% : 67% : 11%. Die Altersklassen sind also recht ungleichmäßig besetzt, und das ist bei der Bewertung der relativen Darstellungen von erheblicher Bedeutung, z. B. bei der Stufenbildung, die sehr verschieden sein muß und schon dadurch einen unmittelbaren räumlichen Vergleich ausschließt.

In den National- und Regionalatlanten pflegt man einfach drei Relativkarten der Altersklassen, der Jugendlichen, der Erwerbsfähigen und der Alten, jeweils bezogen auf die Gesamtbevölkerung, in flächenhafter Darstellung auf einem Kartenblatt einander gegenüberzustellen. Da die durchschnittlichen prozentualen Anteile an der Gesamtbevölkerung sehr unterschiedlich sind, kann man bei der Stufenbildung immer nur von dem jeweiligen Mittelwert ausgehen, der in der Legende auf jeden Fall angegeben werden sollte.

In den Niederländischen Atlas sind bei den durch die Grenzwerte 20 und 65 Jahre gebildeten drei Altersklassen die Durchschnittswerte 37,8; 52,6; 9,6%, dementsprechend werden in den drei Einzelkarten die folgenden Relativstufen gebildet:
0—19 Jahre: unter 33; 33—36; 36—39; 39—42; 42—45; über 45%,
20—64 Jahre: unter 47; 47—49; 49—51; 51—53; 53—55; über 55%,
65 Jahre und mehr: unter 5; 5—7,5; 7,5—10; 10—12,5; 12,5—15; über 15%.
Es sind also sowohl die mittleren Stufen als auch die Stufenbreiten ungleich.

Bei dem Atlas von Paris und der Pariser Region sind die Schwellenwerte
unter 20 Jahre: 10; 25; 28; 32; 36; 40; 53%,
20—60 Jahre: 22; 40; 44; 48; 52; 56; 65%,
über 60 Jahre: 4; 10; 15; 20; 30; 64%.

Bei dem Atlas von Österreich wurden schematische Fünferstufen gebildet, so daß durchlaufende Farbskalen möglich werden:
0—14 Jahre: unter 15; 15—20; 20—25; ... 50—55%,
14—65 Jahre: unter 55; 55—60; 60—65%.
Die Zahl der Stufen ist also gerade bei der umfangreichsten Altersklasse sehr gering.

Zu der unterschiedlichen Altersklasseneinteilung und den unterschiedlichen Stufen bei den einzelnen Altersklassen kommen noch unterschiedliche Farben und Farbskalen für die flächenmäßige Darstellung hinzu. Befriedigend ist das Verfahren der kartographischen Darstellung nicht. Zwar kann man einfache Vergleiche mit anderen Karten anstellen und beispielsweise wahrscheinlich machen, daß in manchen Gebieten die hohe Zahl der Jugendlichen mit der Konfessionsverteilung zusammenhängt oder daß sich die hohen Werte der Erwerbsfähigen mit den Industrieregionen oder den Großstadträumen decken. Aber solche banalen Feststellungen rechtfertigen den Arbeits- und Kostenaufwand dieser Karten kaum.

Mitunter findet man auch bei flächenmäßiger Darstellung noch recht eigenwillige Sonderformen, z. B. in dem tschechoslowakischen Atlas. Dort sind für die unteren Verwaltungsbezirke zwar auch die jeweiligen Prozentsätze der einzelnen Altersklassen durch Farben angegeben, sie werden aber nach der städtischen und ländlichen Bevölkerung getrennt, und zwar werden sie in der Karte so dargestellt, daß die administrative Fläche in einen Randstreifen und einen zentralen Teil aufgegliedert wird, die flächenmäßig dem Verhältnis der ländlichen und der städtischen Bevölkerung entsprechen. Die Karte sieht aus wie eine Reihe von lückenlos aneinandergereihten farbigen Achaten. Nachahmenswert ist dieses Darstellungsverfahren sicherlich nicht, so sehr man die Aufteilung der Bevölkerung in einen städtischen und einen ländlichen Teil begrüßen muß.

Wenn man die drei Altersklassen, der Jugendlichen, der Erwerbsfähigen und der Alten, auf einem Kartenbild als Teilkarte vereinigt, wie es meistens geschieht, dann bleibt auf dem Blatt der Raum frei für eine vierte Teilkarte. Man nutzt diesen Raum verschieden aus: entweder für eine gesonderte Darstellung des Altersaufbaues bei den Frauen, für die wiederum eine andere Stufengliederung erforderlich wird, oder für eine meist recht willkürliche Typenbildung durch eine Zusammenfassung der drei anderen Karten; oder man faßt die Altersklassen der Jugendlichen und der Alten zusammen und stellt sie der Altersklasse der Erwerbsfähigen gegenüber. Man bezieht also die Summe der Jugendlichen und der Alten auf die Gesamtzahl der Menschen im erwerbsfähigen Alter. In dem Atlas der Niederlande führt das bei einem Reichsdurchschnitt von 90,4% zu zu den Prozentgruppen unter 80; 80—90; 90—100; 100—110; 110—120; über 120%.

Mit solchen Karten will man zum Ausdruck bringen, daß die Last der unproduktiven Alten und Jungen regional recht unterschiedlich verteilt ist. Sie ist im übrigen wesentlich von der Altersklasse der Jugendlichen abhängig, die in dem niederländischen Beispiel bei dem Schwellenwert von 20 Jahren fast viermal so groß ist wie bei den Alten. Im allgemeinen wird die Hypothek aber den Alten angelastet.

Man kann diese Überlegungen vertiefen, indem man unterschiedliche Werte für den Bedarf der drei Altersklassen einsetzt, z. B. für die Erwerbsfähigen den Faktor 1, für die Alten 0,8 und für die Jugendlichen 0,6, und durch Gewichtung der absoluten Zahlen den Gesamtbedarf errechnet, der dann dividiert durch die Zahl der Erwerbsfähigen einen lokalen Belastungsfaktor ergibt. Solche Karten können vor allem in Verbindung mit Karten der sozialräumlichen Gliederung wesentlich sein für das Verständnis des politischen Verhaltens der Bevölkerung: sie können die konservative Haltung der Bevölkerung in dem einen Gebiet ebenso erklären wie die revolutionären Tendenzen in einem anderen; sie können die Beteiligung an den politischen Wahlen, die Stimmabgabe bestimmter Altersgruppen für bestimmte Parteien oder die Wahlenthaltung verständlich machen; sie können die Gründe für die Bevölkerungsverschiebungen durch Binnenwanderung oder durch Auswanderung anzeigen; sie können auch Verständnis erwecken für die Notwendigkeit bevorzugter finanzieller Maßnahmen zugunsten von strukturell unausgewogenen Räumen. Solche Karten sind also im Prinzip keineswegs bedeutungslos; auch für die Planung können sie Entscheidungshilfen sein. Aber die bisherigen Untersuchungen und Untersuchungsmethoden reichen noch nicht aus. Man kann beispielsweise keineswegs von allen Alten in einer Gemeinde sagen, daß sie den Erwerbstätigen dieser Gemeinde zur Last fallen, wie es früher auf dem Lande bei den Dorfarmen oder noch früher bei dem Schulmeister der Fall war, der reihum bei den Bauernfamilien zu Tisch ging. In einem Wohlfahrtsstaat lebt der größte Teil der Alten von einer Altersrente, zu der sie selber seinerzeit beigetragen haben; sie wird im Rentenalter von der Gesamtheit der Steuerzahler im ganzen Staatsgebiet und nicht von der einzelnen Gemeinde aufgebracht, so daß die regionale Differenzierung in diesem Fall in die Irre führt. Auch bei diesen Karten wirkt sich außerdem die ausschließlich relative Darstellung nachteilig aus; sie sollten mit einer absoluten Darstellung gekoppelt werden, damit wenigstens Mißverständnisse bezüglich der Größenordnung ausgeschaltet werden.

Ähnlich problematisch sind auch die Karten der „regionalen Bildungsreserven“, wenn man gemeindeweise die Zahl der Realschüler und Gymnasiasten auf die Gesamtzahl der Schulpflichtigen bezieht oder wenn man den Anteil der 16—19jährigen, die noch in der Schulausbildung stehen, an der Gesamtzahl der Gleichaltrigen mißt. Solche Karten erwecken durch die Nichtberücksichtigung der absoluten Werte regelmäßig falsche Vorstellungen.

VI. Typenbildung durch Doppelskalen

Der Versuch, die drei (oder evtl. auch mehr) Altersklassenkarten zu einer einzigen Karte zusammenzufassen, begegnet zunächst methodischen Schwierigkeiten. Der vorwiegend geographisch arbeitende Kartograph wird die Einzelkarten übereinanderdecken und festzustellen versuchen, in welchen Gebieten welche Altersklassen bestimmend sind; er scheitert an den Überschneidungen der Gebiete, ihrer eindeutigen Abgrenzung und ihrer Charakterisierung; infolgedessen bleibt er bei „Schichtungskarten“ der analytischen Einzelelemente stehen; er wird dabei wahrscheinlich die tragende Schicht der Erwerbsfähigen durch Farbstufen darstellen, die Jugendlichen durch Schraffuren, die Alten durch Punktsignaturen. Eine Typisierung wird dadurch nicht erreicht, sie erfordert eine Abstraktion von den Einzelelementen und ihre Verschmelzung auf einer höheren Ebene.

Der Mathematiker wird vielleicht die in der euklidischen Geometrie entwickelten Methoden der Abstandsberechnung auf andere „Dimensionen“ ausdehnen, um die verschiedenen räumlichen Objekte vergleichbar zu machen und sie zu neuen Typen zusammenfzuassen; trotz des logisch einwandfreien Vorgehens ist ein Fülle von subjektiven Entscheidungen dabei unvermeidlich, und die mehrdimensionalen Kombinationen sind unter Umständen Abstraktionen, die mit dem „Raum“ der zweidimensionalen Karte wenig mehr zu tun haben.

Kann der statistisch arbeitende Kartograph ein brauchbares Rezept anbieten? Da sich die drei Altersklassen zu 100% ergänzen, ist jede der Altersklassen durch dei beiden andern festgelegt. Es muß deshalb möglich sein, bei der Typenbildung schon mit Doppelskalen auszukommen. Wenn beispielsweise 55% der Gesamtbevölkerung Erwerbsfähige sind und 35% Jugendliche, so können die Alten nur 10% der Gesamtbevölkerung ausmachen. Selbstverständlich wird man auch bei Doppelskalen nicht alle Gruppen einer hundertprozentigen Skala bilden, sondern auch hier von den Durchschnittswerten oder den häufigsten Werten ausgehen.

Wählen wir als Beispiel die oben angeführten Zahlenwerte des Niederländischen Atlasses und versuchen wir, die dort in den Einzelkarten gebildeten Stufen für Doppelskalen zu benutzen. Die Altersklasse der Erwerbsfähigen war in 4 Zweiprozentstufen von 47 bis 55% gegliedert worden, zu der noch die Stufen unter 47% und über 55% hinzukommen. Sie können aufsteigend einer horizontalen Skala zugeordnet werden. Die Altersklasse der Jugendlichen war analog in 6 Dreiprozentstufen gegliedert und kann in der Doppelskala vertikal angeordnet werden.

Durch die Schnittpunkte der horizontalen und der vertikalen Linien ergeben sich dann als Komplemente zu 100% die Prozentstufen der Alten. Ihr Netz überlagert das Doppelskalennetz der Erwerbsfähigen und der Jugendlichen in der Form von parallelen Linien, die von links unten nach rechts oben verlaufen (es sind keine Diagonalen, weil

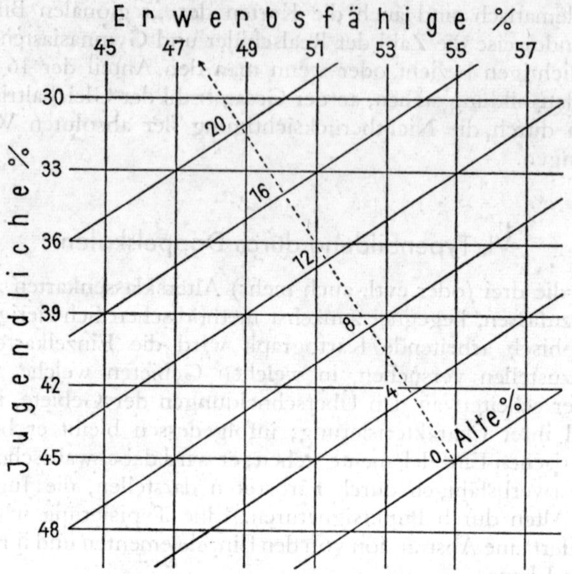

Abb. 1: Doppelskala: Altersklassen in den Niederlanden

die prozentualen Klassenbreiten bei den Erwerbsfähigen und den Jugendlichen ungleich groß sind). Die Null-Linie verläuft in der rechten unteren Ecke des Diagramms, die Linie des höchsten Wertes der Alten links oben (vgl. Abb. 1).

Ordnet man der Altersklassenstufenfolge der Erwerbsfähigen eine an Intensität zunehmende rote Farbskala zu, derjenigen der Jugendlichen eine entsprechende blaue Farbskala, so ergibt sich bei der Überlagerung eine 36stufige Farbskala in violetten Farbtönen, die ihre höchste Intensität in den Farbkästen der rechten unteren Ecke erhält. Schon wegen der Drucktechnik und mit Rücksicht auf die visuelle Unterscheidbarkeit wird man diese 36 Farbstufen zu einer wesentlich geringeren Zahl zusammenfassen, wobei zwar die niedrigste und die höchste Farbstufe einzeln erhalten bleiben sollten, im übrigen aber die Durchschnittswertlinien der Altersklassen der Jugendlichen und der Erwerbsfähigen Orientierungsmöglichkeiten für die Gruppenbildung über, um und unter den Durchschnittswerten anbieten können.

Bei der Bildung der Farbskala kann man natürlich auch von dem Bereich der Durchschnittswerte ausgehen, ihm die schwächste und indifferenteste Farbe zuweisen und diese dann nach oben und nach unten hin farblich differenzieren und intensivieren. Obwohl farblich weniger einheitlich, führt das meist sogar zu besseren Resultaten.

Die auf diese Weise vorgenommene Typenbildung kann natürlich ebenso wie die Altersklassen der Erwerbsfähigen und der Jugendlichen auch jeweils zwei andere Altersklassen zusammenfassen (Jugendliche und Alte oder Erwerbsfähige und Alte). In allen Fällen wird die jeweilige Restgruppe visuell nicht unmittelbar dargestellt; sie ergibt sich gewissermaßen indirekt aus der Ergänzung der Farbintensität zum Vollton, der der Gesamtbevölkerung entsprechen würde.

Die Typenbildung erfolgt überwiegend nach graphischen Gesichtspunkten. Sie darf aber, wenn sie zu einer vertretbaren Karte führen soll, nicht ausschließlich graphischstatistisch und damit schematisch bleiben. Vielmehr ist es unbedingt erforderlich, jede einzelne administrative Einheit, die in der Karte dargestellt werden soll, als Punkt in das Doppelskalenschema einzutragen, um zu erkennen, wo sich die Punkte häufen und wo sie nur sporadisch auftreten und gegebenenfalls vernachlässigt werden können oder sich mit anderen Punkten zu anderen größeren Gruppen zusammenfassen lassen. Wenn möglich, sollten die Punkte auch nach ihrer Bedeutung (Größe der Einwohnerzahl, Gemeindetyp usw.) differenziert werden. Erst danach ist eine sinnvolle Bildung von Farbstufen möglich, die auch die Häufigkeitsverteilung berücksichtigt.

Aber auch dann besteht noch keineswegs eine Gewähr dafür, daß sich bei der Übertragung der Farbgruppen in die Kartengrundlage auch räumlich zusammenhängende Gebiete ergeben. Es ist durchaus denkbar, daß die Farben in „idealer Unordnung" über die Kartenfläche verteilt sind. Dem Kartographen muß es aber primär darauf ankommen, räumliche Gruppenbildungen aufzuzeigen, sofern sie tatsächlich vorkommen. Um das sicherzustellen, müssen die Werte auch von vornherein in die Karte übertragen werden, und es muß jeweils überprüft werden, ob die beabsichtigte statistische Gruppenbildung nach der Doppelskala auch der räumlichen Situation gerecht wird oder ob sich aus der Lage auf der Karte Hinweise auf eine andere, kartographisch sinnvollere Gliederung und Zusammenfassung in der Doppelskala ableiten lassen.

Dieses Zusammenspiel zwischen dem überwiegend statistischen Verfahren der Doppelskala und einer bewertenden Kontrolle aufgrund der räumlichen Lagerung ist auch bei dieser Methode außerordentlich mühsam und wird deshalb kaum jemals exakt durchgeführt. Es ist aber die einzige Gewähr dafür, daß die Typenbildung räumlich vertretbar ist. Wenn Diskrepanzen zwischen dem statistischen und den räumlich-kartographischen Ergebnissen auftreten, hat die räumliche Situation eindeutig den Vorrang; sonst könnte man sich von vornherein auf statistische Globalwerte beschränken und auf die kartographische Untersuchung und Darstellung überhaupt verzichten.

VII. Kombination dominanter Altersklassen

Zu einer anderen Art von Typenkarten führt die Kombination der (beiden) dominanten Altersklassen. Sie setzt eine Gliederung in Altersklassen voraus, die möglichst gleichmäßig besetzt sind, was nicht immer leicht zu erreichen ist. Man wird sich deshalb meist für die Altersklassen von unter 20 Jahren (J = Jugendliche), 20—60 Jahren (E= Erwerbsfähige) und über 60 Jahre (A = Alte) entscheiden. Diejenigen administrativen Einheiten, in denen eine einzelne oder eine Kombination von mehreren Altersklassen dominant ist, werden durch Farben zusammengefaßt. Theoretisch ergeben sich dabei die folgenden Kombinationsmöglichkeiten für die Dominanz:

J	JE	JA	
E	EJ	EA	JEA
A	AJ	AE	

Nicht alle diese Kombinationen werden gleichzeitig in einem Gebiet vorkommen. Es wird beispielsweise kaum jemals der Fall eintreten, daß die Alten oder die Jugendlichen allein dominant sind. Die Farben für die Kombination wird man so wählen, daß eine Steigerung der Intensität oder des Dunkelheitsgrades mit zunehmendem Alter eintritt.

Man kann bei ungleich besetzten Altersklassen auch für kleine administrative Einheiten, beispielsweise die Gemeinden, jeweils ermitteln, ob die Anteile der einzelnen Altersklassen an der Gesamtbevölkerung von den Durchschnittswerten für das größere

Gebiet, dem sie angehören, im positiven oder im negativen Sinne abweichen (vgl. anliegende Karte der Altersstrukturtypen in Schleswig-Holstein). Wenn Unterschiede vorhanden sind, und das ist fast immer der Fall, gilt es festzustellen, ob die Jugendlichen oder die Alten oder die Erwerbsfähigen oder welche Kombinationen zwischen zwei dieser Klassen die Abweichungen verursachen, und das durch eine geeignete Farbskala kartographisch aufzeichnen. Es ist meist erstaunlich, wie stark auf diese Weise räumliche Differenzierungen zum Ausdruck kommen. Man erkennt mehr oder weniger deutlich, welche Gemeinden von der Zahl der Jungen oder der Zahl der Alten usw. stärker beeinflußt sind. Da die Durchschnittswerte für die Altersklassen erheblich unterschiedlich sind, kann man die Richtungsänderung zunächst nur qualitativ veranschaulichen, aber auch dadurch ergibt sich bereits eine Differenzierung, die nicht etwa nur die übliche statistische Gliederung nach Gemeindegrößenklassen widerspiegelt, sondern tiefgreifende räumliche Unterschiede erkennen läßt, die nur bei eingehender Kenntnis der gesamten Bevölkerungs- und Wirtschaftsstruktur zu deuten sind.

Eine Umwandlung der qualitativen in eine quantitative Skala ist nicht ausgeschlossen und ermöglicht die Berücksichtigung der meist stärkeren Abweichungen bei den Jugendlichen einerseits und die Analysierung des räumlichen Einflusses von Altenheimen usw. bei der Gruppe der Alten andererseits. Die Prozentstufen der Abweichungen vom Durchschnittswert wird man bei den Jugendlichen etwa doppelt so hoch ansetzen müssen wie bei der Klasse der Alten, wenn schon die Durchschnittswerte sich wie 2 : 1 verhalten.

Es ist auch möglich, einen solchen Typisierungsversuch noch weiter zu verfeinern, indem man auch die zwischen zwei Zählungszeitpunkten eingetretenen Veränderungen der Alterstrukturtypen in die zunächst schematische Skala einbezieht. Dabei entstehen allerdings oft Schwierigkeiten durch die zwischen den langfristigen Zählungen stattgefundenen Gemeindegrenzenänderungen, die entweder Umrechnungen oder Zusammenfassungen von Gemeinden zu größeren räumlichen Einheiten erfordern.

Auch hierbei sollten die Farben nur für die Kennzeichnung der Typen verwendet werden, die Gesamtzahlen der Bevölkerung sollten dagegen durch eine absolute Verteilungskarte angegeben werden. Die nicht von diesen Größenpunkten bedeckte Grundfläche der administrativen Einheiten läßt sich dann noch für eine weitere mit der Typisierung im Zusammenhang stehende Flächendarstellung auswerten, z. B. für den Frauenanteil, das Bruttosozialprodukt u. ä.

VIII. Dreieckskoordinaten

Merkwürdigerweise sind die Doppelskalen weniger bekannt als die Dreieckskoordinaten, mit denen sie enger verwandt sind, als man im allgemeinen annimmt. Die Tatsache, daß sich die drei maßgebenden Altersklassen zu 100% ergänzen, legt selbstverständlich eine graphische Darstellung durch Dreieckskoordinaten nahe, wobei die eine Dreieckseite den Jugendlichen, die zweite den Erwerbsfähigen, die dritte schließlich den Alten zugeordnet wird. Auch hierbei wird jede administrative Einheit in dem Dreieck durch einen Punkt lokalisiert. Daneben läßt sich aber auch die Lage der Mittelwerte für bestimmte Landschaften oder Siedlungstypen usw. angeben; sie können bei der Gliederung des Dreiecks eine Rolle spielen.

Dreieckskoordinaten lassen sich unmittelbar aus den Doppelskalen ableiten. Man braucht bei den letzteren nicht beide Skalen in aufsteigender Reihenfolge anzuordnen, sondern kann die eine, z. B. den Anteil der Alten, umkehren. Benutzt man dann kein rechtwinkliges, sondern ein schiefwinkliges Koordinatensystem, wobei sich Abszisse und Ordinate unter einem Winkel von 60° schneiden, und verbindet man schließlich noch die Endpunkte der beiden gegenläufigen Skalen, so ergibt sich praktisch schon das Koordinatendreieck. Die Parallelen durch die Teilungspunkte jeder Seite zu den beiden anderen Dreiecksseiten ergeben ein Gitternetz im Innern, das zur Gruppeneinteilung benutzt werden kann, und der Unterschied zur Doppelskala besteht eigentlich nur darin, daß die zu Rauten verzerrten ursprünglichen Quadrate des Doppelskalennetzes durch die zusätzlichen Gitterlinien noch einmal unterteilt werden.

Dreieckskoordinaten werden oft benutzt, um den Unterschied zwischen alten und jungen Völkern zu veranschaulichen, indem man die Lage der Punkte für die Altersstruktur etwa für Frankreich und die Bundesrepublik Deutschland einerseits den südamerikanischen Staaten andererseits gegenüberstellt (Abb. 2). Bei nicht zu eng liegenden Punkten läßt sich dabei auch noch die absolute Größe der Populationen veranschau-

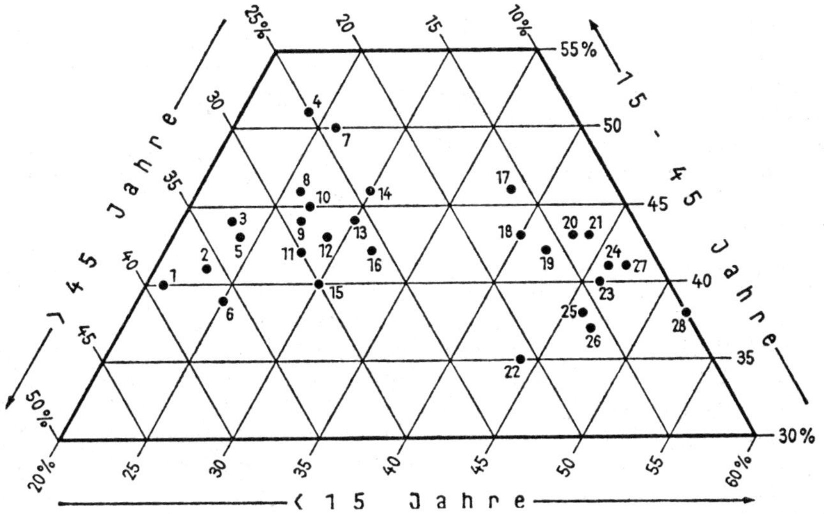

Abb. 2: Alte und junge Völker

Die dem Dreiecksdiagramm zugrundeliegenden statistischen Daten bezeichnen die Altersstruktur der aufgeführten Staaten in den Jahren 1967 bis 1969. Die Reihenfolge der Punkte geht zuerst von dem niedrigsten Prozentsatz des Anteils der Jugendlichen, bei gleichen Werten von dem geringsten Anteil der Erwerbsfähigen aus. Die Zahlen bedeuten die folgenden Staaten:

1. Schweden
2. Bundesrepublik Deutschland
3. Schweiz
4. Japan
5. Tschechoslowakei
6. Österreich
7. Polen
8. Rumänien
9. Finnland
10. Spanien
11. Niederlande
12. Australien
13. Argentinien
14. Jugoslawien
15. USA
16. Kanada
17. Haiti
18. Chile
19. Türkei
20. China
21. Äthiopien
22. Guinea
23. Iran
24. Mexiko
25. Tunesien
26. Algerien
27. Marokko
28. Honduras

Man könnte über dieses Diagramm ein gleichartiges als Transparent oder in anderer Farbe legen, etwa für den Stand um das Jahr 1900, und dadurch die inzwischen eingetretenen Verschiebungen deutlich machen.

(Aus: W. Witt: Bevölkerungskartographie. 1972)

lichen. Für einzelne Gebiete oder einzelne Orte ist auch die Darstellung der Veränderungen der Altersstruktur in dem Dreieck für verschiedene Zeitpunkte möglich (Verjüngung, Verbesserung der Erwerbsstruktur, Vergreisung), indem man die Lage der Punkte in dem Dreieck für verschiedene Zeitpunkte angibt und sie gegebenenfalls durch Pfeile miteinander verbindet. Die allgemeinen Entwicklungstendenzen lassen sich auch schon an den Seiten des Dreiecks durch Pfeile andeuten.

Eine schematische Gliederung des Koordinatendreiecks, wie man sie bei anderen Typendarstellungen findet, ist bei Karten der Altersstruktur nicht angebracht. Trägt man in dem Dreieck die Werte für die einzelnen administrativen Einheiten ein — was leider wegen des Arbeitsaufwandes meistens unterlassen wird —, so wird man feststellen, daß die Punkte sich sehr stark in engen Bereichen häufen; daraus zieht man leicht und voreilig den Schluß, daß eine Alterstypenkartierung sich überhaupt nicht lohnt. Mit den Häufungen in bestimmten Teilen des Koordinatendreiecks ist aber keineswegs bewiesen, daß ihr auch eine regionale Häufung in der Karte entspricht.

Wegen des ungleichen Anteils der drei Altersklassen benötigt man allerdings selten das ganze Koordinatendreieck. Man wird zweckmäßigerweise von dem Durchschnittspunkt des Gesamtraumes ausgehen und die durch diesen Punkt gezogenen Durchschnittswertlinien für die drei Altersklassen als Richtlinien für die Bestimmung eines Teildreiecks benutzen, das in größerem Maßstab dargestellt werden kann. Außer den Durchschnittswertlinien sind hierfür natürlich die Schwankungsbreiten der Klassenwerte von Bedeutung, ebenso aber auch die Häufigkeitsverteilung der Einzelwerte im Koordinatendreieck.

Wenn die Durchschnittswertlinien zur Gliederung in Typen benutzt werden, so entstehen zunächst wieder statistische Typen, keine Raumtypen. Ob man die Durchschnittslinien allein für die Gliederung als ausreichend ansehen kann — man tut das meist ohne viel Überlegung —, ist selbst für eine statistische Gliederung recht fraglich. Wenn man auf die kartographische Darstellung abzielt, wird man in jedem Fall andere und weitere Untergliederungen in Teildreiecke oder andere Abschnitte vornehmen müssen, um den räumlichen Belangen gerecht zu werden. Notwendig ist es auch hier, die Lage, Zahl, Streuung und Bedeutung der Punkte in den einzelnen Abschnitten des Dreiecks zu berücksichtigen; sehr viel wichtiger ist es aber, auch die Lage der Punkte auf der Karte und die Größe der administrativen Einheiten zu beachten. Wenn die Zuordnung zu bestimmten Typen offensichtlich auf Zufälligkeiten beruht, ist es besser, benachbarte Gemeinden ähnlicher Struktur zusammenzufassen, was freilich eine Neuberechnung des Wertes erfordert.

Ein gar zu buntes Mosaik sagt über die Raumzusammenhänge nichts aus; die Karten werden unlesbar, oft sind schon die Legenden unverständlich. Nur aufgrund eines schematischen Strukturdreiecks Typenfarben in eine Karte zu übertragen, bedeutet nichts weiter als eine statistische Spielerei, die die thematische Kartographie nur in Mißkredit bringt. Sie sollte lieber unterbleiben.

Damit soll nicht gesagt sein, daß das Koordinatendreieck als Ausgangspunkt für Typenkarten der Altersstruktur ungeeignet sei. Im Gegenteil. Es ist ein hervorragendes Hilfsmittel, aber es ist auch nichts weiter als das; und es ist es auch nur dann, wenn mit der statistischen Gliederung wiederum ständig wiederholte räumliche Kontrollvergleiche verbunden werden. Sie müssen unter Umständen gleichzeitig mit anderen Sachkontrollen, etwa der Größenklasse und dem Gemeindetyp, einhergehen. Das erfordert in jedem Fall eine sehr komplexe, schwierige und arbeitsaufwendige kartographische Untersuchung, die sich bisher nicht schematisieren und automatisieren läßt.

Das ist wahrscheinlich der Grund dafür, daß man bisher nur die Ergebnisse rein statistischer Methoden auf die Karten überträgt und sie als Typenkarten bezeichnet. Zum mindesten Raumtypenkarten sind es nicht.

IX. Zusammenfassung und Empfehlungen

1. Die Untersuchung der Altersstruktur der Bevölkerung ist trotz ihrer grundlegenden Bedeutung in der Raumforschung und in der thematischen Kartographie bisher vernachlässigt worden. Man begnügt sich in der Regel mit globalen graphischen Darstellungen für ganze Länder und Staaten, insbesondere mit den Alterspyramiden, die für die Landesplanung und den Städtebau auch in der Form von Kartogrammen für größere regionale Einheiten keine große Aussagekraft haben. Auch die anderen graphischen Darstellungen dienen ausschließlich der Veranschaulichung, aber nicht der Raumanalyse.

2. Die Bevölkerungskartographie sollte sich künftig in verstärktem Maße um die Abgrenzung von Gebieten unterschiedlicher Altersstruktur bemühen und die räumlichen Zusammenhänge mit anderen Bereichen der Bevölkerungs- und Wirtschaftsstruktur und ihrer Entwicklung untersuchen, um daraus planerische Überlegungen und Maßnahmen ableiten zu können. Ein Mittel der regionalen Strukturuntersuchung und -darstellung sind Typenkarten auf der Basis kleinerer administrativer Einheiten, insbesondere von Nahbereichen zentraler Orte.

3. Die Typenbildung ist auf dem Sektor der Altersstruktur der Bevölkerung zunächst extrem einfach: Die statistisch klar abgrenzbaren (aber in der Praxis durchaus nicht einheitlich abgegrenzten) Alters-(Geburts-)Jahrgänge werden zu (typischen) Altersklassen zusammengefaßt, in der Regel zu den Klassen der Jugendlichen, Erwerbsfähigen und Alten. Jede kartographische Darstellung der Dichte und Verteilung dieser Altersklassen in absoluter, relativer oder kombinierter Darstellung kann demnach als eine *einfache Alterstypenkarte* angesehen werden.

4. Unter einer *Altersstrukturtypenkarte im eigentlichen Sinne* ist aber eine zusammenfassende Karte zu verstehen, die (mindestens) diese drei Altersklassen nach ihrem gegenseitigen Zahlenverhältnis und/oder nach ihren stärkeren oder geringeren Abweichungen von der zeitlich und räumlich wechselnden „Norm" bzw. den Durchschnittswerten für den größeren Raum zeigt.

5. Altersstrukturtypenkarten lassen sich nach den folgenden Methoden erarbeiten:

5.1. aus Relativkarten der drei Altersklassen (oder dem ihnen zugrundeliegenden Zahlenmaterial), indem die Anteile der einzelnen Altersklassen an der Gesamtbevölkerung einer Gemeinde, die positiven oder negativen Abweichungen von den Durchschnitten des größeren Raumes und das Zustandekommen dieser Abweichungen durch größeren oder geringeren Besatz der Altersklassen der Jugendlichen, Erwerbsfähigen oder Alten kartiert werden. Die kartographische Darstellung kann qualitativ sein, kann bei Berücksichtigung der unterschiedlich hohen Durchschnittswerte der einzelnen Altersklassen aber auch quantifiziert werden;

5.2. aus Kurvendiagrammen der prozentualen Abweichungen des Jahrgangsbesatzes in den kleineren administrativen Einheiten von dem Durchschnitt des Gesamtgebietes. Ähnlich verlaufende Kurven, wie sie sich für ländliche Gemeinden, wachsende Industriegemeinden, Stadtrandgemeinden, Citybezirke usw. zu ergeben pflegen, können zu Typen zusammengefaßt und auf der Karte durch geeignete Signaturen, die auch die Größenordnungen zum Ausdruck bringen, fixiert werden;

5.3. aus Doppelskalen im rechtwinkligen Koordinatensystem. in denen die Altersklassen der Erwerbsfähigen als Abszisse, die der Jugendlichen als Ordinate nach ihren prozentualen Anteilen an der Gesamtbevölkerung eingetragen werden. Daraus ergibt sich als diagonal überlagerndes Netz die Altersklasse der Alten zwangsläufig. In das Doppelskalendiagramm sollten die Werte aller administrativen Einheiten als Punkte eingetragen werden. Unter Berücksichtigung der Durchschnittswertlinien für das Gesamtgebiet sind Farb- oder Schraffurgruppen zu bestimmen, die in der Karte als mehr oder minder zusammenhängende Gebiete in Erscheinung zu treten pflegen;

5.4. aus Dreieckskoordinaten, bei denen die Seiten des gleichseitigen Dreiecks den prozentualen Anteilen der Jugendlichen, der Erwerbsfähigen und der Alten zugeordnet werden. Die Eintragung der Punktwerte für die administrativen Einheiten vermittelt in ähnlicher Form wie bei den Doppelskalen einen Überblick über die statistische Häufung oder Streuung der Werte und kann Anhaltspunkte für die Typenbildung liefern. Bei der Übertragung in die Karte ist durch ständigen Vergleich zu überprüfen, ob die statistischen Gruppen auch räumlichen Gruppen entsprechen; wenn das nicht der Fall ist, müssen die statistischen Schwellenwerte korrigiert werden;

5.5. durch Kombination der dominanten Altersklassen in den administrativen Einheiten.

6. Die bisher übliche flächenmäßige Darstellung der Anteilswerte in der Karte ist abzulehnen; sie sollte ersetzt werden durch eine quantitative (absolute) Bevölkerungskarte, die zum Träger der relativen Werte gemacht wird. Erforderlichenfalls sollte für die absolute Verteilungskarte die Methode der Weltbevölkerungskarte angewendet werden (Berechnung des Radius aus dem Kugelinhalt, Zeichnung mit diesem Radius aber nur als Kreisfläche).

7. Typenbildungen sind abhängig von den Zielen der Untersuchung und nicht frei von subjektiven Entscheidungen. Das gilt auch für Altersstrukturtypenkarten (Schwellenwerte der Altersklassen, Altersklassenkombination, Gliederung von Strukturdreiecken, Farbskalen usw.). Man sollte den Mut zur begründbaren Subjektivität nicht scheuen. Andererseits ist es empfehlenswert, Typenkarten durch die Beifügung ausgewählter analytischer Karten zu „verifizieren".

8. Altersstrukturtypenkarten sollten mit analogen Karten der Bevölkerungsdichte und Bevölkerungsverteilung, der Geburten, Sterbefälle, Geburtenüberschüsse, der Wanderungsbewegung, der sozialen Mobilität, der Wirtschaftsstruktur, der Gemeindetypen, der zentralen Orte und ihrer Einzugsbereiche, der planerischen Raumkategorien korreliert werden. Daraus lassen sich *komplexe Altersstrukturtypenkarten* ableiten, die die Gebiete unterschiedlicher Altersstruktur mit Aussagen über die für die Altersstruktur maßgeblichen Faktoren verbinden: z. B. Gebiete mit einem hohen Anteil alter Menschen infolge starker Abwanderung der Erwerbsfähigen wegen unzureichender regionaler Wirtschaftskraft; Gebiete mit hoher Kinderzahl infolge der Zuwanderung junger Familien in neu entwickelte Industriegebiete; Gebiete mit hoher Kinderzahl wegen starker, historisch bedingter konfessioneller Gebundenheit der ländlichen Bevölkerung usw.

9. Es ist empfehlenswert, die Gebiete der gegenwärtigen Altersstrukturtypen mit denen früherer Perioden zu vergleichen. Aus den Veränderungen lassen sich Entwicklungskarten ableiten, die auch für die künftige Entwicklung aufschlußreich sein können.

10. Bei allen Typenkarten der Altersstruktur sind die räumlichen Gesichtspunkte vorrangig. Die schematische Übertragung von Typen, die lediglich nach statistischen Schwellen- und Durchschnittswerten gebildet wurden, gewährleistet noch nicht die Möglichkeit, Raumtypen abzugrenzen, und nur diese können für planerische Fragestellungen nutzbar gemacht werden.

Literaturhinweise

Spezielle Literatur über Typenkarten der Altersstruktur gibt es nicht. Allgemeine Hinweise finden sich in den folgenden Arbeiten:

Schwarz, K.: Demographische Grundlagen der Raumforschung und Landesplanung. Abhandlungen der Akademie für Raumforschung und Landesplanung, Bd. 64, Hannover 1972.

Witt, W.: Bevölkerungskartographie. Abhandlungen der Akademie für Raumforschung und Landesplanung, Bd. 63, Hannover 1972.

Witt, W.: Thematische Kartographie. Abhandlungen der Akademie für Raumforschung und Landesplanung, Bd. 49, 2. Aufl., Hannover 1970.

Salichtchev, K. A. und Sauschkina, J. G.: Synthetische Bevölkerungs- und Wirtschaftskarten. Moskau 1972 (russisch).

Im Text wurden Altersstrukturkarten aus folgenden Atlanten erwähnt:

Atlas Československé Socialistické Republiky. Prag 1966.

Atlas van Nederland. Den Haag. Erscheint in Lieferungen seit 1963.

Atlas der Republik Österreich. Wien. Erscheint in Lieferungen seit 1961 (fast abgeschlossen).

Atlas de Paris et de la région parisienne. Paris 1967.

Anmerkungen zur agrargeographischen Raumtypologie im Dienste der Landesplanung in der Bundesrepublik Deutschland und ihre kartographische Darstellung

von
Erich Otremba, Köln

Die Typologie ist eine alle wissenschaftlichen Disziplinen angehende Aufgabe. Sie erwächst aus der wissenschaftlichen Erforschung von Sachverhalten, Prozessen und Räumen ganz von selbst. Jede empirische Wissenschaft ist gehalten, aus den aus der großen Fülle ihrer idiographischen Forschungsarbeit gewonnenen Kenntnissen Typen zu bilden, die sie wiederum zur Erkenntnis und zur Ordnung ihrer Objekte einsetzt. Das Typisieren als normative ordnende Tätigkeit in allen Bereichen der Wissenschaft hat in der Gegenwart mit dem allgemeinen Fortschritt quantitativer Arbeitsmethoden neuen Auftrieb erhalten. Das hat seine Ursache darin, daß man mit Hilfe von Rechengeräten sehr viele Faktoren schnell und übersichtlich in Korrelation setzen kann und mit Hilfe genauer Kriterien, Schwellenwerten und vielen sachbezogenen Elementen eine beliebig weit ausdehnbare Faktorenanalyse treiben kann. Diese kann sich unbeschwert auf die quantitative Erfassung von 80—100 einzelnen Bestimmungsfaktoren erstrecken. Das zeigt sich z. B. deutlich im Bereich der Siedlungsforschung speziell auf dem Gebiet der ländlichen Siedlungsgeographie[1]).

1. Ehemals kam man mit sehr einfach aus der Erfahrung und Beobachtung gegriffenen 1—2 Dutzend von Typen aus. Heute gibt es sicher mehr als 100 Ansätze zur Typologie der Siedlungen und durch die Zusammenordnung aller Strukturelemente, Funktionen, Entwicklungstendenzen, Handels- und Verhaltensweisen der Bevölkerung lassen sich zahlreiche Typenreihen aufstellen[2]).

2. Es gibt ja nach der Art und Weise der Faktorenkombination schon eine Reihe von Typensystemen, so daß eine Typologie der Typen zu betreiben nicht ganz abwegig ist.

Die Typologie findet auch in allen Sachwissenschaften, soweit sie sich im Bereich der Raumforschung und Landesplanung versammeln, ihren Niederschlag in Sachtypen, die sich aus den analytisch gewonnenen Erfahrungstatbeständen ergeben. Alle analytisch gewonnenen Sachtypen lassen sich mit parallel gewonnenen Sachtypen zu neuen komplexen Sachtypen korrelieren. Alle sind kartographisch manipulierbar. Der Transformationsprozeß ist einfach. Man braucht ja nur den aus der wissenschaftlichen Analyse gewinn-

---

[1]) R. Gradmann: Die Siedlungen des Königreiches Württemberg. Stuttgart 1926. (Forschungen zur deutschen Landes- und Volkskunde, Bd. XXI).

[2]) Fr. Schneppe: Gemeindetypisierungen auf statistischer Grundlage. Veröffentlichungen der Akademie für Raumforschung und Landesplanung, Beiträge, Bd. 5, Hannover 1970.

baren Typus durch fortschreitende Korrelation mit beliebig vielen Merkmalen in sachlich vernünftiger Kombination in Strukturtypen umzusetzen, diesen mit einem Symbol versehen und dieses lagegerecht in eine Karte einzutragen. Je nach der Häufung der Symbole kann man auf dieser Karte Grenzen der Typenverbreitung ziehen. Das können Grenzen der ausschließlichen Verbreitung, der gewichteten Anteiligkeit der Verbreitung, der äußersten Verbreitung sein. Die Karte kann dann in verschiedener Art und Weise behandelt werden. Man kann gleichsam das Urmaterial stehenlassen, aus dem typologische Merkmale ablesbar sind, man kann aber auch das Urmaterial löschen und die Fläche innerhalb der Verbreitungsfläche jeweils einheitlich kolorieren, rastern oder in ganz primitiver Weise numerieren und diese Kennzeichnung in der Legende erläutern. Damit ist die „Karte der räumlichen Verbreitung von Typen" vollendet. Selbstverständlich ist auch eine Überlagerung von Typen möglich, es finden sich immer geeignete Kombinationen von Rastern, Symbolen oder Farbbalken, wie das viele Karten der Kombination von Bodennutzungssystemen — das sind ja auch Sachtypen — zeigen.

Es ist nur eine Frage der Definition oder der Begriffsspalterei, ob man unter den Verbreitungsgebieten komplexer planungsrelevanter Strukturtypen etwas eigenes verstehen und dem Begriff des Raumtypus noch einen Komplexitätsgrad darüberordnen will. Man sollte sich darauf einigen, daß der „Raumtypus dem Verbreitungsgebiet einer raumbestimmenden komplexen Struktur" entspricht, soweit in diesem Verbreitungsgebiet eine klar bestimmende Dominanz besteht, die von einem Faktor oder einer spezifischen Faktorenkombination geschaffen wurde. Sie kann quantitativer oder qualitativer Art sein.

Typen kann man auf sehr verschiedenen Wegen gewinnen. Manche Wissenschaften ziehen es vor, analytisch-quantitativ zu arbeiten, manche Wissenschaften verschließen sich zunächst der Wirklichkeit, bauen sich Modelle und schaffen sich ihre typologischen Vorstellungen aus der möglichen Variationsbreite ihrer Modelle in der Wirklichkeit, ihrer Duldungsbreite und der Verwirklichungsbreite in der praktischen Planung.

Auf diese Arbeitsweisen kann hier nicht eingegangen werden, das muß den zuständigen Sachwissenschaften und ihren Vertretern überlassen werden.

Die Geographie und in ihrem Rahmen die Agrargeographie gehen ihren Weg zur Raumtypologie über die Beobachtung einer größeren Zahl von Individuen. Der Individualfall wird kartographisch festgelegt, aus der vergleichenden Betrachtung der Individualfälle ergibt sich der Typus. Kartographisch ist die Typusgewinnung auf verschiedenen Ebenen darstellbar.

Den naturbestimmten Agrarlandschaftstypus „Grundmoränenlandschaft" z. B. kann man lagegemäß differenziert im Rahmen Norddeutschlands und des Alpenvorlandes gewinnen, etwa durch Zusammenziehung der Agrarlandschaftsräume, die von den zutreffenden Kriterien charakteristisch geprägt sind. Man kann den Agrarlandschaftstyp „Agrarlandschaft am Ballungsrand" zunächst durch die Beobachtungsanalyse und den Vergleich gewinnen. Sie umfaßt Schrebergärten, Erwerbsgartenbau, Gewächshausgärtnerei, Treibhausgärtnerei, Blumengärtnereien in spezifischen quantitativ-flächenhaft zu differenzierenden Anteilen und spezifischen Kombinationen mit Wohnsiedlungen, Autoreparaturwerkstätten an der Ausfallstraße und Lagerhausbetrieben oder einem bestimmten Maß von Bauland-Reserveflächen. Dieser so gewonnene, vielleicht quantifizierbare Agrarlandschaftstypus läßt sich womöglich in den Randregionen aller Großstädte feststellen und wird planerisch relevant. Kartographisch stellt er kein Problem dar. Es bedarf lediglich der Abgrenzung im individuellen Fall. Die spezielle innere

Gliederung der Problemzone kann nur im großen Maßstab erfolgen, und es obliegt dann der örtlichen raumpolitischen Entscheidung, was mit diesem Problemflächen geschehen soll.

Die reale Flächennutzungserhebung und Kartierung genügt unter kommunalpolitischer Entscheidung für die Maßnahmen der planerischen Gestaltung. Der Umweg über den Typus kann eingespart werden. Geht man das Problem der planbestimmten Gestaltung des Agrarraumes in systematischer Betrachtung an, so ergeben sich bereits aus der einfachen Feststellung der Verbreitung von Nutzpflanzen und ihrer kartographischen Darstellung, die entweder analytisch durch eine einfache Verbreitungsdarstellung oder eine wie auch immer relativierte Darstellung erfolgen kann, eine Reihe von planwirtschaftlich relevanten Folgerungen.

Ein erstes Problem erwächst aus der Beurteilung der reinen Verbreitungsfeststellung von agrarischen Produktionen. Es bedarf jedoch bei der kartographischen Lösung nur weniger Zugaben, um zur chronologischen Urteilfindung zu kommen. Indem man in die Verbreitungskarte einer Produktion die Grenzen der absoluten Verbreitung, der quantifizierten relativen Verbreitung, der Eintragung der Grenzen der sicheren Wirtschaftlichkeit der Verbreitung, der vom Ertragsrisiko belasteten peripheren Verbreitung und die äußerste Verbreitungsgrenze einträgt, wird man Entscheidungshilfen leisten können, wie weit man mit expansionspolitischen, restriktionspolitischen Maßnahmen gehen soll.

Aus der Kartierung der Bodennutzungssysteme und der Feldpflanzengemeinschaft, die sich aus Aufnahme von Feldpflanzen in einer nächst höheren Kombinationsstufe ergibt, erwächst zwangsläufig die Fragestellung nach der Flexibilität der Systeme, d. h., ob sie anpassungsfähig genug sind, um den Marktbedürfnissen zu entsprechen oder nicht. Die Erkenntnis der Flexibilität der Bodennutzung ist eines der wichtigsten Entscheidungskriterien für die Art der Bewirtschaftung landwirtschaftlicher Nutzflächen oder der endgültigen Aufgabe unter kritischen Marktlagen. Zur Beurteilung der Behandlung langfristig brachliegender Nutzflächen bedarf es kaum der Zwischenschaltung einer Typologie, möglicherweise könnte man durch Anteilsbestimmung festlegen, ob Gegenmaßnahmen, d. h. Unkrautbeseitigung, Nutzungsentzug, Schafweideeinsatz oder Enteignung des säumigen Grundbesitzes am Platze sind.

Ein Schlüssel-Nutzungssystem zur Beurteilung agrarischer Produktionsräume ist die Feldgraswirtschaft. Sie charakterisiert in ihrer begrenzten naturbestimmten Flexibilität die marktwirtschaftliche Orientierung des Bewirtschafters. In der kartographischen Überwachung liegt eine Möglichkeit der Gewinnung von Maßstäben für die Befürwortung des Feldbaus oder der Grünlandnutzung.

Ein besonderes Problem erwächst der typologischen Kombination von Eignung und Leistung im Raum für die Agrarproduktion unter jeweils spezifischen agrarsozialen Gesichtspunkten. Es ist meist schwer möglich, diese beiden wichtigen Komponenten, d. h. Agrarproduktionsgrundlagen und Betriebsstruktur, sich ergebend aus der agrarsozialgeschichtlichen Entwicklung, ist ein räumlich begreifbares System zu bringen, also einen planerisch relevanten Vergleich zwischen der Hildesheimer Börde und dem rheinhessischen Hügelland quantitativ durchzuführen und unter verschiedenen Auspizien zu Planungsvorstellungen zu kommen.

In vielen Bereichen — und auch hier liegt eine Entscheidung nicht im Zwischenspiel des Typengewinnungsprozesses, sondern in der richtigen Einschätzung und Manipulation des speziellen Falles — kann der Weg über den Typus als Entscheidungshilfe auch in die Irre führen.

Ein gegenwartsnaher Weg zur Typengewinnung auf dem agrarräumlichen Forschungsfeld ergäbe sich vielleicht aus der Anwendung des Gesichtspunktes des gegenwärtig sich abspielenden Konsumwandels. Er hätte eine gehörige Planungsrelevanz. Bekanntlich befindet sich unsere Ernährungswirtschaft in einem Wandlungsprozeß von der Kohlehydraternährung zur Eiweisernährung. Das ist zwar ein weltweites Problem, doch es ist auch in regionalen Grenzen der Industrieländer relevant genug, um im Zusammenhang mit der Flexibilität der Nutzungsflächen diskutiert zu werden. Es gibt noch keine Kartierung der Ertragshöhen der Nutzflächen in der Erzeugung von Primärkalorien und Sekundärkalorien. Die Spannweite liegt zwischen Verhältnissen von 1 : 1 bis 1 : 10—15. Es wäre planungsrelevant zu wissen, wo und in welchen ökologisch zu ermittelnden Naturbereichen die Primärkalorienerzeugung oder die Sekundärkalorienerzeugung bei gegebenen und zu erwartenden Ernährungs- und Kostformen sinnvoll ist, und dies unter marktwirtschaftlichen oder subsistenzwirtschaftlichen Grundsituationen.

Alle agrargeographischen Untersuchungen, analytischer, synthetischer und typologischer Art, stehen immer vor der schwierigen Entscheidung, in welchen Bezugsräumen sie sich überhaupt zu bewegen haben. Die agrarproduktionsräumlichen Prozesse spielen sich in Produktionsräumen ab, und dies sind Naturräume, d. h. Grünlandflächen, Wiesentäler, Hangregionen, Feldflächen, Waldrandzonen. Die Agrarsozialstruktur ist ein Merkmal der Orte, der Gemeinden, die zur Zeit einer manchmal sicherlich gerechtfertigten Zusammenlegung unterliegen. Agrarsoziale Siedlungsstruktur, Gemeindestruktur, und die allein ist in der Gemeindestatistik erfaßbar, und die Produktionsstruktur sind nicht in übereinstimmenden Raumeinheiten erfaßbar. Das gelingt zwar noch in Durchschnittswerten, doch nicht in einem wissenschaftlich sicheren Beurteilungsmaßstab auf lokaler oder engerer regionaler Basis. Es bleibt zur Typologie im Rahmen der Agrargeographie nur noch wenig Raum, weil es den Agrarraum im Bereich der BRD nicht mehr gibt. Es gibt ihn nur noch in einer produktionswirtschaftlich analysierenden Vorstellung, wenn wir die Produktionsflächen zwischen den Ansiedlungen und Wegesystemen ins Begriffsfeld ziehen. Ziehen wir aber, wie es nur sinnvoll sein kann, das agrarsoziale Gefüge mit in den Betrachtungskreis hinein, so ist das „bäuerliche“ Siedlungsgefüge längst der Abschreibung verfallen, das „ländliche“ Siedlungsgefüge ist in vollem Verfall begriffen. Der Prozentsatz der Vollerwerbsbetriebe ist sehr gering, das städtische Wohnungswesen wird dominant, der Wohnsitz auf dem Lande ist der normale Wohnsitz außerhalb der Ballungen bis tief in die Gebiete, die sich um ein Mittelzentrum ordnen. An anderen Orten placiert sich der Erholungsverkehr in den ländlichen Raum. Die agrargeographisch komplex angelegte Raumtypologie, Produktion und Agrarsozialstruktur gleichermaßen umfassend, wird immer problematischer, und planerisch ist sie nur noch in den Fällen relevant, wo unter günstigsten Eignungsverhältnissen Erhaltungstendenzen ratsam erscheinen.

In dieser sehr schwierigen Situation, in der sich die agrargeographische Typengewinnung an sich schon befindet, kommt noch hinzu, daß sich die Agrarwirtschaft in einem sehr schnellflüssigen Entwicklungsprozeß befindet. Die Maßnahmen der Europäischen Wirtschaftsgemeinschaft, die Erweiterung der Gemeinschaft durch das Vereinigte Königreich, Irland und Dänemark wird ihre produktions- und marktwirtschaftlichen Folgerungen haben, die jetzt in der Anlauf- und Übergangszeit noch nicht zu übersehen sind.

So bleibt zur Zeit in der Verfolgung der Zielvorstellung, Raumtypen von Relevanz für das Verhalten und Handeln der Raumforschung und Landesplanung zu gewinnen, nur ein Rahmen höchster Flexibilität.

Zur Erkenntnis der Ordnung der Aufgaben in diesem Rahmen dienen einige Forschungsansätze, wie sie in der Agrargeographie in sehr alter Tradition üblich sind.

1. Ein sehr früher Ansatz liegt bei J. TH. ENGELBRECHT[3]). Seine Landbauzonenkarten stellen auf der Basis statistischer Anbauermittlungen naturgeographisch orientierte Zonen und Regionen dar, deren Abgrenzung durch Anteilsermittlung an einem Grundwert erfolgt. So können z. B. alle Anbaufrüchte auf die dominante und relativ stabilste Futtergetreideanbaufläche oder auch die Brotgetreideanbaufläche bezogen werden, die innere Abgrenzung kann nach Schwellenwerten oder nach der Art und Weise der quantitativen Mischung mit anderen Feldfrüchten erfolgen. Die planerische Relevanz liegt im „chorologischen Urteil", im Vergleich zwischen wirklicher Verbreitung und möglicher Verbreitung. Dies führt zum alternativen Vorschlag zur Ausbreitung oder Einschränkung und zur Auswahl des dafür notwendigen Instrumentariums.

2. Ein weiterer agrargeographischer Ansatz liegt in der kleinräumigen Erforschung der typologischen Systeme der Agrargemeinden, in der sowohl physisch-geographische Elemente der Gemarkungsfläche als auch Beziehungen zwischen Dorfkern und Gemarkungsrand, Nutzungssysteme nach Eignung und Distanz vom Betrieb räumlich-differenzierter Lagetypen zu gewinnen sind, die für die Aufstellung von Prinzipien der Flurbereinigung, der Wegenetze der Flur, der Lage der Aussiedlerhöfe, der Nutzungsringe im Hinblick auf die Intensität sehr nützlich sind. Anregungen hierzu gab schon die Studie von MÜLLER-WILLE über das Birkenfelder Land, in der die sog. „Dung-Isochronen" aufgestellt werden konnten[4]).

3. Aus der großräumigen agrargeographischen Forschungsarbeit ergeben sich komplexe Möglichkeiten zur Typologie und ihrer in Planungsräume ausmündenden Regionalisierung. Den Grundrahmen hierzu bildet die in der Raumforschung übliche Gliederung in Ballungskerne, Ballungsrandzonen und in den in ländlichen Räumen geringer Bevölkerungsdichte erfaßbaren Raumtypen, die sich um ein solitäres Mittelzentrum ordnen und die nicht zentralörtlich gebundenen peripheren Räume. In diesem einfachen Raumsystem dokumentieren sich bereits Marktlage, die Probleme der Arbeitskraftbeschaffung und Arbeitskräfteabwanderung.

Mit diesen drei Faktorengruppen aus den naturökologischen, den sozio-ökonomischen und der Zugehörigkeit zu bestimmten Lagetypen entsprechend der marktwirtschaftlich-zentralörtlichen Relevanz sind die möglichen wissenschaftlichen Ansätze zur Typologie wiedergegeben. Es gibt sie seit dem Bestehen der Agrargeographie als Wissenschaft, vielleicht anzusetzen mit J. N. SCHWERZ[5]). Schwerpunktverlagerungen haben inzwischen stattgefunden. Probleme der historischen Grundriß- und Aufrißgestaltforschung sind im Homogenisierungsprozeß in den Hintergrund getreten, auch Probleme, die sich aus der Distanzbeurteilung in gemächlicheren Verkehrssystemen früher ergaben, entfalten oder beschränken sich auf relativ geringfügige Transportkostenunterschiede. Manche Stimmen sagen, „überall sei Markt" in einem dicht be-

---

[3]) TH. H. ENGELBRECHT: Die Landbauzonen der außertropischen Länder. Berlin 1899.

[4]) W. MÜLLER-WILLE: Die Ackerfluren im Landesteil Birkenfeld in ihren Wandlungen seit dem 17. Jahrhundert. Beiträge zur Landeskunde der Rheinlande, 5, Bonn 1936.

[5]) J. N. SCHWERZ: Anleitung zur Kenntnis der belgischen Landwirtschaft. 3 Bde. Halle 1811.

völkerten Industrieland, doch mag das auch cum grano salis gelten, im Planungssystem der Großräume schlägt es doch durch, wie die Ordnung nach ballungsnahen und ballungsfernen Räumen zeigt. Es treten im Wegfall bzw. im Wertverlust einiger raumtypologischer Kriterien jedoch einige neue Kriterien hinzu. Das erste zur Typologie des ländlichen Raumes heranzuziehende Kriterium sind Tempo und Richtung des Wandels in der Produktionswirtschaft und in der Agrarsozialstruktur; das zweite Kriterium ergibt sich aus der Beurteilung des Funktionswandels. Der ländliche Raum zwischen den geschlossenen bebauten Ballungsgebieten dient keineswegs allein der Agrarproduktionsnutzung, im Gegenteil, man macht sich intensiv Gedanken über Abbau und Einschränkung der agrarischen Nutzung und die Einführung anderer Funktionen, die dem Erholungsverkehr, der Freizeitwirtschaft, die nicht immer Erholung ist, und die dem Sport dienen. Die Einfügung gewerblicher und industriewirtschaftlicher Elemente und die aus der Stadt ausweichenden Wohnsiedlungen differenzieren die Struktur.

Entscheidend für die Auffindung des chorologischen Urteils ist die sich möglicherweise sehr schnell ändernde politische Konzeption. Diesem Handikap kann man nur entsprechen, indem man einer der Anzahl der Konzeptionen adäquate Zahl von Planungsalternativen entgegenstellt. Auf die regionale agrarräumliche Gestaltungspolitik in der BRD bezogen müßte man sowohl die Planungsvorstellungen der EWG nach Betriebsvergrößerung und Betriebsvereinfachung als auch Planungsvorstellungen von der Bewahrung des kleinen Mischbetriebs mit Einkommen in verschiedenen Tätigkeitsbereichen in Rechnung stellen, regional mischen oder die Zielvorstellungen regional sondern.

Das gesamte gedankliche Ordnungssystem, unter dem der ländliche Raum steht, hat die Eigenschaft, daß die zur Beurteilung zur Verfügung stehende quantitativ allseitig erfaßbaren Daten in der Boden- und Klimaqualität sowie in der Betriebsstruktur in der Regel sehr weit gespannt sind und demzufolge nur in groben Typen etwa als „gut", „mittel", „schlecht" erfaßbar sind und gerade noch als Vorlage zur großzügigen Beurteilung von Typen dienen können. Sobald sie für die Vorbereitung des Einsatzes von Mitteln und Kräften herangezogen werden sollen, verlieren sie ihre Griffigkeit.

Planerisches Handeln muß am realen Raum, in der Wirklichkeit, ansetzen, es kann nicht am Raumtypus ansetzen, denn der Typ ist nicht real. Planerisches Handeln braucht eine klare Zielvorstellung und ein sehr reales Operationsfeld, in dem hohe Beträge zur Strukturverbesserung investiert oder Betriebe und ihre Nutzflächen stillgelegt oder umfunktioniert werden müssen. Zur allgemeinen Vorbereitung der Planungsvorstellungen wird man sich sicherlich zahlreicher Raumtypen bedienen müssen, da sie zunächst zur allgemeinen wissenschaftlichen Erkenntnis beitragen, die wiederum der Planung dienen kann, zur Durchführung der Planung aber steht am Anfang das Planungsziel, ihm ist die Abgrenzung des Einsatzraumes unterworfen. Der Planungsraum kann nicht prophylaktisch auf alle Fälle aufgestellt werden. Administrative, naturräumliche, sozialräumliche Gliederungen sind nur Hilfsinstrumente für die Erkenntnis des zielorientierten Planungsranmes. Erst im Falle der vorgegebenen Planungszielkonzeption wird man Planungsräume festlegen können, die jedoch nicht den Charakter von Raumtypen haben, es sind vielmehr reale Räume zum Handeln und Verhalten, die der Förderung bestimmter Zielvorstellungen, des Umfunktionierens, des Treibenlassens oder des Abbaus der Funktionen zu unterziehen sind.

Auf einer mittleren Stufe planerischer Arbeit haben analytisch nach Schwellenwerten und Kriterienkombinationen gewonnene Formentypen in einfachen Korrelationssystemen oder hierarchisch überschichteten Faktorenpaketen, also unter Beachtung der aus Raum und Zeit gewonnenen Sachtypen und Raumtypen, hohen Wert. Mit ihrer Hilfe bringt man Ordnung und Übersicht in der Erscheinungen Fülle. Die Raumtypisierung schafft „chorologische Urteilskraft“.

Mit der Planaufstellung rückt die Arbeit ins wirkliche Wirkungsfeld. Erst auf einer späteren Stufe der Wirkungsanalyse lassen sich wieder in einem weiten Beobachtungsfeld Typen der Wirkungen, Rückwirkungen und Beeinflussungssphären im Raum erkennen und darstellen.

Typen des Fremdenverkehrs und ihre Darstellung in Karten*)

von
Erik Arnberger, Wien

Vorbemerkungen

Eine Darstellung des Fremdenverkehrs mit all seinen Erscheinungen in der Landschaft und seinen Kausalbezügen kann nur *interdisziplinär* bewältigt werden. Alle bisherigen diesbezüglichen Versuche gehen von Teilaspekten aus. Zwar sollen die großen Verdienste einzelner Disziplinen, die dazu Beiträge geleistet haben, nicht im geringsten geschmälert werden, aber es scheint doch unbestreitbar, daß die Typenbildung im Fremdenverkehr äußerst kompliziert ist und viele Betrachtungsweisen zuläßt, so daß ein Abschluß einschlägiger Untersuchungen nicht so bald zu erwarten sein wird.

I. Begriffsbestimmungen

Die Komplexität des Phänomens „Fremdenverkehr“ geht schon aus seiner Definition hervor, gleichgültig, ob dazu eine umfassendere oder eine einengende Definition bevorzugt wird. Der Wiener Wirtschaftswissenschaftler P. BERNECKER hat 1962[1]) in einer Arbeit als Fremdenverkehr definiert —

> „die mit dem Tatbestand vorübergehender und freiwilliger Ortsveränderungen aus nichtgeschäftlichen oder -beruflichen Gründen verbundenen Beziehungen und Leistungen“.

Diese enge Begriffsabgrenzung würde unsere Betrachtung auf den reinen Erholungsfremdenverkehr beschränken, der aber nicht immer von beruflichen und geschäftlichen Beweggründen klar zu trennen ist und dessen statistische Erfassung und Isolierung unmöglich erscheint.

Der Verfasser möchte daher seinen Ausführungen die weitreichendere Definition von H. POSER[2]) zugrunde legen. Nach ihm ist der Fremdenverkehr —

> „die lokale oder gebietliche Häufung von Fremden mit einem jeweils vorübergehenden Aufenthalt, der die Summe von Wechselwirkungen zwischen den Fremden einerseits und der ortsansässigen Bevölkerung, dem Ort und der Landschaft andererseits zum Inhalt hat“.

Nicht einbezogen in unsere Betrachtung bleibt natürlich der Berufspendelverkehr.

---

*) Die Darlegungen des Vortrages wurden nach einer Bandaufnahme vom Verfasser stark gekürzt wiedergegeben, wobei manche Ausführungen infolge des hier fehlenden Bildmaterials unterbleiben müssen.

[1]) Grundlagen des Fremdenverkehrs. Wien 1962.

[2]) Geographische Studien über den Fremdenverkehr im Riesengebirge. Göttingen 1939.

II. Statistische Grundlagen und räumlicher Vergleich

Wenn wir die Regional- und Nationalatlanten sowie andere einschlägige thematische Kartenwerke der europäischen Staaten durchsehen, dann sind wir — mit wenigen Ausnahmen — über die analytischen und meist recht simplen Aussagen über den Fremdenverkehr, welche in diesen dargeboten werden, bestürzt! Nur selten bieten Karten mehr als Angaben über die Zahl der Fremden und der Übernachtungen, über Aufenthaltsdauer, Herkunft der Fremden nach In- und Ausländern gegliedert, Bettenkapazität und deren Auslastung; dazu kommen noch rein qualitative Angaben der Erholungseinrichtungen und bestenfalls eine grobe Klassifizierung der Fremdenverkehrsorte und -gebiete nach der Erholungsrichtung. So elementar die Aussage ist, so konventionell und primitiv ist auch meist die kartographische Darstellungsmethode.

Haben hier die Sachbearbeiter versagt? Sind vielleicht die kartographischen Methoden zur Wiedergabe komplizierterer qualitativer und quantitativer Tatbestände und Kausalbezüge ungeeignet?

Die Hauptschwierigkeiten beim Entwurf anspruchsvollerer Karten über den Fremdenverkehr oder gar von Fremdenverkehrstypenkarten liegen nicht in einer mangelhaften fachlichen Beschäftigung und auch nicht in einer unzulänglichen kartographischen Methode, sondern in den fehlenden oder *unzulänglichen statistischen Grundlagen,* welche entweder räumlich oder örtlich zu wenig aufgegliedert sind, oder deren Erhebungsmerkmale für eine Typenbildung und höherwertige Durchleuchtung des Fremdenverkehrs bei weitem nicht ausreichen. Die Schwierigkeiten liegen also primär außerhalb der Kartographie.

Erst seit der Mitte der sechziger Jahre hat die mehr und mehr zunehmende wirtschaftliche Bedeutung des Fremdenverkehrs, aber auch seine Auswirkung auf das gesamte Sozial- und Kulturleben dazu geführt, daß außer den privaten Stellen und wissenschaftlichen Institutionen auch die Verwaltungsstatistik eine gründlichere Erfassung dieses vielschichtigen Phänomens anstrebt. Die Vereinigten Staaten, Kanada und Japan haben in dieser Hinsicht beachtenswerte Arbeit geleistet. Auf Grund einer Empfehlung der OECD, nach der die Mitgliedstaaten *Stichprobenerhebungen über die Urlaubsreisen* der einheimischen Bevölkerung nach bestimmten einheitlichen Richtlinien durchführen sollen, haben sich in jüngster Vergangenheit mehrere europäische Länder entschlossen, ihr statistisches Angebot über den Fremdenverkehr in dieser Hinsicht zu erweitern (z. B. Mikrozensus 1969 in der BRD und in Österreich). Über die aus der Fremdenverkehrsstatistik und in sehr umständlicher Weise aus Wirtschaftsstatistiken zu gewinnenden Daten hinaus stehen nunmehr Angaben über Altersgruppen der Urlaubsreisenden, Wohnsitzgemeinden nach Gemeindegrößenklassen der Urlaubsreisenden, Reisehäufigkeit, Reiseintensität der berufstätigen Bevölkerung nach Wirtschaftsbereichen, Art der Urlaubsreisen, Dauer der Urlaubsreisen, Ziel der Urlaubsreisen — gegliedert nach In- und Auslandsreisen —, Urlaubsmonate, benützte Verkehrsmittel und Unterkunftsarten zur Verfügung. Damit wäre für eine Typenfindung und für die kartographische Darstellung des Fremdenverkehrs viel getan. Zu schön um wahr zu sein!

Die *notwendige regionale Aufgliederung* dieses statistischen Materials *fehlt* und kann auch bei Stichprobenerhebungen nicht erfolgen. Einer Regionaluntersuchung ist damit nicht gedient. Die Gesamtergebnisse für große politische Gebietskörperschaften, oder gar nur für Länder und Staaten, lassen sich aber auf die sehr unterschiedlich strukturierten Fremdenverkehrsgebiete nicht projizieren. Sie sind für eine volkswirtschaftliche Gesamtbetrachtung und für allgemeine soziale Fragestellungen brauchbar, haben aber für die Grundlagenforschung zur Regionalplanung nur einen geringen Wert.

III. Teilaspekte für die Typenbildung

Die Voraussetzungen, daß ein Fremdenverkehr überhaupt zustande kommen kann, sind einerseits in den Beweggründen für die vorübergehende Ortsveränderung, andererseits im Vorhandensein von Gebieten und Orten, welche die Voraussetzungen und Einrichtungen für einen Fremdenverkehr besitzen, zu suchen. In solchen geeigneten Räumen können sich Fremdenverkehrsorte entwickeln oder sie können geplant entstehen.

Schon H. POSER[3]) hat in den bereits erwähnten Studien zum Fremdenverkehr im Riesengebirge ausdrücklich betont, daß der Fremdenverkehrsort durch folgende *Kriterien* gekennzeichnet ist:

1. die lokale Fremdenhäufung und deren Wiederholung als Erscheinung;
2. die hervortretende Stellung der Fremdenverkehrsfunktion;
3. das aus der Fremdenverkehrsfunktion resultierende typische Gepräge des Ortsbildes.

Fremdenverkehrsart und Struktur ergeben sich aus seinen vier Hauptgrundlagen, nämlich aus der Ausstattung, Nachfrage, Erreichbarkeit und Wirtschaftlichkeit (siehe Abbildung 1).

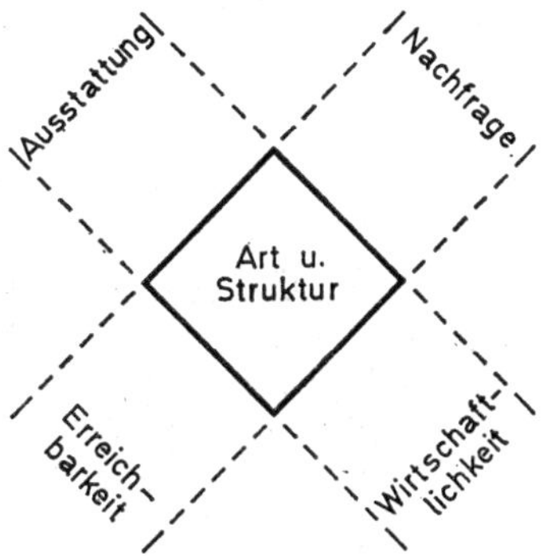

Abb. 1: Die Grundlagen von Art und Struktur des Fremdenverkehrs

Aus den bisherigen Erörterungen erkennen wir, daß eine Typenbildung für Fremdenverkehrsarten *verschiedene Aspekte* zugrunde gelegt werden können, es aber ganz ausgeschlossen ist, alle vollständig und gleichwertig zu verarbeiten. Die Typenbildung wird also immer von ganz bestimmten Fragekomplexen und aus einzelnen Betrachtungsweisen her erfolgen. Als Themenkreise und Fragenkomplexe bieten sich primär an:

a) Landschafts- und Standortvoraussetzungen,
b) Lage und Verkehrserschließung,
c) Motivation und Organisation der Nachfrage,
d) Struktur, Umfang und Wirtschaftlichkeit,
e) gesamtwirtschaftliche örtliche und räumliche Entwicklung und Ausbaumöglichkeit (Stellung im Planungskonzept).

[3]) A.a.O., S. 171 f.

IV. Typenkarten aus der Sicht der Landschafts- und Standortvoraussetzungen

Am leichtesten läßt sich die Typenbildung aus dem Aspekt der Landschafts- und Standortvoraussetzungen durchführen und darstellen. Sie beruht im wesentlichen auf einer *Einschätzung der geographischen Substanz* eines Raumes oder Ortes in ihrer Bedeutung als Anziehungskraft für den Fremdenverkehr und zur Versorgung der Fremden.

Die Typisierung vollzieht sich in weitaus überwiegendem Maß auf der Grundlage einer qualitativen Einschätzung. Nur bei der Beurteilung der Versorgungsfrage spielen quantitative Überlegungen eine bedeutende Rolle. Als für eine Typisierung hervorstechende *Landschafts- und Standortfaktoren* wären zu nennen:

1. der Formenschatz, das Relief und die Verbreitung der Gewässer,
2. das Klima und die lokalen Wetterverhältnisse in ihrem jahreszeitlichen Ablauf,
3. das Vorkommen von Mineralquellen und Thermen und anderer nutzbarer Kur- und Heilmittel (z. B. Salzbergbau als Grundlage für Solebäder),
4. die Bodenbedeckung und vorwiegende Nutzung einschließlich der vorhandenen Tierwelt,
5. Volksleben, Religion, Sozialstruktur,
6. besondere Funktion der Städte und städtischen Agglomerationen für den Fremdenverkehr,
7. Verkehrslage und Erreichbarkeit,
8. vorhandene Fremdenverkehrseinrichtungen und fremdenverkehrsanziehende Elemente.

Das in Abbildung 2 wiedergegebene *Übersichtsschema der Landschafts- und Standortvoraussetzungen* zeigt die Zusammenhänge zwischen den landschaftlichen Gegebenheiten und den gebiets-, strecken- und ortsgebundenen Fremdenverkehrsarten. Dieses Korrelationsschema vermag eine Grundlage für eine Typenbildung nach den landschaftlichen Voraussetzungen und der tatsächlichen Nutzung durch den Fremdenverkehr zu bieten.

Die Typenbildung ist in zweifacher Hinsicht vorzunehmen, und zwar nach der räumlichen Erscheinungsform und Nutzung und nach der vornehmlich örtlichen Funktion des Fremdenverkehrs. Die kartographische Darstellung ist unproblematisch. Der Raumtypus wird jeweils mittels flächenhafter Darstellungsmittel umgesetzt und beruht auf einer synthetischen Begriffsbildung, der Ortstypus wird durch Positionssignaturen wiedergegeben, welche entweder in synthetischer oder komplexanalytischer Form die vorwiegende Nutzungsart kennzeichnen. Hinzu tritt noch die rein analytische Darstellungsweise einzelner orts- und streckengebundener Erscheinungen und Einrichtungen des Fremdenverkehrs, wie Aussichtspunkt, Denkmal, markierter Wanderweg usw.

Eine solche Typendarstellung ist, obwohl man sich diesbezüglich nicht auf den Mangel an statistischen Grundlagen ausreden kann, nach dem Wissen des Verfassers meist nur in ganz unzureichender Weise vorgenommen worden. Sie bezieht sich fast immer nur auf einige wenige örtliche Grundtypen, die sie in Verbindung mit Einzelerscheinungen wiedergibt.

Auch in den *Deutschen Planungsatlanten* ist auf dem Gebiet der Fremdenverkehrskarten noch kein wesentlicher Fortschritt erzielt worden. Im folgenden mögen die immer wiederkehrenden Mängel an einigen Kartenbeispielen besprochen werden.

In dem hervorragend bearbeiteten Planungsatlas Schleswig-Holstein[4]) ist auf dem Blatt 75 über den Fremdenverkehr lediglich der Zusammenhang Landschaftsschutzgebiete — Erholungsgebiete wiedergegeben. Die Typisierung beschränkt sich auf eine grobe Einteilung nach See- oder Heilbädern und Luftkurorten mit zusätzlicher Angabe der Jugendherbergen, Jugendheimen und Zeltlagerplätzen. Eine Bewertung der Landschaftselemente erfolgte nicht; lediglich der Begriff „bevorzugte Erholungsgebiete" wurde flächenhaft ausgeschieden.

Wesentlich differenzierter ist die Typisierung der Fremdenverkehrsorte auf Blatt 85 des Deutschen Planungsatlasses Band Niedersachsen und Bremen[5]) durchgeführt. Es werden Heilbad, Seeheilbad, heilklimatischer Kurort, Luftkurort, Küstenbadeort, Erholungsort (Sommerfrische) und sonstige Fremdenverkehrsorte unterschieden. Durch Zusatzzeichen erfolgte eine weitere Spezifizierung der Kurorte. Außerdem sind flächenhaft noch die Naturparks und Waldgebiete bezeichnet. Auch bei diesem Kartenbeispiel vermissen wir die quantitative Aussage und den Versuch einer Bewertung. Weiter sind die Begriffe nicht klar definiert, da sie sich nach den Bezeichnungen im Heilbäderkalender, dem Heilbäderverzeichnis der Beihilfenvorschriften, den Begriffen der Fremdenverkehrs- und Verkehrsverbände und der amtlichen Fremdenverkehrsstatistik richten, die untereinander noch nicht voll abgestimmt sind.

Obwohl der Begriff „Fremdenverkehr" bereits 1841 aus dem Schrifttum bekannt ist[6]) und seine Probleme in der Folgezeit immer wieder behandelt wurden, vor allem aber nach dem Ersten Weltkrieg eine wissenschaftliche Fremdenverkehrsforschung begründet wurde, besteht bis zum heutigen Tage nur eine überaus unzulängliche oder gar keine Begriffsabstimmung unter jenen Organisationen und Disziplinen, die sich mit seinen Erscheinungen beschäftigen.

Wigand Ritter unterscheidet in seinem Buch „Fremdenverkehr in Europa"[7]) 8 *landschaftsbedingte Fremdenverkehrstypenräume,* nämlich:

a) Kurgebiete und Bädergruppen,
b) wasserbestimmte Fremdenverkehrsgebiete,
c) waldbestimmte Fremdenverkehrsgebiete,
d) Fremdenverkehrsgebiete in Heide- und Steppenlandschaften,
e) Wüstenlandschaften,
f) Fremdenverkehrsgebiete im Hügelland und Mittelgebirge,
g) Fremdenverkehrsgebiete im Hochgebirge,
h) Wintersportgebiete und winterliche Landschaft.

Leider stellt Ritter diese Typen nicht kartographisch dar. Hingegen enthält die genannte Arbeit eine Karte 1 : 6 Millionen, auf der der Grad der Prägung des Landschaftsbildes durch den Fremdenverkehr wiedergegeben ist. Außer den Städten und Agglomerationen, gestuft nach Einwohnerzahlen und den wichtigsten Fremdenver-

---

[4]) Deutscher Planungsatlas, Band III. Wissenschaftliche und kartographische Gesamtbearbeitung: Werner Witt. Bremen-Horn 1960.

[5]) Deutscher Planungsatlas, Band II. Redaktion: A. Kühn. Hannover 1961.

[6]) J. G. Kohl: Der Verkehr und die Ansiedlung der Menschen in ihrer Abhängigkeit von der Gestaltung der Erdoberfläche. Dresden und Leipzig 1841. — Siehe auch: R. Samolewitz: Hinweise auf die Behandlung des Fremdenverkehrs in der wissenschaftlichen, insbesondere der geographischen Literatur. Zeitschrift für Wirtschaftsgeographie, 4. Jg. 1960, Heft 4 und 5, S. 112—116 und 144—148.

[7]) Eine wirtschafts- und sozialgeographische Untersuchung über Reisen und Urlaubsaufenthalte der Bewohner Europas. Europäische Aspekte, Reihe A: Kultur, Nr. 8. Leiden 1966, S. 67—74.

1 DIE VORAUSSETZUNGEN DES FREMDENVERKEHRS	2	3 Gebietsgebundene Erscheinungsformen des Tourismus	4 Sport	5 Spezielle ortsgebund Erholung
a FORMENSCHATZ UND RELIEF	Hochgebirge vergletschert unvergletschert	Eis u. Felsbergsteigen Schisport und Schibergsteigen Felsbergsteigen Bergwandern ↑ Jagd ↓	Winter-und Sommer- Touren- Ausgangszentren Wintersportzentren Bergsteiger-und Wanderunterkünfte ↑ zusätzliche spezielle Sporteinrichtungen ↓	Hochgebirgs- Erholungsorte
	Mittelgebirge und Hügelland	(Felsklettern) Bergwandern Wandern		Bergland- Erholungsorte
	weite Täler und Talbecken, Flachland	Wandern Radsport Reiten	Sport und Wanderzentren	Erholungsorte, Fremdenverkehrs- stützpunkte
	Meere und Binnenge- wässer und ihre Küsten	Wassersport Segel-und Jachtsport Fischereisport	Wassersportorte	Strandbadeorte, Seebäder
b KLIMA UND WETTERABLAUF	Klimazonen Klimaregionen Klimagebiete	Gebiete besonderer jahreszeitengebundener Wettervorzüge	Jahreszeitengebundene Sporteinrichtungen (z.B. Winterbadeort, Sommerschisportort)	Verschiedene Arten von Erholungsorten
c MINERAL-UND THERMALQUELLEN	Quellgebiete		(mitunter auch Wasser- sportort)	Thermalbadeort
d BODENBEDECKUNG UND VORWIEGENDE NUTZUNG	Wüsten und Dünenge- biete Heide und Steppe Waldland vorwiegend agrarisch genutztes Land stark industriegeprägtes Land Naturparks und Land- schaftsschutzgebiete	↑ Reiten Jagd Wandern ↓ (beschränkte Bewe- gungsfreiheit)	lokal verschiedene Einrichtungen	Reisestützpunkte Erholungsoasen verschiedene Arten von Erholungsorten
e STÄDTE UND STÄDTISCHE AGGLOMERATIONEN	Kleinräumige Erholungsflächen verschiedener Art	Wassersport Reiten Wandern	vielfältige Einrichtungen des Sportes und des sportlichem Wett- bewerbs	Erholungs-und Vergnügung einrichtungen Parkanlagen, Gärten und von der Verbauung ausge nommene Wald-Wiesen-u Wasserflächen
f BEVÖLKERUNG, VOLKSLEBEN, RELIGION	Verbreitungsgebiete von Gesellschaftsstrukturen Brauchtumsgebiete Religionsräume		Einrichtungen des sozialen Kontaktes Volkstanz Aus der Folklore entsprin- gende Wettbewerbe	Folkloreveranstaltungen Religiöse Feiern
g VERKEHRSLAGE	Gebiete verschiedener verkehrsmäßiger Fremdenverkehrser- schließung	Gebiete des Naherholungsverkehrs Gebiete des Fernerholungsverkehrs		Fremdenverkehrsorte (4- Fremdenverkehrsorte (4- Fremdenverkehrsorte (4- Fremdenverkehrsorte (4-
ADÄQUATE KARTOGRAPHISCHE UMSETZUNG		Flächenmuster Flächenraster Flächenfarben	Die Kombinationen verschiedener Erscheinungsarte verschiedener Signaturenausfüllungen (z.B. ◍ ⏀) ur	Positionssignatur

Abb. 2: Landschafts- und Standortvoraussetzungen v

6	7	8	9
Arten und Voraussetzungen des Fremdenverkehrs			Streckengebundene Einrichtungen des Fremdenverkehrs
Heilung	Ausbildung u. kulturelle Betätigung	Sehenswürdigkeiten	
Höhenkurorte — Kurort — Kurbadeort — Klimakurorte (klimatische Luftkurorte) — Kur-und Heilbadeort — Klimakurorte ↑ Waldbad ↑ Kurorte verschiedener Ausstattung ↓ (↕ mitunter auch Sanatorien und Spitäler)	Berg-und wintersportliche Ausbildungszentren Gebirgskundliche Bildungszentren ↑ Sportschulorte Ferienkursorte Zugängliche Kultureinrichtungen ↓ Wassersportausbildungsorte — ↑ Sportschulorte Ferienkursorte zugängliche Kultureinrichtungen ↓ Naturkundliche Bildungszentren (↕ außerdem spezielle Veranstaltungen und gesellschaftliche Einrichtungen)	↑ Besondere Aussichtspunkte Naturdenkmäler Historische Stätten Kunst und Kulturdenkmäler Technische Bauten und Einrichtungen ↓	Bergrouten Schirouten Wanderwege Lehrpfade Reitwege Rennbahnen Wasserwanderwege — Wanderwege Lehrpfade Reitwege Rennbahnen Wanderwege Lehrpfade (↕ Verkehrswege der allgemeinen Verkehrserschließung)
Kur und Heileinrichtungen	Kongreßzentren Vielfalt von Bildungseinrichtungen	Bauten, Kunst-und Kulturdenkmäler, Museen, historische Stätten, lokale Besonderheiten	Architektonisch bedeutende Straßen Geschäftsstraßen Wanderwege, Reitwege Rennbahnen
Einrichtungen der sozialen Hilfe Exerzitienorte Wallfahrtsorte	Einrichtungen der Bildung und Ausbildung Folkloreorte Religiöse Übungs- und Bildungszentren	Sehenswürdigkeiten der Volkskunst und religiösen Kultur	Wallfahrtswege
im verkehrserschlossenen Naherholungsbereich im schlecht verkehrserschlossen Naherholungsbereich im verkehrserschlossenen Fernerholungsbereich im wenig verkehrserschlossenen Fernerholungsbereich			(Gütestufen der Wegerschließungsbereiche)
werden durch Kombination verschiedener Signaturenformen (z.B. ◪ ◎), durch Zusatzzeichen (z.B. ◻ ♂ ✡) zum Ausdruck gebracht.			Liniensignaturen für a bis f Flächensignaturen für g

Fremdenverkehrsarten (E. ARNBERGER, *1970*)

kehrsorten, werden für das Binnenland und für die Meeresküsten je 4 Stufen des Fremdenverkehrsausbaues und der Prägung der Landschaft ausgeschieden:

Binnenland:

a) Fremdenverkehrsgebiete mit weitgehend flächenhafter Prägung der Landschaft durch Erholungseinrichtungen (Fremdenverkehrslandschaften),
b) Fremdenverkehrsgebiete mit lokaler Beeinflussung des Landschaftsbildes durch Erholungseinrichtungen und mit zahlreichen Fremdenverkehrssiedlungen,
c) Gebiete mit Fremdenverkehr, doch ohne nennenswerte Beeinflussung des Landschaftsbildes,
d) Gebiete mit geringem Fremdenverkehr, vornehmlich auf den Hauptverkehrswegen.

Meeresküsten:

a) voll bis nahezu voll ausgebaute Küstenabschnitte,
b) Küstenabschnitte mit vielen Seebädern,
c) Küstenabschnitte mit vereinzelten Seebädern und Erholungseinrichtungen,
d) Küstenabschnitte ohne nennenswerten Fremdenverkehr. Strände meist unerschlossen und unzugänglich.

Unbeantwortet läßt diese Karte überwiegend physiognomischer Typen die Frage der Korrelation *Fremdenverkehrseignung und Fremdenverkehrserschließung,* aus der sich eine Anzahl interessanter Typen ergibt, deren kartographische Wiedergabe für Planungsaufgaben von eminenter Wichtigkeit ist. Solche Typenreihen würden die wesentlichen Kombinationen von Eignungsgraden und Nutzungsgraden enthalten und z. B. für Küstengebiete mit klimabegünstigtem Sandstrand, aber noch geringer Fremdenverkehrsnutzung (Bewertung A — 1) beginnen und am negativen Pol mit der kalten Klippenküste mit dennoch hoher Besucherzahl (Bewertung X — n) enden.

Mit einer rein physiognomisch beschreibenden Arbeitsweise kommen wir in der Frage der Typenbildung nicht weiter, da solcherart festgelegte qualitative Merkmale sich nur schwer mit quantitativen korrelieren lassen. Wo sich die qualitative Aussage nicht streng zahlenmäßig fassen läßt, muß zunächst der Umweg über *Güte- oder Bewertungsstufen* beschritten werden. Erst dann kommen wir zu computerfähigen Korrelationssystemen, die für die Aufarbeitung des umfangreichen Grundlagenmaterials zum Zweck der Typenbildung unumgänglich notwendig sind.

V. Die Bewertung der Landschafts- und Standortvoraussetzungen für den Fremdenverkehr

Das hier veröffentlichte Referat wurde vom Verfasser Anfang Juli 1971 gehalten. Seitdem wurde an seiner Lehrkanzel für Geographie und Kartographie an der Universität Wien der Fragenkomplex der Typenbildung und Bewertung der Landschafts- und Standortvoraussetzungen des Fremdenverkehrs im Rahmen zweier Seminarsemester eingehend behandelt, welche manch wertvollen neuen Beitrag erbrachten. Seitdem sind aber auch zahlreiche einschlägige beachtenswerte Arbeiten erschienen, auf die leider hier nicht eingegangen werden kann. Nur auf eine unter ihnen, welche sich mit dem oben angeschnittenen Problem der *Bewertung von Fremdenverkehrsgebieten* beschäftigt, müssen wir unbedingt zurückkommen. Es handelt sich um einen Referatsbericht von

D. Bernt und H. Palme über eine Fremdenverkehrsuntersuchung zum Zweck der Neubewertung des Bundesstraßennetzes, durchgeführt im Österreichischen Institut für Raumplanung[8]).

Die Arbeit enthält ein interessantes System, welches über eine Makro- und Mikrobetrachtung zur „Gesamtbewertung — Zukunft" führt. Da das System letztlich der Neubewertung eines hochrangigen Straßennetzes dienen sollte, erschien diese Vorgangsweise besonders erwünscht. Im Rahmen der Makrobetrachtung sind hierfür sowohl die aus Landesnatur und -kultur resultierende potentielle Fremdenverkehrseignung als auch die Feststellung des Erschließungs- und Entwicklungsstandes und die Lage der einzelnen Gebiete zu den großen touristischen Ausströmungszentren relevant. Bei der Mikrobetrachtung geht es in erster Linie um die Erfassung und Bewertung der Fremdenverkehrsanziehungskräfte und um die Ausstattung mit speziellen Fremdenverkehrseinrichtungen, welche stärkere Verkehrsströme auslösen (siehe Abbildung 3).

Abbildung 4 zeigt den Versuch einer zahlenmäßigen Bewertung der Landschaftselemente, welche mit den wichtigsten „landschaftsabhängigen" Formen des Tourismus in Beziehung gesetzt wurden. Dieses Verfahren ist weitgehend empirisch und natürlich nicht frei von subjektiven Einschätzungsmomenten. Bei der auf empirischer Grundlage vollzogenen Ermittlung der Bedeutung der einzelnen wichtigen Formen des Tourismus im Hinblick auf die Gesamtnachfrage (= 100%) wurde vom Verhältnis des Umfanges des Winter- zum Sommerfremdenverkehr ausgegangen. Aus dem Bewertungssystem (Abbildung 4) ergibt sich eine mehrstufige Bewertung aller möglichen Kombinationen, wobei es allerdings immer wieder zu Überschneidungen kommt. Sie wurde daher auf Kombinationen größerer Bedeutung beschränkt und in Abbildung 5 in vier Stufen durchgeführt, wozu *eignungsspezifische Kriterien quantitativer und/oder qualitativer Art* Anwendung fanden und andere Kombinationen mit noch nennenswerter Bedeutung berücksichtigt wurden. Nach dieser Stufenbewertung läßt sich nun die zahlenmäßige Einschätzung der touristischen Bedeutung der jeweiligen Kombination „Landschaftselement — wichtige Form des Tourismus" nach Abbildung 4 anwenden. Die beiden Autoren stellen fest[9]): „Daraus ergibt sich eine zahlenmäßige Bewertung der einzelnen Landschaftselemente für sämtliche Landesteile, sowohl der für den Fremdenverkehr gut als auch minder geeigneten, der bereits erschlossenen Räume wie der ‚Hoffnungsgebiete' des Fremdenverkehrs." Die Ergebnisse der Bewertungsverfahren wurden kartographisch niedergelegt.

Zur Bewertung der Landschafts- und Standortvoraussetzungen gehören aber auch die notwendigen Überlegungen über die *Naturhaushaltsbelastung* durch den Fremdenverkehr und die mögliche *Nutzungsdichte,* die heute bei der Planung von Neuausbaugebieten — insbesondere bei der Neuerschließung von Badestränden — meist weit überschritten wird. Ich erinnere nur an die Situation auf Gran Canaria, wo man im Süden der Insel dabei ist, für eine Strandlänge von 17 km Fremdenverkehrsunterkünfte für 60000 bis 100000 Urlauber zu schaffen, für die die Wasserversorgung des Hinterlandes niemals ausreicht und daher den Bau kostspieliger Meerwasserentsalzungsanlagen notwendig machen wird. Schon jetzt ist in diesem Raum außerdem das Zubringerstraßennetz überlastet.

---

[8]) Zur Bewertung der Attraktivität von Fremdenverkehrsgebieten. In: Mitteilungen des Österreichischen Instituts für Raumplanung, Juli/August 1972, Nr. 161/162, S. 137—147. — Siehe auch: Fremdenverkehrsuntersuchung. Fremdenverkehrsgebiete und wichtige touristische Zielpunkte. Herausgegeben vom Bundesministerium für Bauten und Technik, Österr. Institut für Raumplanung, Wien 1969.

[9]) A.a.O., S. 142.

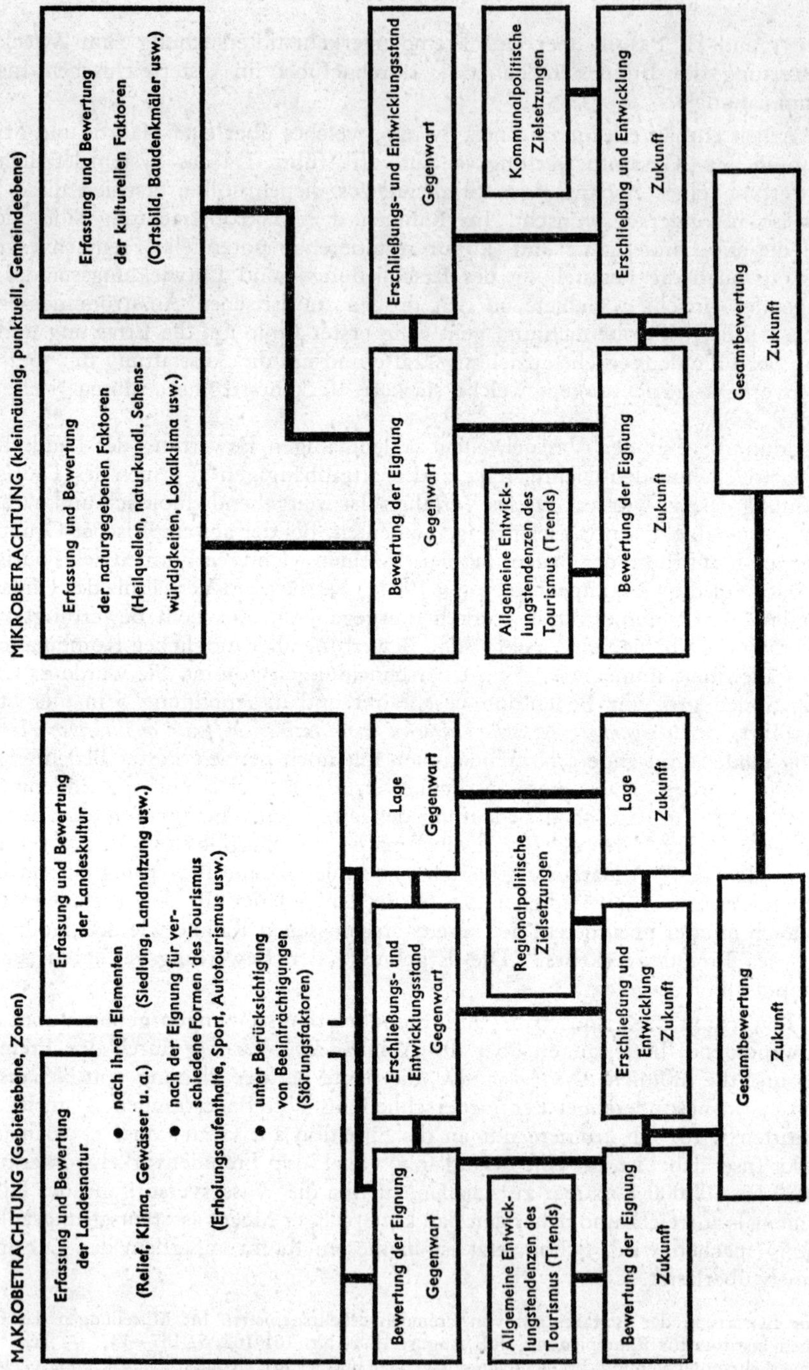

Abb. 3: System für die Erfassung und Bewertung von Fremdenverkehrsgebieten und touristischen Anziehungspunkten (Österr. Institut für Raumplanung, 1969)

		Anteil a. d. Gesamtnachfrage	Landschaftselemente					Störungsfaktoren (= Abminderungsfaktor)
			Relief	Klima	Gewässer	Nutzungsarten, Wald	Siedlung	
Wichtige Formen des Tourismus	Erholungsaufenthalte im Sommer	30	8	6	5	7	4	✻
	Sommersport (Wassersport, Wandern, Touristik u. ä.)	20	5	5	8	2		*
	Erholungsaufenthalte im Winter	10	3	3		2	2	✻
	Wintersport (bes. Skisport)	15	8	4		3		*
	Autotourismus	15	5		3	3	4	*
	Kulturelles Interesse (u. a. Bildungsreisen, Besichtigungen)	10					10	*
Theoretische Maximalwerte		100	29	18	16	17	20	

* ✻ **Störungsfaktoren können eine spürbare bzw. sehr starke Beeinträchtigung der Eignung einzelner Landschaftselemente für die entsprechende Form des Tourismus bewirken.**

Abb. 4: Zahlenmäßige Bewertung der Landschaftselemente (Österr. Institut für Raumplanung, 1969)

In der Hauptsaison ergibt sich bei solchen Orten in mehrfacher Hinsicht eine Überforderung der lokalen Möglichkeiten und eine empfindliche Störung des Naturhaushaltes, eine Erscheinung, die an vielen Küstengebieten der Erde festzustellen ist.

Als Kriterien für eine Typenbildung nach der Naturhaushaltsbelastung können herangezogen werden:

Landschafts-elemente	Stufenbewertung bedeutsam für	Bewertungsstufen			
		I	II	III	IV
Relief	Erholungsaufenthalte im Sommer	Höhenunterschied 0—100 m sehr enge Täler keine oder extreme Hangneigung	100—500 m sehr weite Täler, enge Täler mäßige Gliederung	500—1000 m mäßig breite Täler gute Gliederung	über 1000 m breite Täler, kleine Beckenlandschaften, Terrassen ausgeprägte Gliederung, Lagen in 700—1500 m Seehöhe
Klima	Erholungsaufenthalte im Sommer und im Winter Wintersport	zu heiß bis zu 75 Tage mit Schneebedeckung	mäßige bis gute Eignung 76—100 Tage	Heilklima-Hoffnungsgebiet: nur im Sommer günstig ganzjährig günstig 101—150 Tage	Heilklima-Hoffnungsgebiet: nur im Sommer bes. günstig ganzjährig besonders günstig über 150 Tage
Gewässer	Sommersport	keine nennenswerten Gewässer stark verunreinigte Gewässer	kleine Bäche, Flüsse, vereinzelt kleine Seen oder Teiche im allgemeinen gute Wasserqualität kaltes Wasser, steile Seeufer	größere Flüsse, kleine Seen, Teiche, Wildwasserstrecken reines Wasser günstige Badetemperatur und Uferbeschaffenheit	Ströme, größere Seen, bes. eindrucksvolle Wildwasserstrecken reines Wasser angenehm warmes Wasser, günstige Uferbeschaffenheit
Nutzungsarten, Wald	Erholungsaufenthalte im Sommer	kein oder sehr wenig Wald (0—10%) intensiver Ackerbau vorherrschend	wenig Wald (10—20%) sehr viel Wald (über 60%) große Waldflächen ohne Auflockerung noch großer Ackerlandanteil	viel Wald (40—60%) gute Betretbarkeit, v. a. der Waldränder mäßiger Ackerlandanteil, großer Grünlandanteil	20—40% Wald sehr gute Betretbarkeit, v. a. der Waldränder Wechsel von Wald, Wiesen, Acker- und Weideland, hoher Anteil an alpinem Grünland, bes. Vegetationsformen (z. B. Steppenvegetation, Narzissenwiesen)
Siedlung	Kulturelles Interesse (u. a. Bildungsreisen, Besichtigungen)	keine nennenswerten kulturellen Anziehungspunkte vorwiegend unschöne, ungepflegte Ortsbilder	kulturelle Anziehungspunkte mit mäßiger Attraktivität ansprechende Ortsbilder	kulturelle Anziehungspunkte mit großer Attraktivität schöne, gepflegte Ortsbilder mit wertvollem Baubestand	kulturelle Anziehungspunkte mit hervorragender Attraktivität sehr schöne, gepflegte Ortsbilder mit sehr wertvollem Baubestand
Störungsfaktoren	Erholungsaufenthalte im Sommer (und Winter)	Häufung von stärkeren Immissionserregern (Luft- und Wasserverunreinigung, Lärm- u. Geruchsbelästigung) sehr starke Beeinträchtigung des Erholungswertes	einzelne größere Immissionserreger	in der Intensität geringfügige und nur lokal auftretende Immissionen	keine Störungsfaktoren

Abb. 5: Bewertung der Landschaftselemente in 4 Stufen (Österr. Institut für Raumplanung, 1969)

a) Nutzungsdichte der Erholungsfläche,
b) Veränderungen der Lebensbedingungen für Tier- und Pflanzenwelt,
c) Beanspruchung der oberflächlich abfließenden Gewässer und Wasserentzug aus dem Grundwasserspiegel,
d) Änderung der morphogenetischen Faktoren durch bauliche Veränderungen und damit Einleitung neuer formverändernder Prozesse,
e) Änderung des Lokalklimas.

Ziel einer solchen Typenbildung wäre es, den Belastungsgrad, die weitere Belastungsmöglichkeit und die Gefährdungsrichtung zum Ausdruck zu bringen.

VI. Typen nach der Lage- und Verkehrserschließung und der damit zusammenhängenden Unterkunfts- und Gastraumausstattung

Wichtig für die Typenbildung ist die Lage- und Verkehrserschließung nicht nur bereits bestehender Fremdenverkehrsgebiete, sondern auch der Fremdenverkehrshoffnungsgebiete.

Die Nahbereiche der großen Bevölkerungsagglomerationen sind — soweit es sich nicht um lebensfeindliche Gebiete handelt — in Staaten mit mittlerem und hohem Lebensstandard verkehrsmäßig und durch Fremdenverkehrseinrichtungen meist voll erschlossen.

Nur wenige, sogar zu wenige Räume sind hier als Natur- und Landschaftsschutzgebiete, als Naturparks oder als zweckgebundene Erholungs- und Sportanlagen einer verkehrs- und siedlungsmäßigen Übererschließung und einer strukturell ungünstigen, zugleich auch den Naturhaushalt gefährdenden Entwicklung entzogen.

Infolge der *zunehmenden Mobilität der Menschen* und einer fast explosiven technischen Entwicklung der Verkehrsmittel hat sich der Radius der Nah- und Fernverkehrsbereiche sehr erheblich erweitert. Außerdem kommt es zu mannigfachen *Überschichtungen von Nah- und Fernerholungsbereichen.* Wertvolle Untersuchungen auf diesem Gebiet verdanken wir dem Wirtschaftsgeographischen Institut der Universität München, insbesondere K. Ruppert und J. Maier[10]).

E. Otremba unterscheidet drei Hauptzonen des Erholungsfremdenverkehrs, nämlich: a) Zone des Tagesausflugsverkehrs,
b) Zone des Wochenendsportverkehrs,
c) Zone des Ferienerholungsverkehrs.

Alle drei Zonen unterscheiden sich natürlich in mannigfacher Weise.

Die in Anmerkung 10 angeführte Arbeit von K. Ruppert und J. Maier enthält zwei Karten über „Schwerpunkte des Münchener Naherholungsraumes" (Naherholungsbereich 1850, 1910 und 1968) und „Schwerpunkte und jahreszeitliche Differenzierung im Münchener Naherholungsraum 1968". Die erste Karte zeigt, wie eng 1850 dieser Naherholungsraum Münchens war, daß also überhaupt keine Gefahr bestand, in den Fernbereich vorzustoßen. Auch der Naherholungsraum von 1910 zeichnet sich noch als ein außerordentlich eng begrenztes Gebiet ab. Die innere und äußere Mobilität des Menschen war damals noch sehr gering. Die Ortsangaben für 1968 zeigen, wie weit sich hingegen der Naherholungsraum Münchens durch Reiselust und Motorisierung seiner Bevölkerung ausgedehnt hat. Er reicht in jüngster Zeit sogar weit über die Staatsgrenze hinaus. Dabei treten die verschiedensten Überschichtungen auf, die vor allem auch aus wirtschaftlichen Gründen interessant sind. Denn die Überschichtung von Nah- und Fernerholungsfremdenverkehr führt zu eigenen Typen von Fremdenverkehrseinrichtungen und zu verschiedenen Problemen einseitiger oder mehrfacher Gaststättenbelastung und zu Frequenzspitzen. Die Typenbildung läßt insofern auch wirtschaftlich interessante Resultate erwarten.

Die saisonale Aufgliederung des Naherholungsbereiches (2. Karte) ist nicht uninteressant. Sie läßt erkennen, daß sowohl in der Sommersaison als auch in der Wintersaison der Fernbereich wesentlich einbezogen ist. Kurzurlaub und Wochenendfremdenverkehr erstrecken sich sogar weit in den Tiroler Raum hinein. Über das verlängerte Wochenende fahren die Münchner sogar im Winter bis in die Skigebiete Südtirols. Es ist also vorstellbar, welche katastrophalen Folgen für Fremdenverkehrsorte im Fern-

[10]) Der Naherholungsraum einer Großstadtbevölkerung, dargestellt am Beispiel Münchens. In: Informationen (Institut für Raumordnung, Bad Godesberg), 19. Jg., 1969, Heft 2, S. 23—46. — Siehe auch Tätigkeitsbericht des Wirtschaftsgeographischen Instituts der Universität München 1965—1970. WGI-Berichte zur Regionalforschung, Sonderheft, München 1971, S. 17 f. und S. 31 ff. Weitere Literaturangaben im Literaturverzeichnis dieser Arbeit.

bereich auftreten können, wenn sie auch Belastungsspitzen aus dem Wochenendfremdenverkehr großer Städte des benachbarten Staatsgebietes zu bewältigen haben, ohne hierfür betriebsmäßig ausgerüstet zu sein.

Wie wir sehen, stehen *Entfernungsbereich, Aufenthaltsdauer und Ausstattung der Betriebe* in einem gewissen Zusammenhang und gegenseitigen Abhängigkeitsverhältnis und müssen daher in eine Typenbildung einbezogen werden.

TYPUS Entfernungsbereich Gaststättenausstattung → Aufenthaltsdauer ↓	Nahbereich	Fernbereich mit nennenswerten Nahverkehr	Fernbereich ohne nennenswerten Nahverkehr
Kurzbesuchsverkehr Durchfahrtsverkehr Tagesausflugsverkehr	Überwiegend Gaststätten ohne oder nur mit sehr geringer Unterkunftsausstattung	Unterkunftsbetriebe mit überdimensional ausgebautem Küchenbetrieb und Speiseraum	/
Kurzaufenthaltsverkehr Wochenendausflugsverkehr	Gaststättenbetriebe mit starkem Ausbau von Durchgangsunterkünften, Touristenhäuser	Wie oben, aber mit zusätzlichem Ausbau von Übernachtungsplätzen	/
Sportdurchgangsverkehr	Touristenherbergen, Schutzhütten, Vereinsheime und Sportgaststätten		
Passantenverkehr	Gaststätten und Hotelbetriebe mit hoher Zimmerzahl für Einnachtaufenthalte. Spezielle Passantenfremdenverkehrsunterkünfte (z. B. Motel)		
Individueller Erholungsaufenthaltsverkehr	Pensionen und Gaststättenbetriebe mit Unterkünften und Service für längere Aufenthalte	Gaststätten mit über den Fernerholungsverkehr hinausgehender Kapazität an Übernachtungsplätzen und Speiseplätzen	Urlauberpensionen, -gaststätten und Urlauberhotels
Aufenthaltsfremdenverkehr in Heimen	Sport- und Erholungsheime, pensionsmäßige Unterkünfte meist mit geregeltem Aufenthaltsturnus. Sanatorien und Heime für sehr lange Aufenthalte		

Abb. 6: Entfernungsbereiche und Gaststättenausstattung als Kriterien der Fremdenverkehrstypenbildung (E. ARNBERGER, *1971*)

Im *Nahbereich* gibt es Kurzbesuchs-, Durchfahrts- und Tagesausflugsverkehr, wobei Kurzbesuchs- und Durchfahrtsfremdenverkehr oft nicht Erholungsfremdenverkehr ist. Zur Bewältigung dieser Fremdenverkehrsarten gehören überwiegend Gaststätten ohne oder nur mit sehr geringer Übernachtungsausstattung, aber räumlich und personell geeignet für hohe Besucherspitzen während der Mittagsstunden und in der Abendzeit (Abenderholungsverkehr). Im Fernbereich mit nennenswertem Nahverkehr, wie z. B. in Tirol, ergibt sich die Notwendigkeit der Einrichtung von Unterkunftsbetrieben mit überdimensional ausgebautem Küchenbetrieb und Gaststättenraum. Das ist ein Typus, der in solchen Gebieten immer wieder feststellbar ist. Es sind jene Betriebe, die z. B. 30 oder 40 Betten besitzen, aber in der Gastronomie für einen Stoßbetrieb von 300 bis

400 Gästen ausgerüstet sind, ein Typ, der sogar das Erscheinungsbild eines ganzen Ortes prägen kann.

Nach der *Aufenthaltsdauer* sind Kurzaufenthaltsverkehr und Wochenendausflugsverkehr zu unterscheiden. Die hierfür vorhandenen Nahbereichsgaststättenbetriebe mit starkem Ausbau von Durchgangsunterkünften und Touristenhäusern sind ebenfalls ein Typus, der in ganz bestimmten Zonen auftritt. Darüber gibt es zwar noch keine abschließenden Untersuchungen. Jedoch liegen schon sehr genaue Angaben vor, die eine räumliche Abgrenzung ermöglichen. Im *Fernbereich* verfügen derartige Unterkunftsbetriebe auch über zusätzliche Übernachtungsplätze. Dort kommt allenfalls noch ein zusätzlicher Ausbau zur Bewältigung der Übernachtungsspitze in Frage. Ein solcher kann allerdings unter gewissen Umständen im Hinblick auf die Rentabilität solcher Wirtschaftsbetriebe gefährlich werden.

Andere Typen nach der Aufenthaltsdauer sind der Sportdurchgangs- und Passantenverkehr. Der Sportdurchgangsverkehr entsteht z. B. an Wintersportplätzen, die immer nur für 2 bis 3 Tage besucht werden, der Passantenverkehr dort, wo Eisenbahn- und Straßenknotenpunkte zur Erreichung von Fernverkehrszielen Übernachtungsnotwendigkeiten ergeben. Hier müssen Gaststätten und Hotelbetriebe mit sehr hoher Zimmerzahl ausgestattet sein, wobei der rasche Fremdenwechsel zusätzliches Personal erfordert und oft die Rentabilität des Betriebes gefährdet.

Die *Erreichbarkeit* selbst kann natürlich ebenfalls die Ausgangsbasis der Typisierung sein. Kriterien hiefür sind:

Verkehrserschließung,
Art der Verkehrsmittel,
Verkehrsdichte,
zeitliche Erreichbarkeit,
Regelmäßigkeit der Verkehrsverbindungen,
Verkehrssicherheit,
Verkehrsbequemlichkeit.

VII. Motivation und Organisation der Nachfrage und ihre Bedeutung für die Typenbildung

Die Motivation und Organisation des Fremdenverkehrsbedürfnisses scheinen heute zu den tragenden Pfeilern des Fremdenverkehrsgeschäftes zu werden. Die Zahl jener, die sich in ihren Urlaubsplänen bereits manipulieren und funktionieren lassen, wird von Tag zu Tag größer, und damit wird auch die Macht der Fremdenverkehrsorganisationen und Reisebüros bedeutender.

Das *„programmierte Urlaubserlebnis"* ist zum Kassenschlager der Fremdenverkehrsbüros geworden und hat zu neuen, sehr klar umrissenen Typen des Fremden- und Urlauberverhaltens und des gesellschaftlichen Fremdenverkehrs geführt. Das gilt heute nicht allein nur für die Wanderbewegung, welche derzeit eine Renaissance erlebt, und für die Bergsteigerferien, den FKK-Urlaub oder den Campingurlaub, sondern auch für viele andere alters- und motivgebundene Formen.

Interessant wird eine nach solchen Gesichtspunkten unterschiedene Art des Fremdenverkehrs und der Verhaltensweisen erst in Verbindung mit anderen *soziologischen Kriterien,* wie Sozialstruktur, Reiseformen, Ausgabenseite usw.

Die nachstehenden *motivbedingten Fremdenverkehrsarten* dürfen nicht als vollständige, sondern nur als exemplarische Nennung gewertet werden:

Heil- und Kurfremdenverkehr,
Erholungsfremdenverkehr,
Sportfremdenverkehr,
Besichtigungsfremdenverkehr,
Kongreß- und Veranstaltungsfremdenverkehr,
Ausflugs- und Wochenendfremdenverkehr,
Besuchsreisefremdenverkehr,
Pilgerreisefremdenverkehr,
Geschäftsreisefremdenverkehr,
Passantenfremdenverkehr.

Soziologische Gesichtspunkte:

Reisezweck (Besuchsreise, Erholungsreise usw.),
soziale Stellung (Beruf, erhaltene Person),
Alter (nach Altersgruppe),
Reiseform (Individualtourismus selbstgestaltet oder unter Mitwirkung eines Reisebüros, Gesellschaftsreise, Sozialtourismus, Aufenthalt in Pflegeanstalten usw.),
Unterkunftsart (Bauernhof, Privatquartier, Fremdenheim, Touristenherberge, Schutzhütte, Ferienhaus, Pension, Gasthaus, Hotel, Sanatorium usw.),
Ausgaben (z. B. nach Netto-Familien-Einkommensklassen),
Urlaubsdauer (nach Tagen),
Art der Verpflegung (Gaststättenessen, Selbstverpflegung),
Längster Aufenthalt an einem Ort.

VIII. Umfang und Wirtschaftlichkeit als Grundlage der Typenbildung

Zur Bestimmung des Umfanges und der Bedeutung des Fremdenverkehrs dienen die Fremdenmeldungen, Besucherzahlen, Übernachtungszahlen und die durchschnittliche Übernachtungsdauer. Es handelt sich dabei um ein statistisches Grundlagenmaterial, das in jedem höher entwickelten Land mit Fremdenverkehr nach kleineren Gebietseinheiten erhoben und ausgewiesen wird und das auch einigermaßen zuverlässig ist. Soweit quantitative Angaben über den Fremdenverkehr in Karten niedergelegt wurden, beruhen sie auf solchen Erhebungen. Auch einfache Typendarstellungen lassen sich solcherart gewinnen.

Schon die saisonalen Beziehungen zwischen Bettenkapazität und Bettenauslastung ergeben für Fremdenverkehrsorte und -gebiete sehr wesentliche Aussagen. Aus einer Diagrammdarstellung mit Polarkoordinaten ergeben sich von selbst Typen des Fremdenverkehrs nach *Saison und Frequenz* (siehe Abbildung 7). Ebenso kann aus dem Diagramm direkt die kartographische Typensignatur gewonnen werden.

Während die Typendarstellung durch Signaturen nur sehr bedingt quantitative Aussagen zu geben vermag, ist ihre Wiedergabe in Karten durch Diagramme imstande, Größenordnungen besser zum Ausdruck zu bringen und damit auch die volkswirtschaftliche Bedeutung rascher auffaßbar zu veranschaulichen. Aus diesem Grund wurde

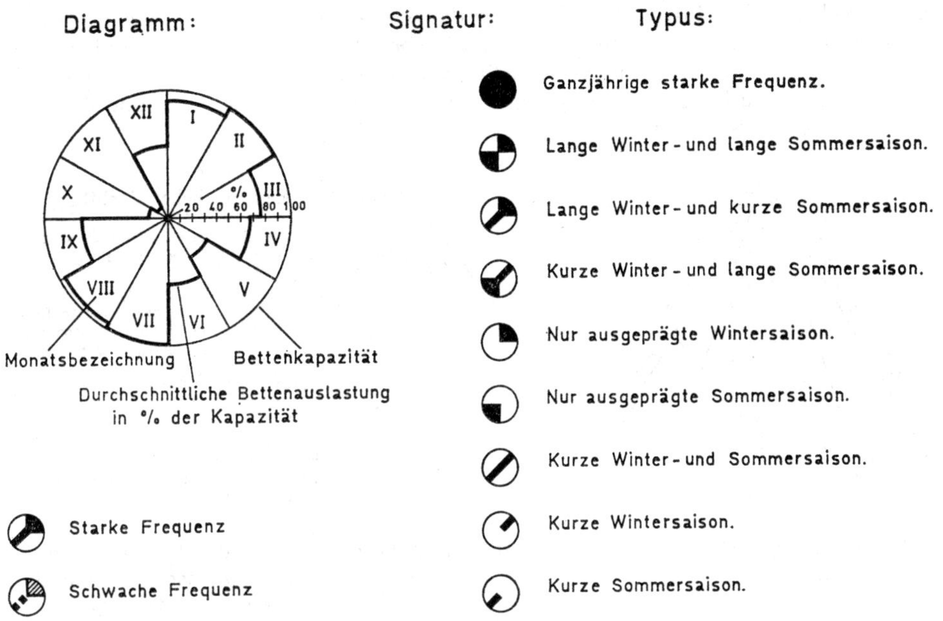

Abb. 7: Typenbildung nach Saisonverteilung und Frequenz
(E. Arnberger, *1971*)

auch von W. Strzygowski in seinen Karten im Atlas von Niederösterreich[11]) und im Atlas der Republik Österreich[12]) diese Methode bevorzugt.

Die Darstellung erfolgt durch rasch auffaßbare Rechtecke, und zwar getrennt nach Sommer- und Winterhalbjahr, wobei die Höhe der Rechtecke jeweils der Zahl der gemeldeten Fremden (z. B. 1 mm = 200 Fremde), die Breite der Rechtecke der durchschnittlichen Aufenthaltsdauer der Fremden (z. B. 1 mm = 2 Tage) entspricht. Die Fläche der Rechtecke ergibt die Gesamtzahl der Fremdenübernachtungen einer Saison. Ein weiterer Vorteil dieser Methode ergibt sich auch aus der unmißverständlichen Veranschaulichung der Zugehörigkeit der Orte und Gebiete zu den beiden Fremdenverkehrsgrundtypen, nämlich dem Aufenthaltsfremdenverkehr (liegende Rechtecke) und dem Durchgangsfremdenverkehr (stehende Rechtecke).

Die Verwendung solcher mehrachsiger Korrelationsfiguren[13]) ermöglicht aber z. B. auch eine *dreifache multiplikative Verknüpfung* von Zahl der gemeldeten Fremden (a-Achse), Zahl der Übernachtungen pro Fremden (b-Achse) und Tageseinnahmen pro Gast (c-Achse). Das Volumen der Körperfiguren entspricht den Einnahmen aus dem Fremdenverkehr. Die Form der Körper gibt über eine Typenzugehörigkeit noch weitgehender als bei der Verwendung von Rechtecken Auskunft.

Sehr zahlreiche Möglichkeiten einer Typenbildung ergeben sich aus rein wirtschaftlichen Aspekten. Die Aussage über die *Rentabilität* wird dabei meist eine bedeutende

---

[11]) Der Fremdenverkehr in Niederösterreich. Atlas von Niederösterreich (und Wien). 5. Doppellieferung, Blatt 112, Wien 1955.

[12]) Fremdenverkehr 1956/57. Atlas der Republik Österreich. 1. Lieferung, Blatt X/10, Wien 1961.

[13]) Siehe E. Arnberger: Handbuch der thematischen Kartographie. Wien 1966, S. 248f.

Rolle spielen. Beispielhaft mögen hier nur die Beziehungen Angebot, Nachfrage und wirtschaftlicher Nutzen angeführt und eine Typengliederung versucht werden (Abbildung 8). Die Verknüpfung von qualitativen und quantitativen Aussagen ist mit Angaben über die Entwicklungstendenzen von Angebot und Nachfrage und über die durchschnittliche Saisondauer gekoppelt (vgl. Abbildung 8).

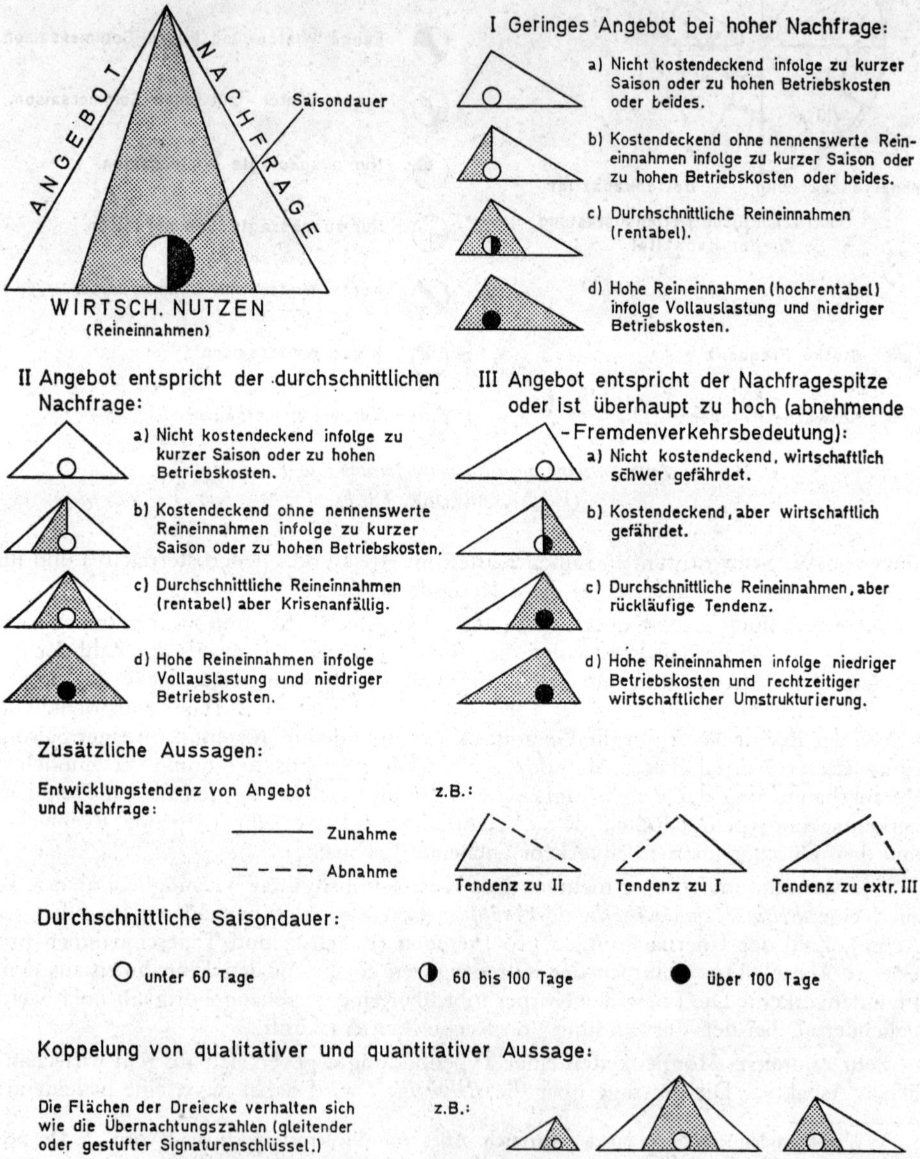

ANGEBOT
NACHFRAGE
Saisondauer
WIRTSCH. NUTZEN
(Reineinnahmen)
I Geringes Angebot bei hoher Nachfrage:
a) Nicht kostendeckend infolge zu kurzer Saison oder zu hohen Betriebskosten oder beides.
b) Kostendeckend ohne nennenswerte Reineinnahmen infolge zu kurzer Saison oder zu hohen Betriebskosten oder beides.
c) Durchschnittliche Reineinnahmen (rentabel).
d) Hohe Reineinnahmen (hochrentabel) infolge Vollauslastung und niedriger Betriebskosten.
II Angebot entspricht der durchschnittlichen Nachfrage:
a) Nicht kostendeckend infolge zu kurzer Saison oder zu hohen Betriebskosten.
b) Kostendeckend ohne nennenswerte Reineinnahmen infolge zu kurzer Saison oder zu hohen Betriebskosten.
c) Durchschnittliche Reineinnahmen (rentabel) aber Krisenanfällig.
d) Hohe Reineinnahmen infolge Vollauslastung und niedriger Betriebskosten.
III Angebot entspricht der Nachfragespitze oder ist überhaupt zu hoch (abnehmende Fremdenverkehrsbedeutung):
a) Nicht kostendeckend, wirtschaftlich schwer gefährdet.
b) Kostendeckend, aber wirtschaftlich gefährdet.
c) Durchschnittliche Reineinnahmen, aber rückläufige Tendenz.
d) Hohe Reineinnahmen infolge niedriger Betriebskosten und rechtzeitiger wirtschaftlicher Umstrukturierung.
Zusätzliche Aussagen:
Entwicklungstendenz von Angebot und Nachfrage:
Zunahme
Abnahme
z.B.:
Tendenz zu II
Tendenz zu I
Tendenz zu extr. III
Durchschnittliche Saisondauer:
unter 60 Tage
60 bis 100 Tage
über 100 Tage
Koppelung von qualitativer und quantitativer Aussage:
Die Flächen der Dreiecke verhalten sich wie die Übernachtungszahlen (gleitender oder gestufter Signaturenschlüssel.)
z.B.:

Abb. 8: Typen nach Angebot, Nachfrage und wirtschaftlichem Nutzen (Rentabilität)
(E. ARNBERGER, *1971*)

IX. Die Integrierung verschiedener Aspekte zur Typenbildung und die Bedeutung der Folgeerscheinungen des Fremdenverkehrs als Indikatoren

Dieser letzte Schritt zu einer vielseitig zufriedenstellenden Typenbildung ist bisher in den seltensten Fällen gelungen. Die Gründe hiefür liegen nicht allein nur im fehlenden statistischen Grundlagenmaterial, sondern auch in einem hierzu noch ungenügenden Forschungsstand und einer weithin noch fehlenden Zusammenarbeit jener Disziplinen, die sich mit dem Fremdenverkehr und seinen Auswirkungen beschäftigen. Die *Integration aller wichtigen Kriterien* wesentlicher Aspekte ist ein Zukunftsziel, von dem wir noch weit entfernt sind und das auch nur über eine umfangreiche *Systemanalyse* und eine Aufarbeitung eines bisher leider nur unzulänglichen Quellenmaterials über EDV-Anlage erreicht werden kann.

In der kartographischen Darstellung finden wir daher bisher nur wenige richtungweisende Beispiele einer solchen Zielsetzung. Auf drei unter ihnen — und zwar aus der Münchener und aus der Wiener Schule — möge in den folgenden Ausführungen eingegangen werden.

Die ersten beiden von K. Ruppert und J. Maier (München) sind dem Aufsatz „Geographie und Fremdenverkehr — Skizze eines fremdenverkehrsgeographischen Konzepts“ (siehe Literaturverzeichnis) beigegeben.

In dieser Arbeit werden vorerst die Charakterisierungsmerkmale von Fremdenverkehrsorten behandelt und drei wichtige Indikatoren hervorgehoben:

1. der *saisonale Rhythmus,* als typisches Kennzeichen von Orten mit nicht urbanisiertem Fremdenverkehr;
2. der Überbesatz an Einrichtungen des *tertiären Sektors:* Eine Vielzahl von Einrichtungen der Fremdenverkehrsorte lebt fast ausschließlich von den Gästen;
3. der Wandel innerhalb der *Eigentumsverhältnisse:* Für eine Großzahl ausgesprochener Fremdenverkehrsorte ist ein hoher Anteil ausmärkischen Besitzes charakteristisch.

Bisher hat man die beiden wichtigen letztgenannten Indikatoren meist losgelöst von den Typenmodellen der kartographischen Darstellung in ergänzenden Karten wiedergegeben. Über die Struktur der Fremdenverkehrsgebiete und über den Strukturwandel infolge des Fremdenverkehrs gab bestenfalls eine mehr oder minder aufeinander abgestimmte Kartenreihe Auskunft. Zielsetzung müßte aber in Zukunft sein, diese Aussagen gemeinsam mit den Ergebnissen der Typisierung in einer Karte zu vereinen. Komplexanalytische Aussageformen über wichtige Indikatoren müßten also gemeinsam mit den Zeichen für die synthetischen Aussagen über die Fremdenverkehrstypen kombiniert werden.

Ruppert und Maier sahen sich für die kartographische Darstellung ebenfalls gezwungen, Typisierungsdaten zu verwenden, die statistisch leicht greifbar und für große Gebiete vorhanden waren. In einer ersten analytischen Karte der Fremdenverkehrsorte im bayerischen Alpenraum (Legende siehe Abbildung 9) wurden diese kombiniert wiedergegeben. Es handelt sich dabei um folgende Merkmale:

a) die Zahl der Fremdenübernachtungen, welche als Kriterien für die wirtschaftliche Bedeutung mit herangezogen werden kann. Sie wurde nach gleitendem Signaturenschlüssel durch die Größe von Kreisen veranschaulicht;

b) die Fremdenverkehrsintensität als Index, errechnet aus der Zahl der Fremdenübernachtungen je 100 Einwohner. Die Wiedergabe erfolgt in der oberen Hälfte eines Kreisrings nach gestuftem Schlüssel durch zunehmende Farbintensität;

c) die durchschnittliche Auslastung der Kapazität, dargestellt in Prozenten der gesamten Bettenkapazität. Sie ist ebenfalls nach gestuftem Schlüssel durch zunehmende Farbintensität in der unteren Hälfte des Kreisringes veranschaulicht;

d) die saisonale Verteilung der Fremdenverkehrsübernachtungen ist durch Teilung des Kreises in zwei Sektoren dargeboten. Der jeweils rechte Sektor gibt in rötlichgrauer Farbe den Anteil der Fremdenübernachtungen im Sommer, der jeweils linke Sektor in blauer Farbe den Anteil im Winter an;

e) über die durchschnittliche Aufenthaltsdauer orientiert nach drei Stufen eine Signatur im Mittelpunkt des Kreises.

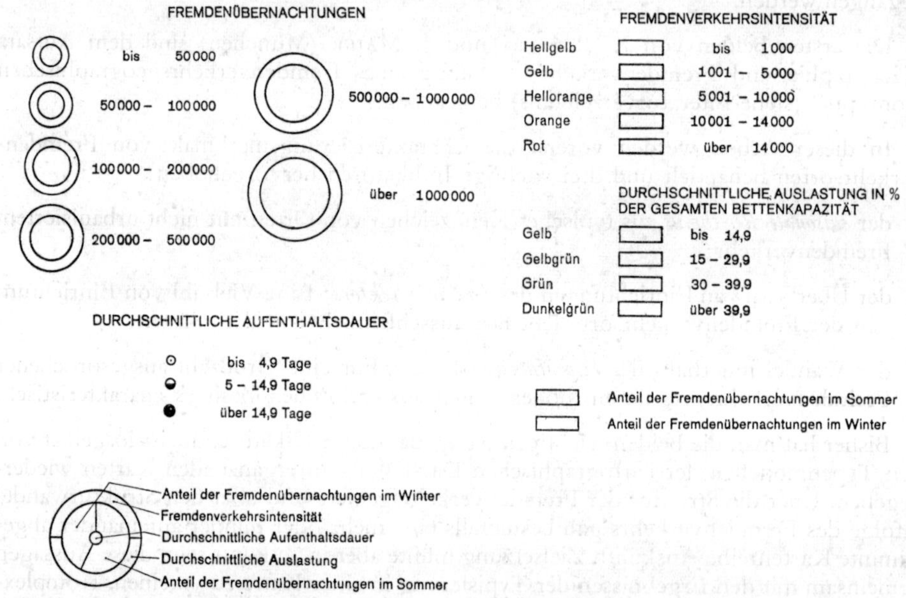

Abb. 9: Legende der Karte I von K. RUPPERT *und* J. MAIER: *Typisierung der Fremdenverkehrsorte in den Bayerischen Alpen 1966/67 (Forschungen und Sitzungsberichte, Band 53)*

Schon diese rein analytische Darstellung gibt durch *häufige Wiederkehr einiger weniger qualitativer und quantitativer Kombinationsformen* der Elemente wichtige Hinweise für die Typisierung, welche in einer zweiten Karte (Legende siehe Abbildung 10) enthalten ist.

Letztere bietet eine synthetische Aussage, wobei sich die Größe der Signaturen wie die Stufen der Fremdenverkehrsübernachtungen verhält und ihre Farbausfüllung fünf Typen der Fremdenverkehrsorte kennzeichnet (siehe rechte Seite der Legende in Abbildung 10).

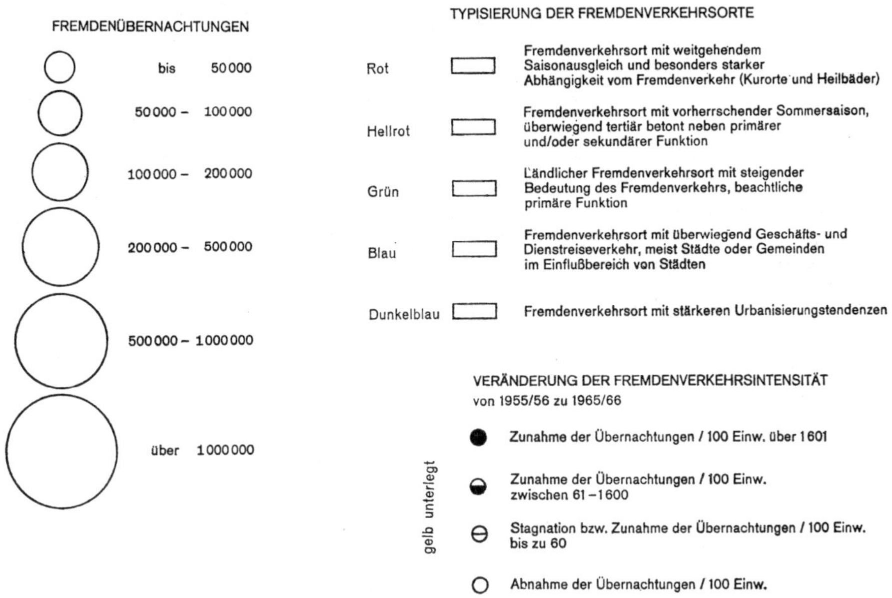

Abb. 10: Legende der Karte II von K. Ruppert *und* J. Maier: *Typisierung der Fremdenverkehrsarten in den Bayerischen Alpen 1966/67 (Forschungen und Sitzungsberichte, Band 53)*

In einem letzten Beispiel aus dem Atlas der Republik Österreich wird in einer Karte von M. Fesl und H. Bobek: „Fremdenverkehr: Typen, Intensität und Entwicklung 1961—1966“ (Karte X/11, 4. Lieferung, Wien 1968) der geglückte Versuch unternommen, mehrere wesentliche Aussagen über den Fremdenverkehr mit einer Typendarstellung zu verbinden[14]).

Besonders herausgearbeitet erscheinen *zwei Aspekte:*

1. Zahl der Übernachtungen je Gemeinde, wiedergegeben durch die Größe von Kreisen.
2. Zugehörigkeit eines Ortes zu einem bestimmten Typus, durch verschiedenartige Farbausfüllung gekennzeichnet.

Von den 10 ausgeschiedenen Typen stützen sich sieben auf die Kombination der durchschnittlichen Aufenthaltsdauer mit dem Anteil der auf das Sommerhalbjahr entfallenden Übernachtungen in % der Gesamtzahl (siehe Legende Abbildung 11). Für die anderen drei wurden als Kriterien das Vorhandensein bestimmter Einrichtungen bzw. die Anerkennung als Kurort herangezogen.

Die sehr wesentliche Aussage über die Intensität des Fremdenverkehrs (Übernachtungen je 100 Einwohner) wurde durch Grautöne auf den Gemeindeflächen dargestellt. Dadurch konnten die Typensignaturen von zusätzlichen graphischen Aussageelementen entlastet und die Karte übersichtlich und rasch auffaßbar gehalten werden (siehe Legende Abbildung 12).

[14]) Siehe hierüber H. Bobek: Gesamtanlage und Einzelgestaltung. Erfahrungen bei der Redaktion des Österreich-Atlasses. In: E. Arnberger (Ed.): Grundsatzfragen der Kartographie, Wien, Österr. Geogr. Gesellschaft, S. 63 f.

	Typen des Fremdenverkehrs	Übernachtungen 1961 Durchschnittliche Zahl	Übernachtungen 1961 im Sommerhalbjahr in v. H. des Jahres
Braun	O Vorwiegend Geschäfts- und Touristendurchgangsverkehr	bis 3	über 45%
Orange	O Durchgangs- und Erholungsverkehr	3 bis 5	über 45%
Gelb	O Erholungs- und Sommerfrischenverkehr mit stark überwiegender Sommersaison	5 und mehr	85 bis 100%
Blaugrün	O Vorwiegender Badeverkehr	5 und mehr	85 bis 100%
Gelbgrün	O Erholungsverkehr mit betonter Sommersaison	5 und mehr	60 bis 85%
Blauviolett	O Erholungsverkehr mit Sommer- und Wintersaison	5 und mehr	40 bis 60%
Blau	O Wintersport	3 und mehr	20 bis 40%
Rosa	O Behördlich anerkannte Kurorte mit Heilquellen u. Moorbädern		
Rotviolett	O Vorwiegend durch Heilanstalten, Sanatorien und Sonderanstalten bestimmter Fremdenverkehr; Sonstige		
Rotviol. Rast.	O Mit starkem Wallfahrerzustrom		

Übernachtungen im Kalenderjahr 1961

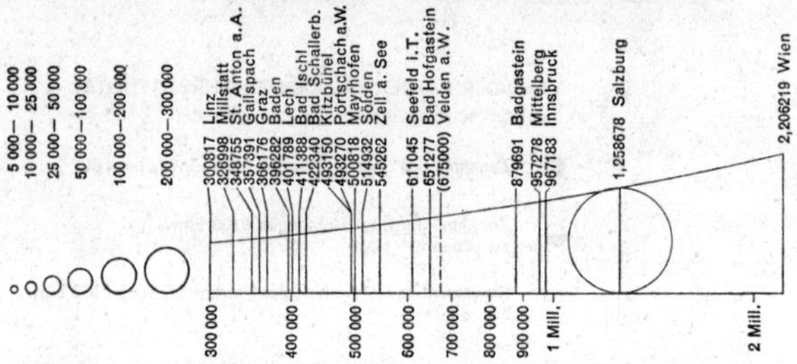

Luftkurorte und heilklimatische Kurorte wurden nicht als eigener Typ ausgeschieden, sondern den oben angegebenen Typen eingeordnet.

Gezählt wurden Übernachtungen in Hotels, Gasthöfen, Pensionen, Fremdenheimen; Kurhäusern, Kurheimen, Kuranstalten, Erholungsheimen (für Erwachsene); in Heil- und Pflegeanstalten (soweit nicht öffentliche Kliniken); Sanatorien; bewirtschafteten Schutzhütten und Privatquartieren.

Abb. 11: Teil der Legende der Karte von M. FESL *und* H. BOBEK: *Fremdenverkehr: Typen, Intensität und Entwicklung 1961—1966 (Österreich-Atlas, 4. Lieferung, Wien 1968)*

Entwicklung des Fremdenverkehrs 1961—1966

Übernachtungen:

O	extrem starke Zunahme	200% und mehr
O	sehr starke Zunahme	100 bis unter 200%
O	starke Zunahme	50 bis unter 100%
O	mäßige Zunahme	10 bis unter 50%
O	Stagnation	0 bis unter ±10%
O	Abnahme	10% und mehr
Ø	1966 nicht mehr Berichtsgemeinden	

Ausnutzung der Bettenkapazität

⊙ Berichtsgemeinden, die sowohl 1961 wie 1966 über dem österreichischen Durchschnitt (ohne Wien: 1961: 22%, 1966: 21%) lagen.

Anteil der Ausländer an den Übernachtungen 1961

O überwiegend Inländer (über 60%)

◐ In- und Ausländer je 40 bis 60%

◑ überwiegend Ausländer (über 60%)

ohne Farbe: o Gemeinden, die 1961 keine Berichtsgemeinden waren, 1966 jedoch mehr als 5000 Übernachtungen hatten; ferner Berichtsgemeinden, deren Übernachtungszahl 1961 unter, 1966 jedoch über 5000 lag, soferne die Zunahme ihrer Übernachtungen den österreichischen Durchschnitt (+35%) überstieg.

Intensität des Fremdenverkehrs

Übernachtungen 1961 je 100 Ew.

Grauwerteskala (dunkel – licht):

- 19000 und mehr
- 10000 bis unter 19000
- 5000 bis unter 10000
- 3000 bis unter 5000
- 1500 bis unter 3000
- 800 bis unter 1500

Art der Beherbergung 1961

Berücksichtigt wurden hier nur Gemeinden mit mehr als 500 Übernachtungen je 100 Ew.

- vorwiegend in Beherbergungsbetrieben (über 60%)
- in Beherbergungsbetrieben und Privatquartieren je 40 bis 60%
- vorwiegend in Privatquartieren (über 60%)

Abb. 12: Teil der Legende der Karte von M. FESL *und* H. BOBEK: *Fremdenverkehr: Typen, Intensität und Entwicklung 1961—1966 (Österreich-Atlas, 4. Lieferung, Wien 1968)*

Außerdem enthält die Karte noch folgende Angaben:

- Entwicklung des Fremdenverkehrs (1961—1966): Ein wichtiges genetisches Merkmal, das für wirtschaftliche Folgerungen erheblich ist, ausgedrückt durch die Kreisliniengestaltung.
- Ausnutzung der Bettenkapazität durch Kennzeichnung der Berichtsgemeinden, die sowohl 1961 wie 1966 über dem österreichischen Durchschnitt lagen. Für diese wurde ein Punkt in den Kreismittelpunkt gesetzt.
- Anteil der Ausländer an den Übernachtungen, ausgedrückt durch die innere Signaturgestaltung.
- Art der Beherbergung für die Gemeinden flächenhaft wiedergegeben durch visuelle Raster.

Die mehrschichtige Karte stellt eine geschickt durchgeführte Kombination von synthetischen und analytischen Aussage- und graphischen Ausdruckselementen dar.

X. Schlußbetrachtung

Aus unseren bisherigen Betrachtungen können wir einige für die Typenbildung und -darstellung nicht unwichtige Feststellungen ableiten:

1. Wie bei vielen anderen Erscheinungen des gesellschaftlichen Lebens lassen sich auch die Probleme des Fremdenverkehrs in ihrer Raumbezogenheit und gegenseitigen Kausalität nur *interdisziplinär* bewältigen.

2. Mit einer rein physiognomisch beschreibenden Arbeitsweise kommen wir in der Frage der Typenbildung nicht weiter. Auch für Merkmale, welche sich einer rein statistischen Erfassung durch ihre Komplexität und Eigenart entziehen, muß ein *Güte- und Bewertungssystem* gefunden werden.

3. Analyse und Synthese müssen auf ein *computerfähiges Korrelationsschema* ausgerichtet sein.

4. Eine Typenbildung kann immer *nur aus einigen* wichtigen, niemals aus allen möglichen Aspekten erfolgen.

5. Durch Typensignaturen sollen im Rahmen der Konstituierung von Modellen immer nur die Kausalzusammenhänge *einiger wesentlicher Kriterien* zum Ausdruck gebracht werden. Sie sind Ausdrucksform einer Synthese, die überblickbar und durchschaubar bleiben muß, und für die in einer Kartenlegende eine exakte, klare, unmißverständliche, aber auch kurze Definition gefunden werden kann. Schon aus diesem Grund ist die Zahl der korrelierten Merkmale zu beschränken.

6. Bei der Typenbildung ist das *subjektive Moment auszuschalten.* Die qualitativen Merkmale der Kriterien sind genau festzulegen, die quantitative Zuordnung zumindest innerhalb von Grenzwerten zu deklarieren.

7. Die *Rangbedeutung* der Aussage ist graphisch adäquat zum Ausdruck zu bringen. Ergänzende Aussagen sind von den übergeordneten auch graphisch deutlich zurücktretend wiederzugeben.

8. Um die vielfältigen Kausalbezüge zwischen Typen und durch sie beeinflußte oder hervorgerufene Raumstrukturen wiedergeben zu können, ist es notwendig, synthetische Aussagen mit analytischen zu verbinden und in *mehrschichtigen Karten* flächenhafte und ortsgebundene Zeichen zu kombinieren.

Literaturhinweise

(in Auswahl, vorwiegend über Arbeiten aus jüngerer Zeit) [15])

Bernecker, P.: Die Wandlungen des Fremdenverkehrsbegriffes. In: Jahrbuch für Fremdenverkehr, 1. Jg., 1952/53, Heft 1, S. 31—38.

Bernecker, P.: Die Stellung des Fremdenverkehrs im Leistungssystem der Wirtschaft. Wien 1956.

Bernecker, P.: Grundlagenlehre des Fremdenverkehrs. Wien 1962.

Bernecker, P.: Geographie und Fremdenverkehr. In: Schriftenreihe der Österr. Gesellschaft zur Förderung der Landesforschung und Landesplanung, Bd. 2, Wien 1964, Bobek-Festschrift, S. 65—69.

Bernt, D. und Palme, H.: Zur Bewertung der Attraktivität von Fremdenverkehrsgebieten. In: Mitteilungen des Österr. Institutes für Raumplanung, Juli/August 1972, Heft Nr. 161/162, S. 137—147.

Borcherdt, C.: Die Wohn- und Ausflugsgebiete in der Umgebung Münchens. Eine sozialgeographische Skizze. Berichte zur deutschen Landeskunde, Bd. 19/2, 1957, S. 173—187.

Boustedt, O.: Wirtschaftsbelebung durch Fremdenverkehr. In: Gutachten der Akademie für Raumforschung und Landesplanung Hannover, Nr. 2, Bremen-Horn 1956.

Carl, F. E. und Müller, R.: Beitrag zur Methode der Planung von Erholungsgebieten. Schriften, reihe für Gebiets-, Stadt- und Dorfplanung, Nr. 31, Deutsche Bauakademie, Berlin (Ost) 1962-S. 47 ff.

Christaller, W.: Beiträge zu einer Geographie des Fremdenverkehrs. In: Erdkunde, Bd. IX., 1955, Heft 1, S. 1—19.

Christaller, W.: Wochenendausflüge und Wochenendsiedlungen. In: Der Fremdenverkehr, 18. Jg., 1966, Heft 9.

Clauss, Ch.: Karten des Verkehrs und des Fremdenverkehrs in Nationalatlanten. In: Petermanns Geographische Mitteilungen, 112. Jg., 1968, 3. Quartalsheft, S. 222—237.

Czinki, L. und Zühlke, W.: Erholung und Regionalplanung. In: Raumforschung und Raumordnung, 24. Jg., 1966, Heft 4, S. 155—164.

David, J.: Freizeitwohnen. In: Handwörterbuch der Raumforschung und Raumordnung. Hrsg.: von der Akademie für Raumforschung und Landesplanung, I. Bd., 2. Auflg., Hannover 1970, Sp. 818—830.

Divo-Institut: Urlaubsreisen der westdeutschen Bevölkerung. Reiseintensität, Reisegewohnheiten und Vorstellungen vom Urlaub im Zeitvergleich 1954—1965. Frankfurt a. M. o. J. (1966).

Erholungswesen und Raumordnung. Forschungs- und Sitzungsberichte der Akademie für Raumforschung und Landesplanung, Bd. XXV, Hannover 1963.

---

[15]) Nach Abschluß der Arbeit ist in den Forschungs- und Sitzungsberichten der Akademie für Raumforschung und Landesplanung Hannover, Band 76, der Band 3 „Zur Landschaftsbewertung für die Erholung" des Forschungsausschusses „Raum und Fremdenverkehr" erschienen. Er enthält grundlegende Beiträge von F. Becker, F. Bichlmaier, E. Bodenstein, U. Hanstein, H. Kiemstedt, R. Klöpper und J. Maier, auf die besonders verwiesen werden muß.

Fremdenverkehrsuntersuchung. Fremdenverkehrsgebiete und wichtige touristische Zielpunkte. Herausgegeben vom Bundesministerium für Bauten und Technik. Österreichisches Institut für Raumplanung, Wien 1969.

GEIGANT, F.: Die Standorte des Fremdenverkehrs, eine sozialökonomische Studie über die Bedingungen und Formen der räumlichen Entfaltung des Fremdenverkehrs. Schriftenreihe des Deutschen Wirtschaftswissenschaftlichen Instituts für Fremdenverkehr an der Universität München, Heft 17, 1962.

GEIGANT, F.: Der Urlaubs- und Ferienverkehr als Objekt wissenschaftlicher Forschung. In: Jahrbuch für Fremdenverkehr, 10. Jg., 1962, S. 39—49.

GLEICHMANN, P.: Zur Soziologie des Fremdenverkehrs. In: Wissenschaftliche Aspekte des Fremdenverkehrs. Forschungs- und Sitzungsberichte der Akademie für Raumforschung und Landesplanung, Bd. 53, Hannover 1969, S. 55—78.

GRÜNTHAL, A.: Probleme der Fremdenverkehrsgeographie. Schriftenreihe des Forschungsinstituts für Fremdenverkehr, Heft 9, Berlin 1934.

HARTSCH, E.: Gedanken zur Frage der Bewertung des landschaftlichen Erholungspotentials. Ergänzungsheft Nr. 277 zu Petermanns Geographischen Mitteilungen.

HAUBNER, K.: Fremdenverkehr und Erholungswesen. Handwörterbuch der Raumforschung und Raumordnung. Hrsg. Akademie für Raumforschung und Landesplanung, I. Bd., 2. Auflg., Hannover 1970, Sp. 830—856.

HESS, G.: Landwirtschaft und Fremdenverkehr. In: Wissenschaftliche Aspekte des Fremdenverkehrs. Forschungen und Sitzungsberichte der Akademie für Raumforschung und Landesplanung, Bd. 53, Hannover 1969, S. 103—114.

HOFFMANN, H.: So reisten die Deutschen 1966. Untersuchungen über den Urlaubsreiseverkehr der westdeutschen Bevölkerung im Jahre 1966 unter besonderer Berücksichtigung der Marktstellung des Reisebürogewerbes. Deutsches Wirtschaftswissenschaftliches Institut für Fremdenverkehr an der Universität München. München 1967.

HUNZIKER, W.: Zur Problematik und Systematik der Betriebswirtschaftslehre des Fremdenverkehrs. In: Jahrbuch für Fremdenverkehr, 1. Jg., 1952/53, H. 1, S. 47—63.

JACOB, G.: Der gegenwärtige Stand und die Aufgaben der Geographie des Fremdenverkehrs. In: Wissenschaftliche Abhandlungen der Geographischen Gesellschaft der DDR, Bd. 6, Leipzig 1968, S. 17—27.

JOSCHKE, H. K.: Beitrag zur theoretischen Analyse des Fremdenverkehrsangebots. In: Jahrbuch für Fremdenverkehr, 2. Jg., 1953/54, H. 1, S. 32—45.

JUNGMANN, H.: Aspekte des Erholungswesens aus ärztlicher und bioklimatischer Sicht. In: Wissenschaftliche Aspekte des Fremdenverkehrs. Forschungen und Sitzungsberichte der Akademie für Raumforschung und Landesplanung, Bd. 53, Hannover 1969, S. 29—34.

KIEMSTEDT, H.: Möglichkeiten zur Bestimmung der Erholungseignung in unterschiedlichen Landschaftsräumen. In: Natur und Landschaft, 42. Jg., 1967, Heft 11.

KLÖPPER, R.: Das Erholungswesen als Bestandteil der Raumordnung und als Aufgabe der Raumforschung. In: Raumforschung und Raumordnung, 13. Jg., 1955, H. 4, S. 209—217.

KNEBEL, H.-J.: Soziologische Strukturwandlungen im modernen Tourismus. Soziologische Gegenwartsfragen, Neue Folge. Stuttgart 1960.

KOCH, A.: Wirtschaftswissenschaft und Fremdenverkehr. In: Wissenschaftliche Aspekte des Fremdenverkehrs. Forschungs- und Sitzungsberichte der Akademie für Raumforschung und Landesplanung, Bd. 53, Hannover 1969, S. 79—88.

KOCH, A.: Die Ausgabenstruktur im Fremdenverkehr. Eine Untersuchung über die Ausgaben im Erholungs- und Geschäftsreiseverkehr in der Bundesrepublik. In: Jahrbuch für Fremdenverkehr, 9. Jg., 1961.

KOCH, A.: Die gegenwärtige wirtschaftliche Bedeutung des Fremdenverkehrs unter besonderer Berücksichtigung der im Fremdenverkehr erzielten Umsätze und der Wertschöpfung. In: Jahrbuch für Fremdenverkehr, 14. Jg., 1966, H. 4.

KRAPF, K.: Von der Empirie zur Theorie des Fremdenverkehrs. In: Jahrbuch für Fremdenverkehr, 1. Jg., 1952/53, H. 1, S. 38—49.

KULINAT, K.: Die Typisierung von Fremdenverkehrsorten. Ein Diskussionsbeitrag. Festschrift Hans Poser, Göttinger Geographische Abhandlungen, H. 60, 1972, S. 521—538.

LEHMANN, E.: Die Typisierung als Problem der kartographischen Darstellung im „Atlas DDR". In: Petermanns Geographische Mitteilungen, Jg. 1968, 1. Quartalsheft, S. 61—71.

MAIER, J.: Die Leistungskraft einer Fremdenverkehrsgemeinde — Modellanalyse des Marktes Hindelang/Allgäu. WGI-Berichte zur Regionalforschung, Bd. 3, 1970.

MRASS, W. und BÜRGER, K.: Zur Bestimmung der Erholungseignung von natürlichen Vegetationsgebieten. In: Natur und Landschaft, 43. Jg., 1968, H. 2.

OLSCHOWY, G.: Zur Belastung der Landschaft. Schriftenreihe für Landschaftspflege und Naturschutz, H. 4, Bonn-Bad Godesberg 1969.

OLSEN, K. H.: Erholungswesen und Raumordnung. In: Erholungswesen und Raumordnung, Forschungs- und Sitzungsberichte der Akademie für Raumforschung und Landesplanung, Bd. XXV, Hannover 1962, S. 3—15.

PALME, H.: Der Beitrag „Fremdenverkehr" zum Landesentwicklungskonzept Niederösterreich. In: Mitteilungen des Österreichischen Institutes für Raumplanung, Dezember 1971, H. 154, S. 192—203.

PEVETZ, W.: Die Beziehungen zwischen Fremdenverkehr, Landwirtschaft und Bauerntum. Unter besonderer Berücksichtigung der österreichischen Verhältnisse. Schriftenreihe des Agrarwirtschaftlichen Institutes des Bundesministeriums für Land- und Forstwirtschaft. Wien 1966.

PEVETZ, W.: Die Beziehungen zwischen Fremdenverkehr, Landwirtschaft und Bauerntum. In: Der Förderungsdienst, Wien, März 1967, S. 73—80.

PÖSCHL, A. E.: Fremdenverkehr und Fremdenverkehrspolitik. Berlin 1962.

POSER, H.: Geographische Studien über den Fremdenverkehr im Riesengebirge. Ein Beitrag zur geographischen Betrachtung des Fremdenverkehrs. Abhandlungen der Gesellschaft der Wissenschaften zu Göttingen, mathem.-physik. Klasse, dritte Folge, H. 20, 1939.

RIEDEL, U.: Der Fremdenverkehr auf den Kanarischen Inseln — Eine geographische Untersuchung. Schriften des Geographischen Instituts der Universität Kiel, Bd. 35, Kiel 1971.

RITTER, W.: Fremdenverkehr in Europa. Eine wirtschafts- und sozialgeographische Untersuchung über Reisen und Urlaubsaufenthalte der Bewohner Europas. Europäische Aspekte, Schriftenreihe zur europäischen Integration, Reihe A, Nr. 8, Leiden 1966.

RUPPERT, K.: Beiträge zu einer Fremdenverkehrsgeographie. Beispiel: Deutsche Alpen. Wissensch. Abhandlungen der Geographischen Gesellschaft der DDR, Bd. 6, 1967, S. 157—165.

RUPPERT, K.: Raumrelevante Wirkungen der Erholungsfunktion: Naherholungsraum München. In: Deutscher Geographentag Kiel, Tagungsbericht und wissenschaftliche Abhandlungen, Wiesbaden 1970, S. 326—331.

RUPPERT, K. und MAIER, J.: Naherholungsraum und Naherholungsverkehr. Ein sozial- und wirtschaftsgeographischer Literaturbericht zum Thema Wochenendtourismus. Studienkreis für Tourismus, Starnberg 1969.

RUPPERT, K. und MAIER, J.: Der Naherholungsraum einer Großstadtbevölkerung, dargestellt am Beispiel Münchens. In: Informationen, Herausgegeben vom Institut für Raumordnung, Bad Godesberg, 19. Jg., 1969, Heft 2, S. 23—46 und 2 Karten.

RUPPERT, K. und MAIER, J.: Geographie und Fremdenverkehr — Skizze eines fremdenverkehrsgeographischen Konzepts. In: Wissenschaftliche Aspekte des Fremdenverkehrs, Forschungs- und Sitzungsberichte der Akademie für Raumforschung und Landesplanung, Bd. 53, Hannover 1969, S. 89—101.

RUPPERT, K. und MAIER, J.: Der Naherholungsverkehr der Münchner — ein Beitrag zur Geographie des Freizeitverhaltens. In: Mitteilungen der Geographischen Gesellschaft in München, 55. Band, 1970, Festschrift zur 100-Jahr-Feier der Geographischen Gesellschaft München 1869—1969, Teil 2, S. 31—44.

RUPPERT, K. und MAIER, J.: Zur Geographie des Freizeitverhaltens. Beiträge zur Fremdenverkehrsgeographie. Münchner Studien zur Sozial- und Wirtschaftsgeographie, Band 6. Regensburg, Münchner Universitäts-Schriften/Staatswissenschaftliche Fakultät, 1970.

Samolewitz, R.: Fremdenverkehr und Geographie. Dissertation, Münster 1957.

Samolewitz, R.: Hinweis auf die Behandlung des Fremdenverkehrs in der wissenschaftlichen, insbesondere geographischen Literatur. In: Zeitschrift für Wirtschaftsgeographie, 4. Jg., H. 4, S. 112—116; H. 5, S. 144—148.

Schaefer, H.: Medizinische Aspekte des Fremdenverkehrs und Erholungswesens. In: Wissenschaftliche Aspekte des Fremdenverkehrs, Forschungs- und Sitzungsberichte der Akademie für Raumforschung und Landesplanung, Bd. 53, Hannover 1969, S. 21—27.

Schade, B. und Hahn, H.: Psychologie und Fremdenverkehr. Ebenda, S. 35—53.

Stark, A.: Entwicklung und gegenwärtiger Stand der amtlichen Statistik des Gastgewerbes und des Fremdenverkehrs. Ebenda, S. 115—122.

Theile, P.: Fremdenverkehr und Hotellerie in Westdeutschland. Die Beschaffenheit der touristischen Nachfrage, ihr Einfluß auf die Hotellerie sowie deren wirtschaftliche Lage. Göppinger akademische Beiträge 35, 1971.

Tillmann, K. G.: Urlauber und ihre Motive für Urlaubsreisen. Studienkreis für Tourismus, Starnberg 1969.

Voigt, W.: Grundzüge einer Fremdenverkehrsanalyse. In: Jahrbuch für Fremdenverkehr, 1. Jg., 1952/53, H. 2, S. 33—46.

Wissenschaftliche Aspekte des Fremdenverkehrs: Veröffentlichungen der Akademie für Raumforschung und Landesplanung, Forschungs- und Sitzungsberichte, Bd. 53, Hannover 1969.

Witt, W.: Fremdenverkehr und Landesplanung. Ebenda, S. 1—19.

Beiträge zur Typenbildung für Fachatlanten

von
Ingrid Kretschmer, Wien

I. Einleitung

Die heutige Situation innerhalb der thematischen Kartographie wird vor allem von drei Tatsachen bestimmt:

1. Die Forderung nach *rascherer Kartenherstellung* und damit *aktuellerer Übergabe der Aussagen an die Öffentlichkeit* läßt den Ruf nach elektronischer Datenverarbeitung und Automation auch in der thematischen Kartographie nicht verstummen.
2. Immer *aufwendiger werdende statistische Techniken* haben begonnen, das Feld der sachwissenschaftlichen Bearbeitung auch jener Wissensgebiete zu erobern, die zunächst noch zögerten, da das Wissen um die Vielfalt von Strukturen und Prozessen computermäßige Lösungen der Probleme vorerst wirklichkeitsfremd erscheinen ließen. Ganz wesentlich sind davon die Geographie[1]), aber auch andere Wissenschaften betroffen, die sich kartographischer Ausdrucksmittel bedienen.
3. Die Anwendung und der Übergang zu diesen Techniken wird zumindest in gewissen Bereichen deshalb zur Existenzfrage, weil die Forderung nach *Erarbeitung operabler Erkenntniszusammenhänge* bzw. Ausrichtung der Forschung auf praktisch verwertbares Wissen unüberhörbar ist.

Diese Tatsachen haben Konsequenzen auch für die Bearbeitung und Herstellung jener Aussageformen nach sich gezogen, die diesen Wissenszweigen adäquat sind. Die Entwicklung, Bearbeitung und Herstellung thematischer Karten sind deshalb ins Kreuzfeuer der Diskussion geraten. Dies geschieht wohl berechtigterweise, denn während man hier noch minuziös in herkömmlicher Weise händisch arbeitet und dadurch der Gefahr der Veralterung bei Publikation kaum entgeht, sind dort Computer mit Digitalisiergeräten und Plottern kombiniert, die vollständig automatisch gezeichnete Karten liefern. Sind wir auch von den Ergebnissen, vor allem was das graphische Erscheinungsbild anlangt, in vielen Fällen noch nicht sehr befriedigt, so sind vor allem die kürzeren Bearbeitungszeiten auffällig. Damit dürfte nicht mehr aufzuhalten sein, daß die Erstellung in erster Linie analytischer Karten in immer kürzer werdenden Zeitabschnitten bzw. für immer rascher aufeinander folgende Stichjahre in Zukunft in das Aufgabengebiet einer voll durchautomatisierten Kartographie fallen wird.

Die Kartographie als Wissenschaft hat begonnen, für den theoretisch-thematischen Bereich aus dieser Entwicklung Konsequenzen zu ziehen. Während einerseits der Ein-

---

1) Vgl. TH. HÄGERSTRAND: Der Computer und der Geograph. In: Wirtschafts- und Sozialgeographie, Köln-Berlin 1970, S. 278—300.

satz der Automation diskutiert und erprobt wird, wendet sie ihre Aufmerksamkeit auf dem Gebiet der Entwurfskartographie der Entwicklung von Synthese- und Typenkarten zu[2]).

Vor allem die Typenkarten lohnen eine intensive Beschäftigung, doch stehen diese heute vor dem Dilemma, daß die *Typenbildung an sich,* wie unterschiedlich sie auch im einzelnen sein mag, in den Brennpunkt der Diskussion gerückt ist. Die heutige Zeit fordert von allen Wissenschaften, die ihrerseits nicht nur zur Erkenntnis an sich, sondern auch zur aktiven Gestaltung des Lebensraumes der Menschen beizutragen wünschen, die Ausrichtung auf und die Bereitstellung von empirisch-operablen Erkenntnissen. Denn gerade von diesen erhofft man sich beispielsweise auf den Gebieten der Raumforschung, Raumordnung und Raumplanung die Lösung dringend anstehender Probleme, und von diesen versucht man, Beiträge zur Manipulierbarkeit von Prozessen (Planungsmaßnahmen) abzuleiten. Das bedeutet, daß man grundsätzlich zwei Arten von Typenbildungen unterscheiden könnte, nämlich:

1. traditionelle Typen
   (Typenbildungen im herkömmlichen Sinne ohne Planungsrelevanz),
2. planungsrelevante Typen.

Daraus ergibt sich neuerdings, daß die Erarbeitung von Typen nur vom Karten- bzw. Atlasziel bestimmt werden kann, doch dürfte feststehen, daß den Typenbildungen im herkömmlichen Sinne allein — in welcher Fachwissenschaft auch immer — die Zukunft nicht gehört.

Wie sich zeigt, führt die Frage der Typenbildung weit in das Feld der einzelnen Fachwissenschaften hinein, ja berührt sie in ihrem Kern. Sie kann mitunter durchaus mit einer neuen Standortbestimmung zusammenfallen, dann nämlich, wenn man darangeht, Raumordnung und Raumplanung bessere Unterlagen als bisher zu bieten. Doch wird zweifellos diese Grundsatzfrage zuerst gelöst werden müssen, ehe man beginnt, die Typenbildungen durch Auswahl der Merkmalgruppen zu entscheiden und sie mit Hilfe von verschiedenen Arbeitstechniken auch durchzuziehen. Die anschließende Veranschaulichung kann sich schließlich sogar auf einfachste Vorgänge beschränken.

Die Auswahl der Merkmale und Merkmalgruppen wird von der Sachbearbeitung und Zweckgebundenheit der Karte bzw. des Atlasses bestimmt. Diese Abhängigkeit hat primär für eine Atlaserstellung weitreichende Konsequenzen, denn nichts beeinträchtigt im allgemeinen Redaktion und damit Absprachen mit den Autoren der Einzelkarten mehr als Unklarheiten über das Atlasziel. Bei komplexen National- und Regionalatlanten wird diese Forderung weitgehend dadurch erfüllt, als das Atlasziel in einer „kartographisch gebotenen Landeskunde" besteht, wobei diese mit denselben Maßstäben gemessen werden muß, die man heute an moderne Landeskunden anlegt. Hierbei spielt eine Problemorientierung keine unwesentliche Rolle. Die Gruppe der Planungsgrundlagen- und Planungsatlanten stellt, sofern ihr Inhalt auch von den Planern ernst genommen werden soll, an eine Typenbildung die berechtigte Forderung der Planungsrelevanz. Diese bedingt allerdings, daß die für die Typenbildung herangezogene Methode der Merkmalsverknüpfung dem Anspruch genügt, nachvollziehbar zu sein, und daß sie ferner imstande ist, möglichst alle zur Verfügung stehenden Daten zu

[2]) W. Witt: Ungelöste Probleme in der thematischen Kartographie. Internationales Jahrbuch für Kartographie. Gütersloh 1972, S. 11—27.

verarbeiten. Diese Forderung wird vor allem im Rahmen geographischer Fragestellungen auf komplizierte statistische Verknüpfungsmethoden hinauslaufen. Wenden wir uns diesbezüglich unserer engeren Fragestellung, nämlich den Fachatlanten, zu.

II. Entwicklung der Zielsetzungen von Fachatlanten

Fachatlanten repräsentieren inhaltlich lediglich einen einzigen Wissenszweig, der auf thematischen Karten und anderen kartographischen Ausdrucksmitteln möglichst abgerundet und ausgewogen veranschaulicht wird. Ihre Erstellung geht in Form der Klimaatlanten als reinster Typ quantitativer thematischer Fachatlanten bis in die erste Hälfte des 19. Jahrhunderts zurück und entwickelte sich später in engster Anlehnung an die Bedeutung der entsprechenden Fachwissenschaft zunächst in Richtung der physisch-geographischen Atlanten, später der Landwirtschafts- und Wirtschaftsatlanten. Nach dem Ersten Weltkrieg begann auch eine Reihe von Geisteswissenschaften, allen voran die Sprach- und Dialektforschung, die Volkskunde und Geschichte, verstärkt mit der Erarbeitung von Fachatlanten. Waren die Bemühungen in der ersten Phase meist auf ein Staatsgebiet oder auf einen abgeschlossenen Großraum beschränkt, so zielt eine jüngere Entwicklung auch auf weltumfassende Fachatlanten ab.

Das Ziel der Fachatlanten bestand lange Zeit in einer reinen Bestandsaufnahme, die verständlicherweise erst dann einsetzen konnte, als die topographische Landesaufnahme befriedigend abgeschlossen war bzw. die Herausgabe physisch-geographischer Atlanten einen gewissen Standard erreicht hatte. Inhaltlich an den Entwicklungsstand der entsprechenden Fachwissenschaft angelehnt, stellten sie ein Inventarisierungsinstrument des Wissensgutes dar, das hauptsächlich aus elementar-analytischen Karten bestand. Es überrascht uns deshalb nicht, daß man in der Frühphase der Erstellung von Fachatlanten vielen Details eigene Verbreitungskarten widmete. Eine Zusammenschau war nicht verlangt, die Erarbeitung des Verbreitungsbildes, das man vorher nicht kannte, war das Hauptanliegen. Die Karten gaben Auskunft auf die Frage des „wo", ihre Interpretation beschränkte sich auf eine Deutung des Streuungsbildes, d. h. gehäufter Vorkommen, spärlich besetzter und Ausfallzonen. Das Auswerteverfahren bestand meist nur in einem qualitativen Kartenvergleich.

Schon hier zeigt sich, daß das Atlasziel eine andere sachwissenschaftliche Bearbeitung nicht zuließ. Gestellt war die Frage nach der Verbreitung meist einer Elementarerscheinung, die Karte bringt den Bestand, sie ist das Ergebnis regionaler Materialaufarbeitung. Erst in einer zweiten Phase begann man, einerseits durch verbesserte Methoden der Materialerfassung, die nunmehr die Phänomene auch zu quantifizieren begannen, andererseits auf dem bereits erarbeiteten Bestand aufbauend, die elementar-analytischen Karten durch komplexe und Typenkarten zu ersetzen. Beispielgebend gehen hier Naturwissenschaften voran, die sehr bald einsehen mußten, daß das Nebeneinander vieler Einzelelemente oder auch das Übereinanderlegen von Karten der komplexen Struktur vieler Begriffe nicht Genüge tun konnten. Als Beispiele seien hier Klimatypen und Bodentypen genannt. Andere Fachgebiete verharren länger im Stadium rein analytischer Betrachtung bzw. haben diese erst jüngst verlassen. Hierzu gehören sowohl Wissenschaften, deren systematische Materialsammlung sehr lange Zeiträume beansprucht, wie z. B. die Sprach- oder Dialektforschung oder die Volkskunde, aber auch Fachgebiete, die sich erst in neuester Zeit der Karte als Aussageform bedienen. Jüngst hat jedoch die Forderung nach Typenbildung und Synthese auf fast alle Fachatlanten übergegriffen, wenn auch zugegebenermaßen die einzelnen Spezialwissenschaften deutlich unterscheidbare Grade an Zusammenschau verlangen. Die besonderen Formen der Typenbildung konnten sich nur in engster Anlehnung an die Erfordernisse der Fachwissenschaften entwickeln, wurden aber vor allem dort vorangetrieben, wo es um die Erarbeitung von räumlich erkennbaren Grundformen ging, die man in den einzelnen Fachwissenschaften erfolgversprechend zur Kennzeichnung von Raumstrukturen einsetzen konnte.

III. Typenbildung und Typenveranschaulichung in Fachatlanten

Von Typenbildungen für Fachatlanten schlechthin zu sprechen scheint deshalb besonders gewagt, weil die einzelnen Fachwissenschaften in ihren Methoden, aber auch Zielsetzungen keineswegs auf einen Nenner gebracht werden können. Ebenso ist es fast unmöglich, ohne Eindringen in die einzelnen Stoffbereiche bzw. deren völlige Beherrschung die Frage der Dominanz und damit Auswahl von Merkmalen und Merkmalgruppen zu behandeln. Selbst aber bei völliger Vertrautheit mit einem Stoffbereich ist eine Übertragung des methodischen Vorgehens in andere Fachgebiete fehl am Platze. Der Typenbegriff an sich weicht in seiner Festlegung in den einzelnen Wissenschaften zu sehr voneinander ab. Somit könnten von der inhaltlichen Seite Beiträge zur Typenbildung nur für einen einzigen Wissenszweig erbracht werden.

Die Tatsache jedoch, daß die Kartographie als Wissenschaft den Formalwissenschaften zuzuzählen ist, versetzt uns in die Lage, uns der Frage der Typenbildung zumindest teilweise auf der Ebene der allgemeinen Methodenlehre zu nähern. Ähnlich der allgemeinen Methodenlehre des graphischen Ausdrucks[3]) scheint dies auch hier der einzig gangbare und erfolgversprechende Weg, gleichgültig nun, ob den Typen nur einfache Ordnungsvorstellungen zugrunde liegen oder ob diese durch Verknüpfung zweier oder mehrerer qualitativer Merkmale untereinander oder mit einem oder mehreren quantitativen Merkmalen entstanden sind. Die Art der Merkmale selbst kann nur der Fachwissenschaftler bereitstellen, und nur ihm obliegt es schließlich, auch rein qualitative Merkmale durch Gewichtung und damit Punktezuteilung quantifizierbar zu machen.

Ohne die Möglichkeiten der Merkmalskombination im einzelnen schon anzusprechen, lassen sich die Typenbildungen, unabhängig von den Fachwissenschaften, die sie verwenden, ihrer Struktur nach in mehrere Kategorien gliedern.

Im einzelnen seien unterschieden:

1. rein physiognomische Typen,
2. Strukturtypen,
3. Bewegungstypen,
4. Entwicklungstypen,
5. Funktionstypen,
6. Prozeßtypen,
7. Systemtypen.

Mit diesen Kategorien dürften alle Fachwissenschaften das Auslangen finden. Für die Karte als Aussageform und damit für die thematische Kartographie können jedoch nur jene Typen interessant sein, deren Differenzierung räumlich entsprechend in Er-

---

[3]) Vgl. z. B. E. Imhof: Thematische Kartographie. Beiträge zu ihrer Methode. Die Erde, 93. Jg. 1962, S. 73—116; ders.: Thematische Kartographie. Lehrbuch der Allgemeinen Geographie, Bd. X, Berlin 1972.

scheinung tritt. Diese Tatsache wurde von W. Witt mehrmals ausführlich betont[4]). Gerade dies stellt jedoch manche Fachwissenschaften vor schwierige Probleme, da zunächst keineswegs eindeutig sein muß, welche Merkmale zu räumlich in Erscheinung tretenden Typen führen. Ein besonderes Extrem auf diesem Gebiet sind z. B. ethnologische Karten und Atlaswerke. Inhaltlich auf das Traditionelle und Allgemeine innerhalb der kulturellen Erscheinungen festgelegt, gleichen die Forschungsobjekte vielfach einem Kontinuum, das aber als kulturelle Erscheinung schwerlich quantitativ erfaßt werden kann. Die Merkmale der räumlichen Differenzierung sind zunächst unbekannt. Typenbildungen, die sich inhaltlich anbieten, versagen im räumlichen Bild. Da man jedoch einer Karte und im ferneren einem Fachatlas nur dann Existenzberechtigung zugestehen will, wenn diese mehr auszusagen vermögen als andere Ausdrucksformen, sieht sich manche Fachwissenschaft, deren Objekte und Inhalte entsprechende Beziehungen zum Raum aufweisen, vor eine weitere schwierige Aufgabe gestellt: Neben die engeren sachlichen Überlegungen tritt die Suche nach Merkmalen der räumlichen Differenzierung. Denn die Karte muß zweifellos als Aussageform dort versagen, wo das Thema, in unserem Fall die Typen, keine räumliche Gliederung enthält. Wissenschaften, die in erster Linie mit nichtquantitativen Merkmalen und Merkmalgruppen zu tun haben, wie vorzüglich die Geisteswissenschaften, müssen sich die Entscheidung über die Merkmalsauswahl oft schwer und in mehrfachen Arbeitsgängen abringen, damit durch die kartographische Notwendigkeit nicht der Typenbildung an sich Zwang angetan wird. Von diesen Vorüberlegungen hängt aber dennoch Erfolg oder Mißerfolg von Typenkarten in Fachatlanten ab.

So sehr also einerseits in manchen Fachwissenschaften, die sich für die Typenbildung statistischer Verknüpfungsmethoden bedienen, statistische Massen und Methoden und räumliche Individualitäten begriffliche Gegensatzpaare sind, deren Abstimmung aufeinander noch nicht befriedigend erreicht werden konnte[5]), so sehr macht sich vor allem in Geisteswissenschaften das Nichtkennen regionsbildender nichtquantitativer Merkmale bei den Arbeiten der Typenbildung unangenehm bemerkbar. Bis in jüngste Zeit blieb hier kein anderer Weg als der der experimentellen Erprobung.

Bewußt wurde allerdings in obengenannter Aufzählung der Typenkategorien der Begriff *„Raumtypen"* nicht zusätzlich angereiht, da Raumtypisierungen im allgemeinen nach dem Strukturprinzip (daher Punkt 2 der Aufzählung) vorgenommen werden. Für ihre Erstellung wird die Kombination von Strukturmerkmalen herangezogen. Nur in jenen Fällen, in denen man nicht auf Strukturdaten, sondern beispielsweise auf räumliche Verflechtungsdaten zurückgreift, erhalten wir funktionelle Raumtypen. Streng zu trennen von der Erarbeitung von Raumtypen sind jedoch die *Regionsbildungen.* Denn während ein „Raumtyp" aus mehreren, nicht zusammenhängenden Bereichen bestehen kann, die alle durch einen festgelegten Merkmalssatz definiert sind[6]), versteht man unter „Region" eine zusammenhängende räumliche Einheit. Ihre Abgrenzung stellt eine wesentliche Aufgabe der Raumordnung dar[7]).

---

[4]) W. Witt: Thematische Kartographie, 2. Auflage. Abhandlungen der Akademie für Raumforschung und Landesplanung, Bd. 49, Hannover 1970, S. 571.

[5]) W. Witt: Ungelöste Probleme. 1972, S. 14.

[6]) Vgl. dazu R. J. Johnston: Grouping and Regionalizing. Some Methodical and Technical Observations. Economic Geography, Vol. 46. Nr. 2 (Supplement), 1970, S. 293—305.

[7]) G. Silberbauer: Regionen und ihre Abgrenzung. Kulturberichte des Landes Niederösterreich. Wien 1972, Juli, S. 1—5.

Verfolgen wir den Vorgang der Typenbildung an sich, der stark generalisierendes Denken voraussetzt, so bildet zweifellos die Phase der Merkmalskombination den Höhepunkt. Je nach Struktur der einzelnen Fachwissenschaften, die nur qualitative oder nur quantitative oder letztlich beide Merkmalgruppen zur Verfügung zu stellen imstande sind, ergeben sich bekannterweise für die Merkmalskombination zur Typenbildung folgende Möglichkeiten[8]):

1. mindestens zwei (oder mehr) nichtquantitative Merkmale,
2. ein quantitatives Merkmal und ein oder mehrere nichtquantitative Merkmale,
3. mindestens zwei quantitative Merkmale,
4. zwei (oder mehrere) quantitative Merkmale und ein (oder mehrere) nichtquantitative Merkmale,
5. drei (oder mehrere) quantitative Merkmale.

Aus diesen Kombinationen können in Abhängigkeit vom Atlasziel sowohl traditionelle Typen als auch solche mit Planungsrelevanz für die Zwecke der angewandten Wissenschaften erarbeitet werden, im ferneren in beiden Teilbereichen die genannten Typenkategorien 1 bis 7.

Für den *Vorgang der Kombination* bietet die Statistik eine Reihe von Verknüpfungsmethoden an, deren Bedeutung für die thematische Kartographie noch unterschiedlich bewertet wird. Selbst für die sachwissenschaftliche Bearbeitung der Inhalte war man immer wieder zurückhaltend. Beispielgebend auf diesem Gebiet ging jedoch Skandinavien, vor allem die dortige Regionalplanung voran. In jüngster Zeit bahnt sich auch für den damit verbundenen Computereinsatz bei der Kartierung ein Durchbruch an, und die erste Stufe, nämlich die Veranschaulichung der räumlichen Verteilung von Erhebungsmerkmalen durch Grautöne, hat man bereits hinter sich gelassen. Der kommenden Entwicklung sollte mit Interesse entgegengesehen werden.

In einer Zeit der methodischen Experimente auf sachwissenschaftlichem Gebiet, in welcher andererseits die Bearbeitung und Herausgabe von Fachatlanten rascher und umfangreicher voranschreitet als je zuvor, scheint es deshalb nicht uninteressant, einige brauchbare Schemata, die die Typenbildung unterstützen, zusammenzustellen. Es sei hierbei nach den obengenannten Möglichkeiten der Merkmalskombination vorgegangen.

Bei Vorliegen *nichtquantitativer Merkmale,* die zu zweien oder mehreren zu charakteristischen Typen führen sollen, ist die Auswahl der einzelnen Merkmalgruppen mit besonderer Sorgfalt innerhalb der sachwissenschaftlichen Bearbeitung zu treffen (Abb. 1). Jeder Merkmalsgruppe kann eine Schlüsselzahl zugeteilt werden (1 bis n). Die Zahl ist an sich zunächst unbeschränkt, es werden jedoch für die Typenbildung nur so viele auszuwählen sein, daß ihre Gesamtheit die Fragestellung möglichst erschöpfend behandelt. Jeder Merkmalgruppe gehört eine Anzahl von Variationen an (11 bis 1n), deren sachlogisches Verhältnis zum Oberbegriff in einer Vorüberlegung auch graphisch veranschaulicht werden kann. Die Anzahl der Variationen und ihre Reihung bestimmt der Fachwissenschaftler. Verwenden wir die Tabelle als Anordnungsmodell, so ergibt sich der vorherrschende Typ für jede regionale Untersuchungseinheit durch eine mehrstellige Zahl, die unmittelbar aus der Tabelle ablesbar ist. Das gewählte Anordnungsmodell läßt die Zahl der Kombinationsmöglichkeiten offen, sie ist theoretisch sehr groß. In der praktischen Anwendung zeigt sich allerdings, daß meist nur eine eng begrenzte Anzahl

[8]) W. Witt: Thematische Kartographie, a.a.O., S. 530 f.

Beispiele für das sachlogische Verhältnis der Variationen zum Oberbegriff:

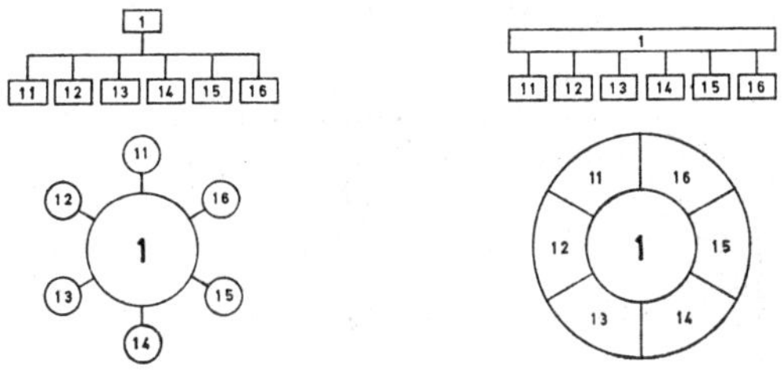

Die Tabelle als Anordnungsmodell:

1	2	3	4	5	6
11	21	31	41	51	61
12	22	32	42	52	62
13	-	33	43	53	63
14	-	-	44	54	64
15	-	-	-	55	
16	-	-	-	56	
17	-	-	-	-	

Abb. 1: Schema einer Kombination von zwei oder mehreren nichtquantitativen Merkmalen: Typenbildung durch Zahlenkombination (nichtquantitative gleichartige Merkmale und ihre Variationen werden durch Schlüsselzahlen ausgedrückt)

von Kombinationen vorkommt. Für die kartographische Darstellung erfolgt letztlich nach deren Ordnung eine Umsetzung der Zahlenkombination in Signaturen unterschiedlicher Form und (oder) Farbe oder in Flächen unterschiedlicher Tönung.

Typenbildung durch Aufsummierung oder Integration.

Merkmalgruppe I 1, 2, 3, 4, 5, 6, 9,
Merkmalgruppe II A, D, E, G

Abb. 2: Schema einer Kombination von zwei oder mehreren nichtquantitativen Merkmalen: Typenbildung durch Aufreihen nichtquantitativer Merkmalgruppen auf verschiedenen Ebenen

Die Tabelle erweist sich als Anordnungsmodell dann als günstig, wenn die gewählten Merkmalsgruppen gleichartig und relativ gleichwertig sind. Dies ist jedoch nicht bei allen derartigen Fragestellungen der Fall. Mitunter zeigt sich eine *auffällige Zweigliederung,* indem beispielsweise Merkmalgruppe I physiognomische Elemente,

Merkmalgruppe II genetische Elemente umfaßt. Hier bietet sich das Aufreihen auf verschiedenen Ebenen als Anordnungsmodell an, ohne damit vorwegnehmen zu wollen, ob die angestrebte Typenbildung letztlich durch Aufsummierung der Merkmale oder integrale Betrachtung gedacht ist (Abb. 2).

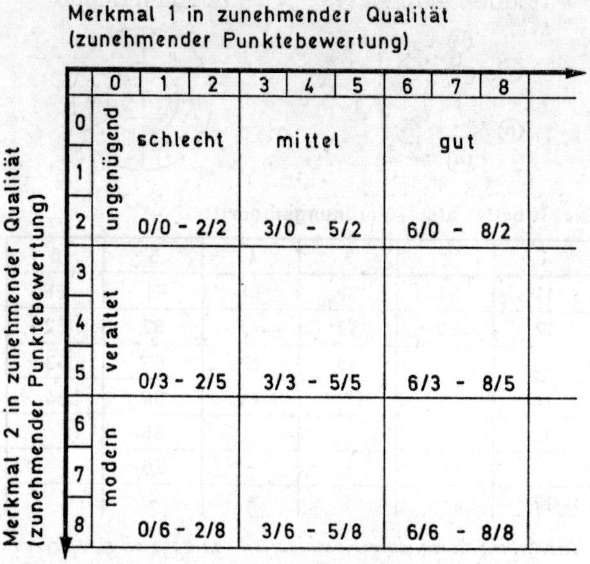

Abb. 3: Kombination von zwei oder mehreren nichtquantitativen Merkmalen: planungsrelevanten Typenbildung durch Kombination von zwei nichtquantitativen Merkmalen. Durch Punktezuteilung wurden die Merkmale quantifizierbar gemacht.

Die Erarbeitung speziell planungsrelevanter Typen durch Kombination nichtquantitativer Merkmale erfordert deren Gewichtung, die durch *Punktezuteilung* erreicht werden kann (Abb. 3). Liegen beispielsweise *zwei* nichtquantitative Merkmale zugrunde, so diene als Anordnungsschema ein gedachtes Koordinatensystem, auf dem jeweils vom Nullpunkt ausgehend Merkmal 1 wie Merkmal 2 in zunehmender Qualität und damit zunehmender Punktebewertung aufgetragen werden kann. Nach fachwissenschaftlicher Entscheidung über eine mögliche Gruppenbildung der Bewertungspunkte läßt sich relativ einfach eine Typisierung nach den gewählten Merkmalen durchführen, die ihrerseits — mit planungsrelevanter Bezeichnung (z. B. schlecht, mittel, gut oder ungenügend, veraltet, modern) versehen — durch Farb- oder Rasterstufen auf Grundkarten übertragen werden kann[9]). Der Erfolg dieses Typisierungsverfahrens auch für die Praxis wird aber zweifellos davon abhängen, ob die Erhebungsmerkmale möglichst einheitlich bewertet und ferner möglichst großmaßstäbig aufgenommen bzw. kartiert wurden. Bei beispielsweise hausweise durchgezogener Kartierung dürfte optimales Material zugrunde liegen, das z. B. für die Stadtplanung von Interesse sein könnte.

[9]) Dieses Schema einer Faktorenkombination wurde jüngst von der Forschungsgemeinschaft Wiener Sozialgeographen in der Publikation „Strukturanalyse der Wiener Innenstadt" Wien 1972 vorgestellt und mit Erfolg verwendet.

Typenbildungen durch Anordnung von Merkmalen in einem Koordinatensystem

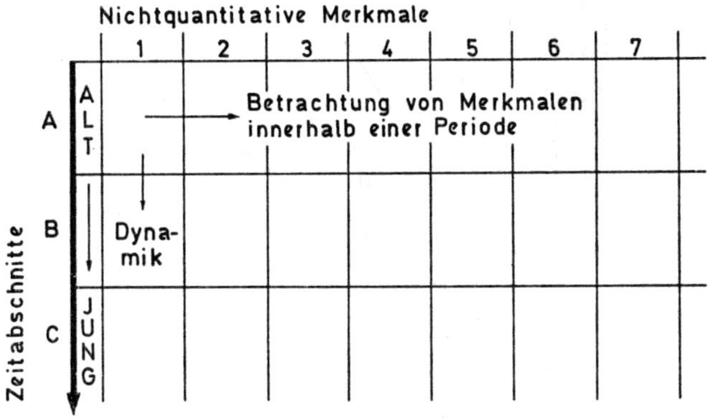

Abb. 4: Schema für die Kombination eines quantitativen Merkmals mit einem (oder mehreren) nichtquantitativen Merkmal(en)

Die Kombination von zwei oder mehreren nichtquantitativen Merkmalen mit einem *quantitativen Merkmal* vollzieht sich ebenfalls am besten durch Anordnung in einem Koordinatensystem, und zwar derart, daß das quantitative Merkmal, in den meisten Fällen Zeitabschnitte, auf der Ordinate abgetragen wird, während sich die nichtquantitativen Merkmale in Abszissenrichtung anreihen (Abb. 4). Dadurch können beliebig viele, jedoch notwendigerweise nur eine die Fragestellung erschöpfend behandelnde Anzahl angereiht und mit den Zeitabschnitten verknüpft werden. Der Prozeß der Typenbildung kann somit neben der Verknüpfung in horizontalen Reihen (beispielsweise zu Strukturtypen) auch zur Erarbeitung von Entwicklungstypen führen, die die Art der Veränderung, des Wachstums bzw. der Dynamik allgemein beinhalten.

Ganz anderer Art sind Typenbildungen, die durch Kombination von zwei *quantitativen Merkmalen* entstanden sind; sie sind nur auf Maß und Zahl aufgebaut. Auch in diesen Fällen erweist sich das Koordinatenkreuz als erfolgbringendes Anordnungsmodell.

Der erste Fall verknüpft zwei quantitative Merkmale mit positivem Vorzeichen, wobei die beiden Merkmale in relativer Angabe angenommen seien (Abb. 5). Hierbei könnten sich in Abhängigkeit von der Fragestellung auch größere Werte als 100% zumindest für ein Merkmal ergeben. Nach Übertragung der Fälle in das Anordnungsschema könnten sich in Abhängigkeit von der sachwissenschaftlichen Bearbeitung bzw. vom Streuungsbild vier Typengruppen herauskristallisieren, wovon ein beliebiges Beispiel in Abbildung 5 gezeigt wird. Die Schwellenwerte werden nach dem Streuungsbild bestimmt.

Jede Typgruppe, wovon die erste Typen mit schwachen Anteilen beider Merkmale, die zweite Typen mit dominierenden Anteilen des Merkmals 1, die dritte Mischtypen (gleichzeitige relativ mäßige bis sehr starke Anteile beider Merkmale) und die vierte Typen mit dominierenden Anteilen des Merkmals 2 umfaßt, kann nach sachwissenschaftlichen Erfordernissen nach den Anteilen weiter in Subtypen gegliedert werden.

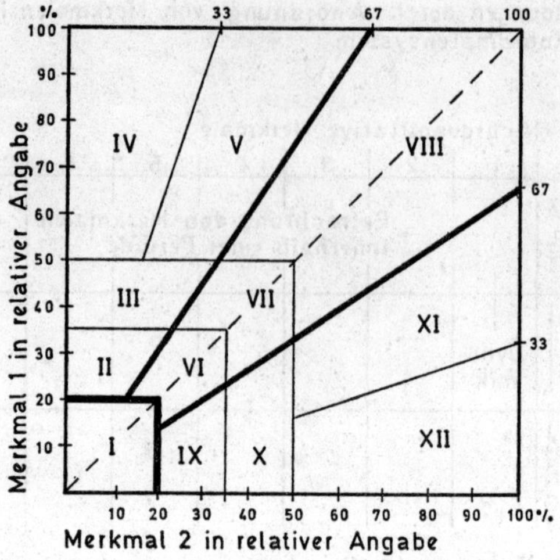

I	Typ mit schwachen Anteilen beider Merkmale
II–V	Typen mit mäßigen bis sehr starken Anteilen des Merkmals 1
VI–VIII	Mischtypen: gleichzeitige relativ mäßige bis sehr starke Anteile beider Merkmale
IX–XII	Typen mit mäßigen bis sehr starken Anteilen des Merkmals 2

Abb. 5: Kombination von zwei quantitativen Merkmalen (nur positive Vorzeichen)

Die kartographische Umsetzung in das Kartenbild verlangt vor allem für flächenhafte Darstellung eine entsprechend adäquate Farbgebung, die Gegensätze zum Ausdruck bringt. Sie wird sinngemäß zweipolig angelegt, bereits in das Anordnungsmodell aufgenommen, das Verständnis der Atlasbenützer für die Typenbildung erleichtern.

Treten zwei quantitative Merkmale mit je positivem wie negativem Vorzeichen auf, so kommt das Koordinatenkreuz voll zum Tragen und es ergeben sich gemäß den vier Quadranten zunächst die vier Grundtypen (I bis IV). Gleichzeitig besteht jedoch meist der Wunsch nach Typendifferenzierung nach den Anteilen. Dieses Vorgehen bewirkt, daß sich Teile der einzelnen vier Grundtypen zu neuen Typgruppen formieren, die der leichteren Erkennung halber innerhalb der Abbildung 6 mit unterschiedlichen Grautönen (unterschiedlichen Rastern) belegt sind. Es lassen sich niedrige Werte in allen vier Quadranten zu einem neuen Typ mit schwachen Anteilen zusammenfassen; desgleichen heben sich innerhalb der Grundtypen neue Typen mit dominierendem Anteil eines Merkmals ab. Letztlich bilden auch alle Typen mit gleichzeitig mäßigen bis sehr starken Anteilen zweier Merkmale unabhängig von den Quadranten eine neue Typgruppe.

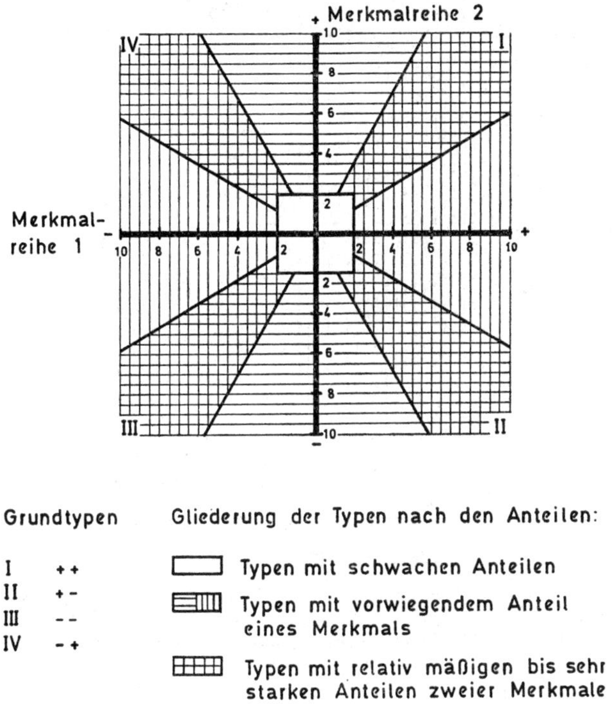

Abb. 6: Kombination von zwei quantitativen Merkmalen (positive und negative Vorzeichen)

Als besonderes Beispiel der Typenbildung durch Kombination zweier quantitativer Merkmale mit je positivem und negativem Vorzeichen sei ein Schema für die Erarbeitung planungsrelevanter Entwicklungstypen vorgeführt (Abb. 7). Für die Planung genügt es heute nicht mehr festzustellen, ob im Rahmen einer Entwicklung Stagnation, mehr oder weniger starke Abnahme oder mehr oder weniger starke Zunahme bzw. eine durchaus feststellbare Art und Weise der Abfolge dieser Möglichkeiten vorliegt. Dieses rein deskriptive Verfahren, das lediglich zu traditionellen Typen im herkömmlichen Sinne führen kann und beispielsweise die Erarbeitung von Entwicklungstypen der Bevölkerung bis in jüngste Zeit beherrschte[10]), stellt dem Planer weder die geeignete Unterlage für ein Studium der Grundlagen noch eine Basis für seine Maßnahmen zur Verfügung. Denn geplant kann doch nur werden, wenn die unmittelbaren Ursachen einer Entwicklung aufgedeckt werden bzw. wenn man diese nach Möglichkeit in die Erarbeitung von Entwicklungstypen einbezieht. Dies ist aber bis in jüngste Zeit kaum geschehen. Daran ändert auch die Tatsache nichts, daß schon H. Fehre 1933 bei seiner Darstellung von Entwicklungstypen der Bevölkerung von gleichmäßigem, günstigem oder ungünstigem Entwicklungssinn sprach[11]). Seine Typenbildung war lediglich auf

[10]) Vgl. die jüngst erschienene Zusammenfassung über „die kartographische Darstellung von Typen der Bevölkerungsveränderung" von E. Arnberger. In: Untersuchungen zur thematischen Kartographie (2. Teil), Forschungs- und Sitzungsberichte der Akademie für Raumforschung und Landesplanung, Bd. 64, Hannover 1971, S. 1—22.

[11]) H. Fehre: Neues Verfahren der kartenmäßigen Darstellung der Bevölkerungsentwicklung. Petermanns Geographische Mitteilungen, 79. Jg. 1933, Heft 7/8, S. 191–195 und Heft 9/10, S. 252–255.

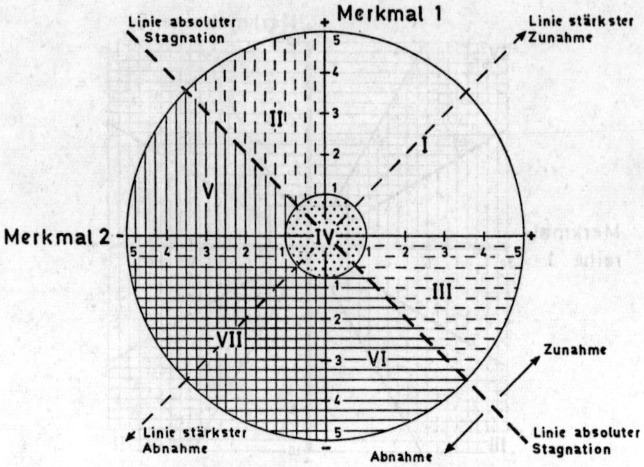

I	Typen hoher Entwicklungsgunst
II, III	Typen abgeschwächter Entwicklungsgunst
IV	Typen mit Stagnation
V, VI	Typen abgeschwächter Entwicklungsungunst
VII	Typen hoher Entwicklungsungunst

Nach den Erfordernissen der Fragestellung werden die Grundtypen nach den Anteilen gegliedert.

Abb. 7: Kombination von zwei quantitativen Merkmalen: Schema zur Bildung planungsrelevanter Entwicklungstypen.

der durchschnittlichen Veränderung im Jahr in den einzelnen Zeitabschnitten aufgebaut. Selbst F. Weber, der 1969 eine Darstellung von Bewegungstypen an Hand der Probleme in der Deutschen Demokratischen Republik vorführt[12]), hat den Schritt der Bildung planungsrelevanter Entwicklungstypen durch Kombination zweier quantitativer Merkmale nicht vollzogen. Neuere konstruktive Arbeiten auf diesem Gebiet wurden kaum vorgelegt. Es sei deshalb der Versuch unternommen, ein Schema vorzuführen, das zur Erarbeitung von Entwicklungstypen planungsrelevanter Art immer dann anwendbar erscheint, wenn diese sowohl durch unmittelbare Veränderung einer Bestandsmasse in positivem wie in negativem Sinn als auch durch eine zusätzliche Variable zustande kommen. Obwohl das Schema in Abbildung 7 in allgemeinster Form gehalten ist, um die Merkmale 1 und 2 durch jedes beliebige konkrete Beispiel ersetzen zu können, sei ausnahmsweise die Interpretation an Hand der aktuellen Frage Entwicklungstypen der Bevölkerung vorgenommen. Setzen wir an die Stelle der Merkmale 1 und 2 die beiden Komponenten der Entwicklung, nämlich Geburtenbilanz und Wanderungssaldo, so

[12]) E. Weber: Entwicklungs-, Bewegungs- und Strukturtypen. Zu einigen Problemen der Bevölkerungsentwicklung in der Deutschen Demokratischen Republik von 1939—1965. Petermanns Geographische Mitteilungen, 113. Jg. 1969, 3. Quartalsheft, S. 201—219.

läßt sich die Entwicklung der Gesamtbevölkerung unmittelbar an diesen Komponenten ablesen und zusätzlich nach ihren Ursachen differenzieren. Die Linie absoluter Stagnation, die den Entwicklungskreis schräg in Quadrant zwei und vier durchläuft, trennt die Typen positiver Entwicklung von jenen negativer Entwicklung, sie trennt somit Zunahme von Abnahme. Die stärkste Zunahme ist naturgemäß dort zu finden, wo beide Merkmale positiv sind, die stärkste Abnahme, wo man die beiden Merkmale mit negativem Vorzeichen beobachtet. Aus dieser Gliederung läßt sich für eine Typenbildung bzw. Bewertung der Entwicklung schon außerordentlich viel ableiten. Zunächst wollen wir die Fälle mit niedrigen Anteilen beider Merkmale, die kaum zu Veränderungen führen, zusammenfassen und als Typen mit Stagnation ausgliedern (IV). Alle Fälle im dritten Quadranten weisen mäßige bis starke Abnahme auf, man kann sie als Typen hoher Entwicklungsungunst bezeichnen (VII). Diese Entwicklungsungunst erscheint jedoch abgeschwächt, wenn noch positive Geburtenbilanz vorhanden ist (Typ V) oder sich schon positiver Wanderungssaldo einstellt (Typ VI). Ähnliche Aussagen lassen die Typen mit Zunahme zu. Höchste Entwicklungsgunst zeigen die Fälle im ersten Quadranten mit zwei positiven Merkmalen (Typ I). Die Entwicklungsgunst erweist sich als abgeschwächt durch bereits negativen Wanderungssaldo (Typ II) oder noch negative Geburtenbilanz (Typ III). In allen Fällen der genannten Typgruppen wird somit nicht nur die allgemeine Aussage Abnahme, Stagnation oder Zunahme gegeben, sondern zugleich deren Ursachen in Form der zusammenwirkenden Kom-

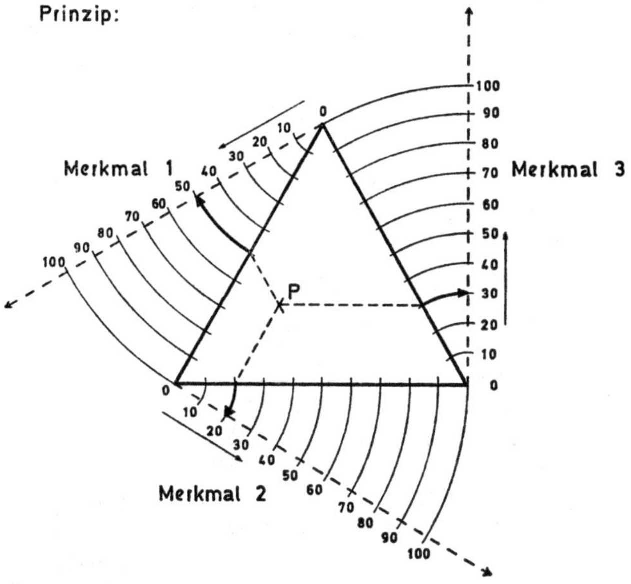

Abb. 8: Kombination von drei quantitativen Merkmalen: Typenbildung mit Hilfe von Dreieckskoordinaten. Schema der Anordnung.

ponenten. In weiterer Interpretation könnte schließlich sogar über den Trend ausgesagt werden, wenn man die bekannte Tatsache mit einbezieht, daß von den Migrationsbewegungen in erster Linie junge Menschen erfaßt werden, so daß indirekt in weiterer

Folge davon auch die Geburtenbilanz betroffen wird[13]). Durch Vergleich mehrerer Zeitabschnitte scheint die Voraussetzung für planerische Maßnahmen unter Zugrundelegung dieser Entwicklungstypen in wesentlich praxisnaherer Weise gegeben, da Planungsbereiche wie z. B. Bildungssektor, Altersversorgung, Einzelhandel usw. sorgfältig erarbeitete Unterlagen erhalten. Die kartographische Umsetzung ist höchst einfach. Das Schema sollte allerdings in die Kartenlegende aufgenommen werden, um dem Karten- bzw. Atlasbenützer diese Grundprinzipien der sachwissenschaftlichen Bearbeitung bzw. der Ableitung der Entwicklungstypen und ihre gegenseitigen Bezüge klar und unmißverständlich vor Augen zu führen. Die Typen selbst treten im Kartenbild durch sinngemäße Signaturen für Sammelsiedlungsplätze oder adäquate Farbgebung für den Streusiedlungsraum bzw. administrative Einheiten in Erscheinung.

Häufig erweist sich vom Thema her bei der Typenbildung die Kombination von *drei quantitativen Merkmalen* als notwendig. Demgemäß bietet sich als Schema der Aufbau mit Hilfe der Dreieckskoordinaten an. Abbildung 8 zeigt das bekannte Prinzip, das auf der Konstanz der Summe der Höhen im gleichseitigen Dreieck beruht. Zur leichteren Auffassung wurde die Gliederung der Merkmale und deren Ableserichtung außerhalb des Dreieckes angemerkt. Ein Netz, das die Konstruktion erkennen läßt und hier aus der Abbildung entfernt wurde, kann zum besseren Verständnis im Endergebnis auch erhalten bleiben.

Das Schema läßt sich mit großem Vorteil dann einsetzen, wenn zur Typenbildung drei Summanden zu einer konstanten Summe kombiniert werden, z. B. bei der Angabe der Merkmale in Prozentwerten, deren Summe eben 100% ergeben muß. Nach Eintragung der Fälle kann das Dreieck auch auf die Fläche des notwendigen Umfanges reduziert werden.

Beispiel:

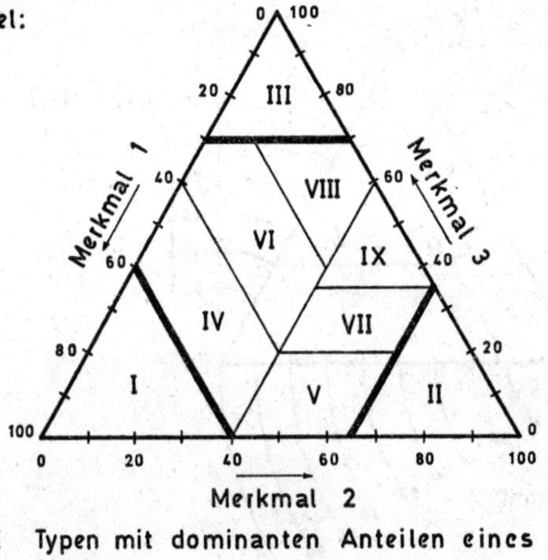

I, II, III Typen mit dominanten Anteilen eines Merkmals

IV - IX Typen mit gemischter Struktur: mäßige bis starke Anteile von 2, bzw. 3 Merkmalen.

Abb. 9: Kombination von drei quantitativen Merkmalen: Beispiel einer Typenbildung mit Hilfe von Dreieckskoordinaten.

---

[13]) K. Schwarz: Analyse der räumlichen Bevölkerungsbewegung. Abhandlungen der Akademie für Raumforschung und Landesplanung, Bd. 58, Hannover 1969. — G. Albrecht: Soziologie der geographischen Mobilität. Stuttgart 1972. — György Szell (Hrsg.): Regionale Mobilität. Nymphenburger Texte zur Wissenschaft. München 1972.

Abbildung 9 führt ein Beispiel der Typenbildung nach Dreieckskoordinaten als konkreten Fall vor. Ohne im einzelnen den Merkmalen 1 bis 3 bestimmte Eigenschaften zuordnen zu wollen, ist aber ihre komplementäre Stellung ersichtlich. Als bevorzugte Anwendungsgebiete wären soziale und wirtschaftliche Typisierungen, demographische Gruppenbildungen, aber auch Fragen der Agrargeographie, wie z. B. Bodennutzungstypen, zu nennen. Nach Eintragung der Fälle und sachwissenschaftlicher Entscheidung über die Schwellenwerte lassen sich die Typen relativ einfach abgrenzen. Als Typgruppen können zusätzlich jene mit dominanten Anteilen eines Merkmals zusammengefaßt werden (Typen I, II, III), deren Veranschaulichung im Kartenbild allerdings möglichst kontrastreich erfolgen sollte. Die Typen IV bis IX weisen gemischten Charakter auf, der von zweifacher Mengung bis zu Fällen mit stark gemischter Struktur reicht. Ihre Farbgebung wird je nach den Anteilen von den drei Hauptfarben abgeleitet bzw. durch Aufrasterung und Kombination von Rastern erreicht.

Mit diesem Schema unter Zuhilfenahme der Dreieckskoordinaten haben wir zugleich einen einfachen Fall eines Nomogrammes für die Typenbildung eingesetzt. Nicht in allen Fällen ist jedoch das beschriebene Prinzip der fachwissenschaftlichen Themenstellung adäquat, z. B. dann nicht, wenn Differenzen und Summen zweier Variabler verarbeitet werden sollen. So verwendet die Klimatologie Rechtecknomogramme, denen bis zu vier Aussagen entnommen werden können.

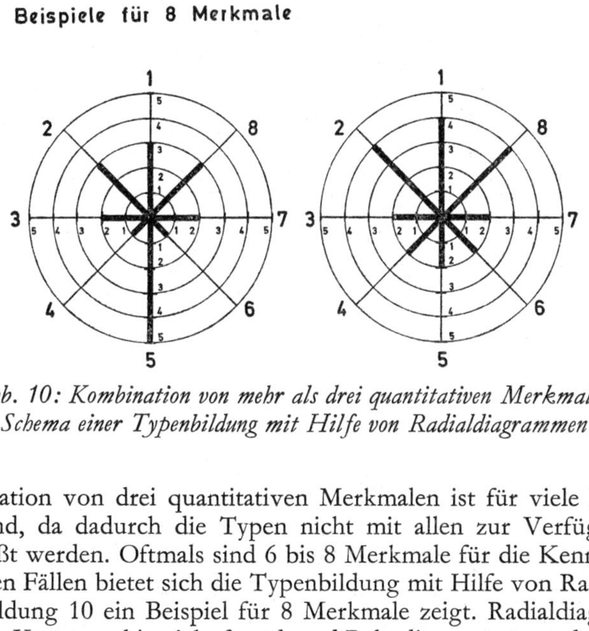

Abb. 10: Kombination von mehr als drei quantitativen Merkmalen: Schema einer Typenbildung mit Hilfe von Radialdiagrammen

Die Kombination von drei quantitativen Merkmalen ist für viele Fragestellungen nicht ausreichend, da dadurch die Typen nicht mit allen zur Verfügung stehenden Merkmalen erfaßt werden. Oftmals sind 6 bis 8 Merkmale für die Kennzeichnung notwendig. In diesen Fällen bietet sich die Typenbildung mit Hilfe von Radialdiagrammen an, wobei Abbildung 10 ein Beispiel für 8 Merkmale zeigt. Radialdiagramme sind in der thematischen Kartographie nicht fremd, und Polardiagramme werden als graphische Ausdrucksform vor allem in der Klimatologie eingesetzt. Als Schema zur Erarbeitung von Typen sind sie allerdings selten. Dies liegt nicht so sehr an der Frage der Auswahl der Merkmale und deren Zuordnung, denn hier bestünde eine große Variationsbreite. Die Schwierigkeit besteht vielmehr in oftmals sehr stark divergierenden Objektwerten einerseits, dann aber auch in der Tatsache, daß die einzelnen Merkmale in unterschiedlichen Skalen angegeben sind, wie z. B. m², $, Personen, Zeitabschnitte. Doch gibt es Möglichkeiten, diesen schwierigen Problemen zu begegnen. Der Versuch R. MACGREGORS, Industriebetriebe, Industriestädte und schließlich Industrieregionen durch Darstellung mit Hilfe von Sternsignaturen zu typisieren[14]) — ich setze die Ausführungen hier als bekannt voraus —, ist daher meines Erachtens auch nicht an diesen Fragen gescheitert, sondern an zwei anderen Tatsachen:

1. daß er Sternsignaturen mit nicht vergleichbaren Zackenflächen für die einzelnen Merkmale verwendete und
2. daß er die Sternsignaturen in das Kartenbild aufnahm, anstatt diese in mnemotechnische Signaturen überzuführen.

Sternsignaturen zu verwenden, bei welchen jede Zacke ein Merkmal repräsentieren soll, ist dann irreführend, wenn für das Ablesen der Merkmalsgröße nicht die Zackenfläche, sondern immer nur die Entfernung der Zackenspitze vom Nullpunkt herangezogen werden darf. Ferner wirken Sterne in einem ernst zu nehmenden Kartenbild unwissenschaftlich, auch wenn für ihre Bearbeitung viel Zeit und Mühe aufgewendet wurde.

Abbildung 10 zeigt eine Möglichkeit, die Typisierung mit Hilfe von Radialdiagrammen durchzuführen, doch werden Zackenflächen nicht herangezogen. Es wird hierbei daran gedacht, für die einzelnen Fälle die Merkmale an Hand dieses Schemas zu kombinieren und anschließend den sich ergebenden Typen mnemotechnische Signaturen zuzuordnen, die allein in das Kartenbild aufgenommen werden. Die Darstellung wird dadurch entlastet und das Bild klarer. Selbstverständlich steht es frei, Regionen mit gleichartigen Signaturen und damit gleichartigen Typen zusätzlich mit Flächenfarben zusammenzufassen und Typgruppen dadurch deutlich zu machen.

Abschließend sei die Frage erörtert, welche Möglichkeiten der räumlichen Verteilung der Typen im Kartenbild gegeben sein können und wie diese in Anpassung an den Maßstab in der Kartenlegende Berücksichtigung finden sollten. Diese Frage ist besonders für mittlere Maßstäbe, die bei Atlaserstellungen bevorzugt eingesetzt werden, von Bedeutung.

Nach der räumlichen Verteilung können wir unterscheiden:

1. Dominanz eines Typs,
2. Typenmengungen: a) gleichzeitige Dominanz von zwei Typen,
   b) relativ bedeutende Mengung gemeinsam mit dem überwiegenden Typ,
   c) höchste Differenzierung: kein Typ oder keine Typgruppe überschreitet bestimmte Anteile.

Geringfügige Abweichungen kommen selbstverständlich vor, doch dürfte man in Fachatlanten im allgemeinen mit diesen Möglichkeiten das Auslangen finden. Die Interpretation des Streuungsbildes selbst steht außerhalb des Themas. Seine Relativität in Abhängigkeit vom Maßstab wurde in jüngster Zeit vor allem von TH. HÄGERSTRAND mehrmals betont und ausgeführt.

[14]) D. R. MACGREGOR: The Mapping of Industrie. Internationales Jahrbuch für Kartographie VII, 1967, S. 168—185.

Die besprochenen Schemata, deren Heranziehung sich in der Atlaskartographie oftmals als nützlich erwies, hatten eines gemeinsam: Die Typisierung wurde an Hand relativ weniger Merkmale (Variable) durchgeführt. Damit finden viele Fachwissenschaften ihr Auslangen. Integrativwissenschaften aber, wie vorzüglich die Geographie, verwenden für ihre Typisierungsaufgaben keineswegs nur solch geringe Zahl von Variablen. Da es sich hier gewissermaßen um eine zweite Ebene innerhalb der Typisierungsaufgaben handelt, weil echte Raumtypisierungsprobleme vorliegen, stellen 20 und mehr Variable keine Seltenheit dar. Die Festlegung von Schwellenwerten und Erarbeitung von Typen und Typgruppen an Hand der gezeigten Schemata kann nicht ausreichend sein. Deshalb wird heute auch der methodische Weg der Faktorenanalyse beschritten, der im wesentlichen in die drei Schritte der Informationskonzentration, der Ähnlichkeitsmessung und der Gruppierung zerfällt[15]). Jedoch benötigt man auch bei dem Einsatz dieses Verfahrens entsprechend geeignete Leitvariablen, um zu echt räumlichen Gliederungen und damit kartographischen Aussagen zu kommen. Diese Fragestellungen gehören dem Aufgabenbereich komplexer Regional- und Nationalatlanten wie planungsrelevanter Grundlagenatlanten zu.

[15]) Vgl. z. B. M. Sauberer und K. Cserjan: Sozialräumliche Gliederung Wiens 1961. Ergebnisse einer Faktorenanalyse. Der Aufbau, 27. Jg. 1972, Heft 7/8, S. 284—306.

Versuche zur Typisierung und Abgrenzung von Problemgebieten mit Hilfe der elektronischen Datenverarbeitung (EDV)

von
Kurt Oest, Kiel

I. Einführung *)

Mit Typisierungs- und Abgrenzungsproblemen beschäftigen sich — in letzter Zeit verstärkt — zahlreiche Verwaltungs- und Planungsstellen, vor allem Raumordnungs- und Landesplanungsinstitutionen. Beispiele hierfür sind die Festlegung von Gemeindetypen, Landschaftstypen, Bodentypen, Klimatypen oder die Abgrenzung von Problemgebieten. Die Problematik der Methoden zur Typenfindung ist in der Literatur wiederholt behandelt worden, wie beispielsweise von WITT[1]) und SCHNEPPE[2]). Teilweise wird dringend gefordert, sich bei diesen Methoden in stärkerem Maße als bisher mathematisch-statistischer Verfahren zu bedienen[3]). Auf die Möglichkeiten des Einsatzes der EDV in diesem Forschungsbereich ist dagegen nur vereinzelt hingewiesen worden[4]). Es soll daher versucht werden, die hiermit angedeutete Lücke teilweise zu schließen, zum anderen soll der von SCHNEPPE[5]) angedeuteten „Verwirrung" z. B. auf dem Gebiet der Gemeindetypisierung entgegengewirkt und zur Objektivierung der Typisierung beigetragen werden. Außerdem wird der Versuch unternommen, Lösungsansätze für die Fertigung von „Typen- und Synthesekarten, in denen eine größere Anzahl von Einzelkarten integriert ist"[6]), aufzuzeigen. Dabei werden den praktischen Beispielen einige theoretische Überlegungen vorangestellt.

---

*) Bei den folgenden Ausführungen wurden zum Teil (soweit zitiert) nicht veröffentlichte Arbeiten der Kollegen Dr. H. DREVES, R. MUSCHNER und K.-H. RAHN der Datenzentrale Schleswig-Holstein verwendet. Andere Teile sind das Ergebnis von gemeinsamen Diskussionen. Zitierung und Veröffentlichung geschieht im Einverständnis mit den genannten Autoren.

1) W. WITT: Thematische Kartographie, Methoden und Probleme, Tendenzen und Aufgaben. 2. Aufl. Abhandlungen der Akademie für Raumforschung und Landesplanung, Bd. 49, Hannover 1970, S. 571 ff. (im folgenden WITT I).

2) F. SCHNEPPE: Gemeindetypisierungen auf statistischer Grundlage. Beiträge der Akademie für Raumforschung und Landesplanung, Bd. 5, Hannover 1970.

3) W. WITT, a.a.O., S. 530.

4) W. WITT, a.a.O., S. 478.

5) F. SCHNEPPE, a.a.O., S. VII.

6) W. WITT: Ungelöste Probleme in der thematischen Kartographie. In: Internationales Jahrbuch für Kartographie XII, 1972, S. 23 (im folgenden WITT II).

II. Mathematisch-statistische Typisierungsversuche

1. Vorbemerkungen

Zahlreiche Autoren, wie z. B. MUSCHNER[7]), weisen darauf hin, daß die Gruppenbildung der möglichen Werte nach einem Merkmal unproblematisch ist, wenn sich eine Einteilung nach sachlichen Gesichtspunkten anbiete. Aber auch in diesem einfachen Fall sei jede Abgrenzung von Gruppen gegeneinander willkürlich. Schwieriger werde es, wenn sachliche Gesichtspunkte nur geringen Einfluß auf die Gruppeneinteilung hätten. Für diesen Fall wird vorgeschlagen, aufgrund einer rein statistischen Auswertung nach einem Merkmal eine Funktion zu ermitteln, z. B. die Anzahl der Gemeinden in Abhängigkeit von der Anzahl der Einwohner. Diese Funktion könnte dann mathematisch interpretiert werden, entweder in der Art einer Verteilungskurve oder in Form einer einfachen Kurvendiskussion, d. h. hinsichtlich der Einschnitte bei Extremwerten, Nullstellen und Wendepunkten. Diese Art der Gruppierung sei zwar ebenfalls willkürlich, aber immer noch der Methode „Einteilung nach möglichst runden Zahlen" (z. B. bis 500, 501 bis 1000 usw.) vorzuziehen (Abb. 1).

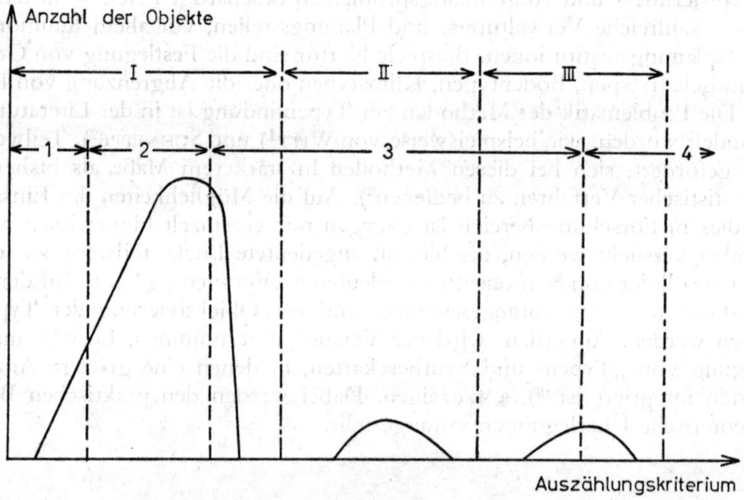

Abb. 1: Beispiel zur Typisierung nach einem Merkmal:
Arabische Ziffern: Einteilung (Typisierung) nach „möglichst runde Zahlen". Die Gruppe 3 beinhaltet Objekte verschiedener Zugehörigkeit zu Häufungsstellen und damit vermutlich auch verschiedenen Typs.
Römische Ziffern: Einteilung auf Grund einer Kurvendiskussion, hier: Isolierung der Häufungsstellen.

Quelle: R. MUSCHNER, a.a.O., S. 2.

---

[7]) R. MUSCHNER: Das Problem der Typisierung. In: Raumforschung und Raumordnung, 1972, Heft 6, S. 1.

2. *Verfahrensvorschläge*

a) Verfahren 1

Nach einer Gruppierung der Einzelmerkmale sollte nach MUSCHNER[8]) untersucht werden, wie sich die Zahl der zu typisierenden Objekte einer oder mehrerer zu einem Typ zusammengefaßter Merkmalkombinationen bei geringfügigen Änderungen in der Einteilung der einzelnen Merkmale verhält. Bei starken Schwankungen der Anzahl innerhalb eines Typs könnte festgestellt werden, daß die im ersten Schritt durchgeführte Typisierung ungünstig ist. Da derartige Untersuchungen für jedes Merkmal getrennt durchgeführt werden könnten, wobei vorhergehende Teilergebnisse immer wieder überprüft und korrigiert werden müßten, bestehe hier eine Möglichkeit, die Einteilung der Einzelmerkmale abzusichern. MUSCHNER stellt jedoch einschränkend fest, daß hiervon leider keine methodische Hilfe erwartet werden könnte, weil einerseits die Funktion rein empirisch gefunden und nicht unbedingt integrierbar seien, andererseits diese Funktionen sich unstetig in Abhängigkeit von der Ursprungseinteilung änderten. Es müßten nun lediglich noch verschiedene, aber benachbarte Merkmale in Abhängigkeit von der Anzahl der Objekte zu einem Typ zusammengefaßt werden.

b) Verfahren 2

Zunächst ist nach MUSCHNER[9]) die Abhängigkeit der Merkmale voneinander und ihre Wertigkeit zu untersuchen. Nur die voneinander unabhängigen und die Merkmale mit der höheren Wertigkeit (Priorität) aus den einzelnen Abhängigkeitsgruppen (mindestens die Hälfte) sollten typisiert werden, wobei die mehr oder weniger große Abhängigkeit mit Hilfe einer Matrix[10]) festgestellt werden kann. Anschließend gestalte sich die Verfahrensweise wie beim erstgenannten Verfahren.

c) Verfahren 3

Dieses Verfahren fußt auf Überlegungen des Verfassers, der mit Hilfe einer „Transparent-Methode", der sog. optischen Addition[11]), versucht hat, die Dringlichkeit der Flurbereinigung in den Gemeinden des Kreises Segeberg (Schleswig-Holstein) festzustellen. Dazu wurde für jedes der herangezogenen Merkmale ein unterbelichteter Transparentabzug angefertigt. Die unterschiedlichen Schraffuren erscheinen somit in grauer Farbe. Sie können sich durch Übereinanderlegen der Folien zu einem dunkleren Grau bzw. zu Schwarz addieren und die Flurbereinigungsdringlichkeit zum Ausdruck bringen.

In Zusammenarbeit mit MUSCHNER[12]) ist hieraus das im folgenden dargestellte EDV-Verfahren entwickelt worden. Es enthält Lösungselemente, die von denen der bisher erörterten Verfahren völlig unabhängig sind. Es hat außerdem den Vorteil, daß es voll

---

[8]) Desgl., a.a.O., S. 2.

[9]) R. MUSCHNER, a.a.O., S. 4.

[10]) Vgl. u. a. W. DREGER: Systemstrukturen und Systemmodelle. In: Vorlesungsmanuskript für das Seminar Systemtechnik II, TU Berlin, 1972, S. 29 ff. — H. H. KOELLE: Kosten-Nutzen-Analyse. In: Vorlesungsmanuskript für das Semester Systemtechnik III, TU Berlin, 1972, S. 10 ff. — A. C. JORDT u. K. GSCHEIDLE: Normierte Entwicklung von Programmiervorgaben. In: adl-Nachrichten, H. 69/71, S. 22 ff. — C. ZANGENMEISTER: Grundlagen der Zielfindung und Zielgewichtung. In: Vorlesungsmanuskript für das Seminar Systemtechnik III, TU Berlin, 1972.

[11]) K. DENKS: In: Mit der Flurbereinigung zur 6-Tage-Woche in der Landwirtschaft. Vorplan Segeberg, Schleswig-Holstein, Kiel (1961), S. 178.

[12]) R. MUSCHNER, a.a.O., S. 5.

programmierbar ist und neben Ergebnissen in Zahlen auch eine graphische Darstellung auf einem automatischen Zeichengerät ermöglicht.

Zu den Vorarbeiten gehört einmal die Gewichtung der einzelnen Merkmale. Hier können z. B. auch die Erkenntnisse der Systemtechnik[13]) eingesetzt werden. Zum anderen zählt hierzu eine Abbildung, in der die zu typisierenden Objekte einer Fläche zugeordnet werden. Zur Vereinfachung kann man von der Annahme ausgehen, daß die Fläche ein in Streifen eingeteiltes Rechteck ist. Die Breite der Streifen ergibt sich aus der Strichstärke, mit der auf dem automatischen Zeichengerät gearbeitet werden soll. Die Streifen werden der Wertigkeit proportional den einzelnen Merkmalen zugeordnet und für jedes Merkmal möglichst gleichmäßig über die Fläche verteilt (vgl. Abb. 2). Die einem Merkmal zugeordneten Streifen werden wiederum proportional der Erfüllung des Merkmals angelegt (gestrichelt).

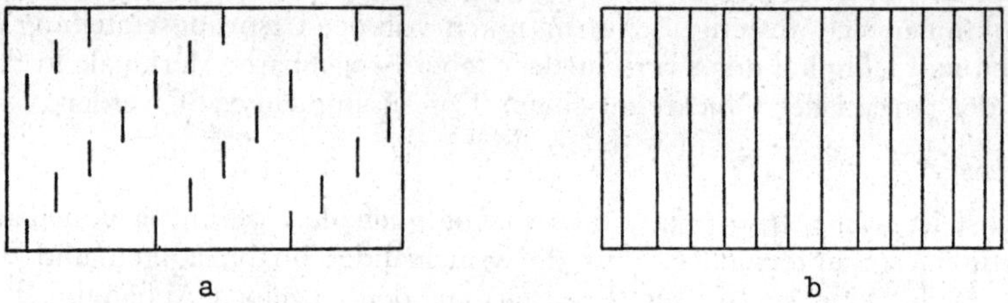

Abb. 2: Schwärzung eines Rechtecks unter Berücksichtigung eines Merkmals aus vielen. Auf Grund der Priorität und der Anzahl der Merkmale seien diesem Merkmal 12 Streifen zugeordnet, die bei dem als Beispiel genommenen Objekt zu 25% geschwärzt werden sollen.

a: Darstellung des Objektes — b: Vergleichsfeld für dieses Merkmal.

Quelle: R. MUSCHNER, a.a.O., S. 5.

Der Vorteil dieses Verfahrens liegt nach MUSCHNER[14]) darin, daß keine Gruppenbildung der Einzelmerkmale erforderlich ist. Die Gesamttypisierung könne sich also auf eine Stufenbildung des Schwärzungsgrades beschränken, wobei ein zusätzlicher Vorteil dadurch gegeben sei, daß der Schwärzungsgrad auch mathematisch errechnet werden kann, so daß die abschließende Typisierung auch an Hand absoluten Zahlenmaterials vorgenommen werden kann. Hierbei ist jedoch zu berücksichtigen, daß der gleiche Schwärzungsgrad von unterschiedlichen Merkmalkombinationen erreicht wird. Dieses Problem sowie das der richtigen Gewichtung der einzelnen Merkmale kann durch die graphische Darstellung in der Weise gelöst werden, daß einige Extremtypen, z. B. bei der Typisierung von Gemeinden die Industriegemeinde, die reine Agrargemeinde oder die Fremdenverkehrsgemeinde, ausgezeichnet werden. Zwischen diesen bekannten Extremtypen müsse im Normalfall ein Übergangsbereich, in dem sich die Schwärzung in nur kleinen Stufen ändert, erkennbar sein. Aus der Lage des Feldes zwischen benachbarten Extremen könne die Richtigkeit der Gewichtung der Einzelmerkmale bestätigt werden. Bei gleichem Schwärzungsgrad mehrerer Felder könne aus der Art der benachbarten Extremtypen auf den Mischungs-Typ der vorliegenden Merkmalkombinationen rückgeschlossen werden (vgl. Abb. 3).

---

[13]) Vgl. Anmerkungen 9 u. 10.

[14]) R. MUSCHNER, a.a.O., S. 6.

45 %	50 %	55 %	Z 1 60 %
40 %	45 %	50 %	55 %
35 %	40 %	45 %	50 %
Z 2 30 %	35 %	40 %	45 %

Abb. 3: Idealisiertes Beispiel zum Übergang der Schwärzung in kleinen Stufen von einem Zentrum (Z 1) zum anderen (Z 2). Zur Vereinfachung ist der Schwärzungsgrad nicht graphisch dargestellt, sondern in Prozentzahlen angegeben.

Quelle: R. Muschner, a.a.O., S. 7.

III. Mathematisch-statistische EDV-Programme

Das Angebot an EDV-Programmen, die für den Einsatz im „Vorfeld" und in den eigentlichen Typisierungsverfahren geeignet sind, ist recht groß. Beispielhaft seien Programmentwicklungen für folgende mathematisch-statistische Verfahren genannt: Korrelationsanalyse, Regressionsanalyse, Varianzanalyse, Faktorenanalyse und Diskriminanzanalyse.

Der Korrelationskoeffizient ist ein Maß für den Zusammenhang von zwei variablen Größen. Die Korrelationsanalyse ist nach Drewes[15]) eine Grundlage für viele weiterführende statistische Verfahren. So läßt sich beispielsweise untersuchen, ob sich ein statistischer Zusammenhang (eine Korrelation) zeigt — und wie groß dieser ist — zwischen einer Gewerbeansiedlung und dem Bedarf an Wohnraum, den Versorgungseinrichtungen, dem Straßenbau und den öffentlichen Verkehrsmitteln.

Wenn ein statistischer und inhaltlicher Zusammenhang zwischen zwei Größen ermittelt wurde, kann mit Hilfe der Regressionsanalyse berechnet werden, durch welche Funktion er am besten ausgedrückt werden kann.

Die Varianzanalyse, die üblicherweise zum Vergleich mehrerer Stichproben benutzt wird, kann nach Witt[16]) u. a. zur Abgrenzung von Regionen herangezogen werden. Sie liefert für die Praxis ein Maß für den Vergleich der innerregionalen und der zwischenregionalen Unterschiede.

Die Faktorenanalyse wird nach Witt künftig für die thematische Kartographie und die Geographie eine besondere Bedeutung gewinnen. Sie dient dazu, die Beziehungen zwischen einer u. U. sehr umfangreichen Gruppe von Faktoren und ihr jeweiliges Gewicht zu errechnen und ihre Aussagekraft für bestimmte Deutungshypothesen klarzu-

[15]) H. Drewes: Mathematisch-statistische Verfahren. Arbeitspapier der DZSH. Nicht veröffentlicht. Kiel, 1971, S. 6.

[16]) W. Witt (I), a.a.O., S. 534.

stellen. Die Faktorenanalyse ließe sich u. a. auch für die Abgrenzung und zahlenmäßige Charakterisierung von homogenen Regionen einsetzen.

Mit Hilfe der Diskriminanzanalyse lassen sich nach DREWES[17]) z. B. Betriebe mit unterschiedlichen Ansprüchen, Forderungen oder Voraussetzungen zu Typen zusammenfassen. Z. B. könnte es sein, daß Unternehmen, die maschinenintensiv arbeiten, viel Abwässer abgeben, viel Strom verbrauchen, viel Platz in Anspruch nehmen und hohe Gewerbesteuer zahlen, einen solchen Typ bilden.

Entsprechende EDV-Programme werden u. a. vom Deutschen Rechenzentrum in Darmstadt[18])[19]) erarbeitet bzw. gesammelt und dann den Universitätsinstituten oder den Anstalten des öffentlichen Rechts kostenlos zur Verfügung gestellt.

Der Einsatz der elektronischen Datenverarbeitung auf dem Gebiet der Typisierung setzt teilweise neben umfangreichen Analyseprogrammen auch Programme für die Datenorganisation, z. B. für die Verknüpfung und die Speicherung von Daten, voraus, die an verschiedenen Institutionen fertiggestellt wurden oder sich in der Entwicklung befinden.

DATUM e. V.[20]), Bad Godesberg, hat z. B. in Zusammenarbeit mit der bayerischen Landesplanung ein Programmpaket namens „DISPO“[21]) erarbeitet und getestet, mit dem Daten gespeichert und gelöscht, Hierarchien aufgebaut und modifiziert, Informationen aus der Datenbank abgefragt, Arbeitsdateien aufgebaut und Arbeitsdateien wiederum verschiedenen Analyseprogrammen zur Verfügung gestellt werden können. Das gleiche Unternehmen bietet außerdem ein Programm „TYPRO“[22]) an, mit dem eine große Zahl von Beobachtungseinheiten durch eine Kombination der vorkommenden Merkmale nach wenigen übergreifenden Gesichtspunkten geordnet und somit zu Typen zusammengefaßt werden kann. Die Schwellwertbildung und die Zuordnung zu den Klassen bleibt hierbei allerdings dem Benutzer überlassen.

Die IBM hat ein ähnlich wie „DISPO“ aufgebautes Programmsystem „STAF“[23]) entwickelt, mit dem Tabellen in beliebiger Form ausgedruckt, graphische Darstellungen, d. h. Histogramme, Stufenkurven und Regressionsgeraden, ausgegeben sowie Karten mit dem Schnelldrucker angefertigt werden können. Das Programm „STAF“ wurde in Frankreich entwickelt und wird beispielsweise von der Stadtplanung Paris angewendet. Es ist von der IBM in Stuttgart erstmalig für deutsche Anwender eingesetzt worden.

---

[17]) H. DREWES, a.a.O., S. 9.

[18]) F. GEBHARDT: Statistik-Programme, Programm-Information PI-4-2 (1968), Deutsches Rechenzentrum (DRZ), Darmstadt.

[19]) Desgl.: Statistische Programme des DRZ, Teil B, Einzelbeschreibungen PI-33 (1969), Darmstadt.

[20]) DATUM e. V. Dokumentations- und Ausbildungszentrum für Theorie und Methoden der Regionalforschung, Bad Godesberg.

[21]) H. KLIMESCH: DISPO — ein Konzept einer Planungsdatenbank, DATUM-Rundbrief 3/70, S. 13—15 (1970).

[22]) DATUM e. V.: TYPRO-Handbuch für den Benutzer. Beschreibung des Typisierungsprogramms, Version 360-1, Bad Godesberg (1969).

[23]) IBM: Contributed program library, STAF, DOS, 360 D-13. 1. 703.

IV. Typisierungs- und Abgrenzungsversuche

Im folgenden wird über zwei konkrete Typisierungsversuche berichtet, bei denen die elektronische Datenverarbeitung eingesetzt wurde bzw. werden soll.

1. Geologische Profiltypenkarten

Zahlreiche Geologische Bundes- und Landesämter befassen sich seit geraumer Zeit mit der Datenverarbeitung, vor allem mit dem Einsatz von automatischen Zeichengeräten bei der Auswertung geologischer Bohrergebnisse und bei der Anfertigung geologischer Karten, so z. B. der Profiltypenkarte[24]). Dabei könnte sich nach RAHN[25]) folgender Verfahrensgang ergeben (vgl. Abb. 4):

Die Bohrpunkte aus der vom Geologen im Gelände angefertigten Bohrkarte (1) werden mit Hilfe eines halbautomatisch arbeitenden Erfassungsgerätes, eines sog. Digitizers (2), koordinatenmäßig auf einem Datenträger (3), d. h. hier auf einem Lochstreifen, erfaßt. In einem parallelen Arbeitsgang werden die Schichtbeschreibungen (4) auf Lochstreifen (5) übernommen. Beide Datenträger werden über eine Rechenanlage (6) zusammengeführt und auf eine Magnetplatte (7), die Bohrlocharchivdatei (hier Bohrpunktdatenbank) und gleichzeitig auf ein Magnetband (8), das sog. Arbeitsband, geschrieben. Nebenher wird eine Bohrpunktliste (9) und ein Fehlerprotokoll (10) erstellt. Auf einem vollautomatisch arbeitenden Zeichengerät können dann mit entsprechenden Zeichenprogrammen der „Software"-Firmen Bohrpunktkarten, Schnitte und Isolinien (Tiefen, Mächtigkeit) gezeichnet werden.

Die Daten der Stratigraphie und der Genese werden auf einen Lochstreifen übertragen und zusammen mit den Daten der Bohrlocharchivdatei auf ein Magnetband gespielt. Hieraus können dann nach mehrfachen, vom Geologen vorgenommenen Korrekturen, Profiltypenkartenentwürfe gefertigt werden. Aus diesen Entwürfen werden dann die endgültigen Farbvorlagen für den Vielfarbendruck erstellt. An diesem Beispiel wird besonders deutlich, daß die Datenverarbeitung nur ein Hilfsmittel sein kann und daß die Deutung und Beurteilung dem Benutzer — hier dem Geologen — vorbehalten bleiben muß.

2. Abgrenzung von geschlossenen Ortschaften (tätorter)

Voraussetzung für eine Abgrenzung von geschlossenen Orten mit Hilfe der EDV ist nach NORDBECK[26]) das Vorhandensein von koordinatengebundenen Grundstücksdaten. Es ließe sich dann eine Karte über die Verteilung der Bevölkerung z. B. mit einer Quadratnetzgröße von 1 ha anfertigen und die geschlossene Ortschaft so definieren, daß alle Quadrate einbezogen werden, die zu einem zusammenhängenden bewohnten Gebiet gehören (vgl. Abb. 5). Eine solche Abgrenzung würde jedoch sowohl flächen- als auch bevölkerungsmäßig erheblich von der bisher üblichen manuellen Abgrenzung abweichen. Es ist darum nach Nordbeck notwendig, eine Definition für den Begriff „geschlossene Ortschaft" zu finden, die einerseits eine Automatisierung der Abgrenzung zuläßt und andererseits ermöglicht, daß ein möglichst geringer Unterschied zwischen der automatischen und der manuellen Abgrenzung erzielt werden kann.

---

[24]) S. BRESSAU: Einsatz einer EDV-Anlage und eines automatischen Zeichengerätes für die Geologie. Unveröffentlichtes Manuskript (1971).

[25]) K.-H. RAHN: Voruntersuchung und Analyse für den Aufbau einer Bohrpunktdatei und die Herstellung geol. Karten. Arbeitspapier der DZSH, Kiel, 1972 (nicht veröff.).

[26]) S. NORDBECK: Koordinatenmäßig gebundene Daten und automatische Abgrenzung von geschlossenen Orten. Rapport från Byggforskningen, Stockholm, 31 (1969), S. 34—39.

In der schwedischen Definition für die geschlossene Ortschaft wird der Begriff „Häufung von Häusern“ durch „bebautes Gebiet“ ersetzt, d. h. durch ein dicht bebautes Gebiet mit mindestens 200 Einwohnern.

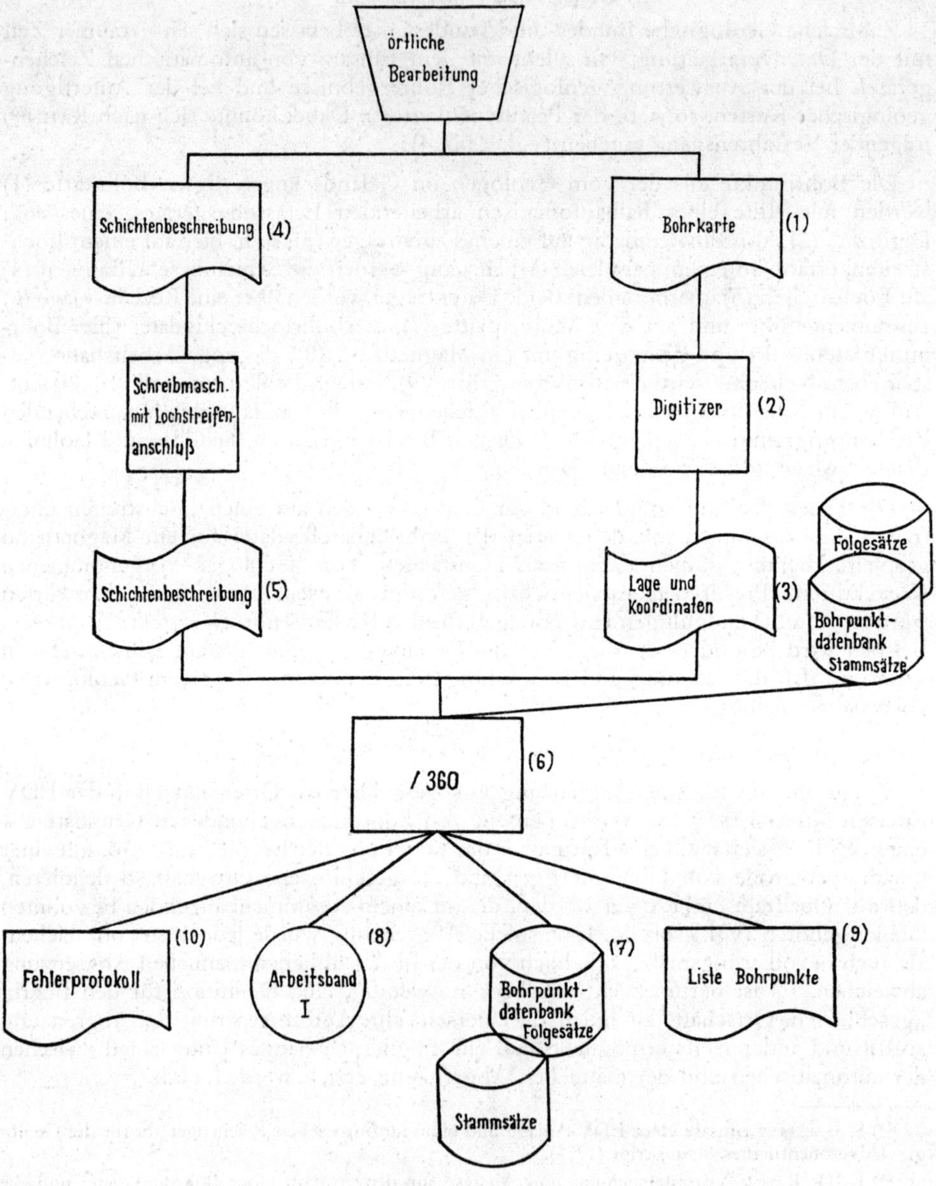

Abb. 4: Programmablaufplan „Geologische Bohrpunktdatenbank“

Quelle: Rahn, Karl-Heinz, a.a.O., S. 3.

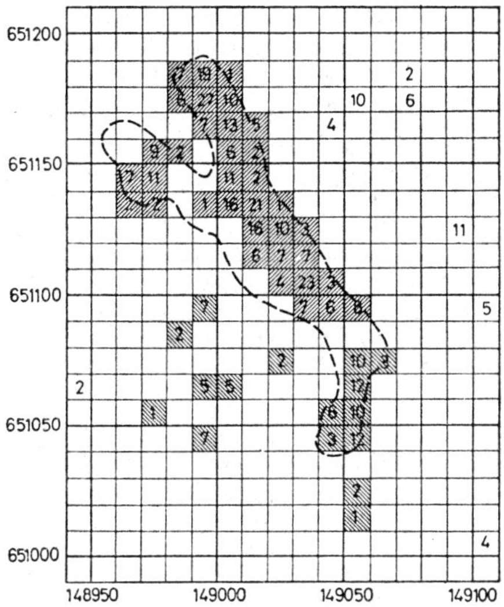

Abb. 5: Die schwedische Liegenschaftsregisterverwaltung definiert als „Geschlossene Ortschaft“ ein Gebiet, das aus bebauten, ein Hektar großen und aneinandergrenzenden Quadraten besteht

Quelle: NORDBECK, STIG, a.a.O., S. 34.

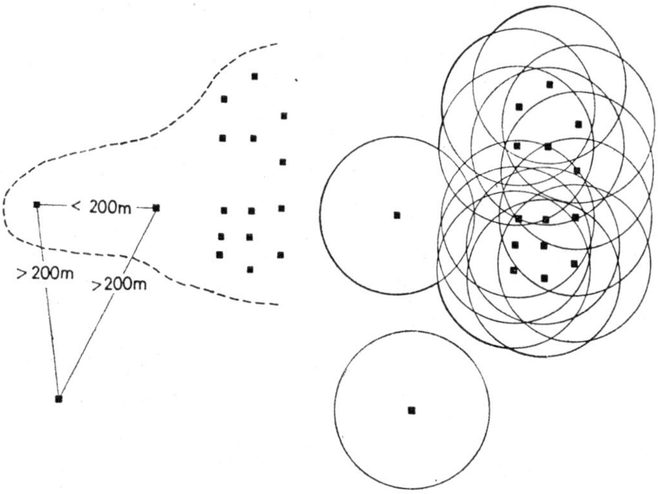

Abb. 6: Eine „Geschlossene Ortschaft“ ist ein bebautes Gebiet (Ansammlung von Häusern) mit mindestens 200 Einwohnern. Jeder Punkt in diesem Gebiet liegt höchstens 100 m vom nächsten Haus in der Agglomeration entfernt

Quelle: NORDBECK, STIG, a.a.O., S. 35.

Das Abstandskriterium (ein Haus wird in die geschlossene Ortschaft einbezogen, wenn es höchstens 200 m vom nächsten Haus in der geschlossenen Ortschaft entfernt steht) wird folgendermaßen umschrieben: Für jeden Punkt im dicht bebauten Gebiet trifft zu, daß er höchstens 100 m von dem nächsten bewohnten Haus entfernt liegt. Jedes Haus besitzt somit ein „Einflußgebiet" in Form eines Kreises mit dem Radius von 100 m. Überlappen sich die Gebiete von zwei Häusern, so führt man sie zusammen (vgl. Abb. 6).

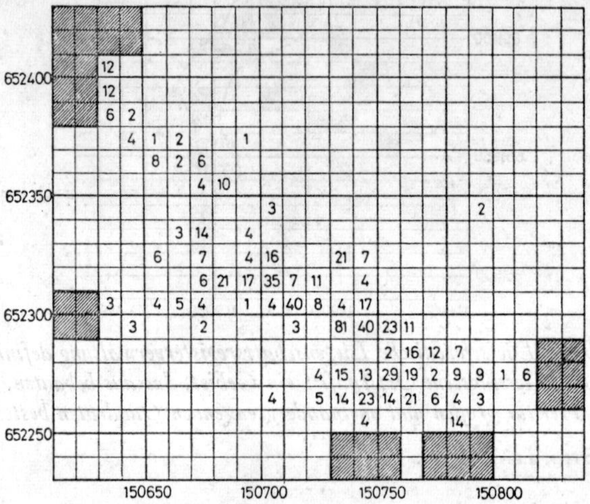

Abb. 7: Durch die Betrachtung einer Quadratnetzkarte mit einer Quadratgröße von einem Hektar kann man leicht erkennen, wo sich Hausansammlungen mit mehr als 200 Einwohner befinden

Quelle: Nordbeck, Stig, a.a.O., S. 35.

Für jeden 100 m von einem Haus entfernt liegenden Punkt beträgt die „Hausdichte" mindestens 1. Die Referenzfläche, die den betreffenden Punkt umschließt und in der man die Zahl der Häuser berechnet, wird in diesem Fall durch einen Kreis mit dem Radius 100 m dargestellt. Das ursprüngliche Abstandskriterium wird damit in ein Dichtekriterium überführt. Die eigentliche Grenze der geschlossenen Ortschaft deckt sich also mit der 1-Isarithmenlinie auf einer Isarithmenkarte über die Verteilung der Häuser. Für diese 1-Isarithmenlinie trifft zu, daß sich ein Haus in einer Referenzfläche befindet, deren Mittelpunkt auf dieser Linie liegt. Anstelle der Kartierung von bewohnten Häusern kann man für die Abgrenzung dann auch direkt die Bevölkerungszahl heranziehen und die Grenze der geschlossenen Ortschaft durch die 1-Isarithmenlinie für die Bevölkerung definieren.

Die vollständige Definition für die geschlossene Ortschaft kann nach Nordbeck[27]) also wie folgt zusammengefaßt werden:

Unter einer geschlossenen Ortschaft versteht man ein dicht bebautes Gebiet mit mindestens 200 Einwohnern. Für jeden Punkt in diesem Gebiet trifft zu, daß er höchstens 100 m vom nächsten bewohnten Haus entfernt liegt.

---

[27]) S. Nordbeck, a.a.O., S. 35.

Bei allen maschinellen Kartierungen erhält der Computer Eingabedaten über die Länge und Breite der anzufertigenden Karte. Das zu kartierende Gebiet ist also immer ein Rechteck. Die Lage des Rechtecks wird durch die Koordination seines linken unteren Endpunktes eingegeben. Bei der üblichen Quadratnetzkartierung kommen Angaben über die Größe des Quadrates hinzu, während man bei einer Isarithmenkartierung die Größe, die Form und das Gitternetz, d. h. die Ordnung der Gitternetzpunkte, der Referenzfläche bestimmen muß. Damit hat man auch den Grad der Überlappung festgelegt. Die Überlappungskonstante deckt sich mit der Seitenlänge (Durchmesser) der Referenzfläche, dividiert durch den Abstand zwischen zwei entsprechenden Gitternetzpunkten.

Bei der automatischen Abgrenzung einer geschlossenen Ortschaft beginnt man mit der Festlegung eines Rechtecks, das den geschlossenen Ort umschreibt (vgl. Abb. 7). Das kann auf unterschiedliche Art und Weise geschehen. Man kann z. B. von einer vorangegangenen Abgrenzung ausgehen und um diese ein ausreichend großes Rechteck herumlegen. Man kann aber auch mit dem Computer eine Quadratnetzkarte (Seitenlänge der Quadrate = 100 m) über die Bevölkerungsverteilung z. B. in einer Gemeinde anfertigen. Anhand einer solchen Karte (Abb. 7) ist festzustellen, wo sich die Bebauung konzentriert und ob diese Hausansammlung weniger als 200 Einwohner umfaßt.

Ein bewohntes Quadrat ist in dieses Gebiet einzubeziehen, wenn es an mindestens ein anderes bewohntes Quadrat angrenzt, das bereits einbezogen wurde. So fährt man in allen Richtungen fort, bis man auf zwei unbewohnte Quadrate stößt. Diese werden dann auch noch in das bewohnte Gebiet einbezogen. Schließlich legt man um das so abgegrenzte Gebiet ein Rechteck, das dann die aktuelle geschlossene Ortschaft umschließt (vgl. Abb. 7).

Man kann die Festlegung des die geschlossene Ortschaft umschreibenden Rechtecks programmieren und die Ausführung der Maschine übertragen. Die Maschine untersucht dann, ob das erste bewohnte Quadrat, auf das sie trifft, ein benachbartes bewohntes Quadrat besitzt und ob eines der benachbarten Quadrate ein vorher nicht behandeltes Nachbarquadrat hat, das bewohnt ist. Wenn eines oder mehrere dieser Quadrate bewohnt sind, bezieht die Maschine das erstgenannte in das Gebiet ein und wiederholt das Verfahren. Da die manuelle Konstruktion des die geschlossene Ortschaft umschreibenden Rechtecks mit Hilfe einer Quadratnetzkarte so einfach ist, sollte man nach NORDBECK[28]) diese Arbeit nicht der Maschine übertragen. Man könne aber auch systematisch vorgehen und mit einem so großen Rechteck beginnen, wie es der Kernspeicher des Computers zuläßt. Es werden dann alle 1-Isarithmenlinien in diesem Rechteck konstruiert, unabhängig davon, ob eine geschlossene Ortschaft vorhanden ist oder nicht. Trifft die Maschine eine solche an, wird eine Seite des Rechtecks abgetrennt. Die Maschine muß dann den Teil der Rechteckseite bestimmen, der innerhalb der geschlossenen Ortschaft liegt, und diesen in den geschlossenen Ort einbeziehen. Anschließend legt man ein neues Rechteck aus, das mit einem vorhergehenden Rechteck eine gemeinsame Seite besitzt und wiederholt mit diesem das gleiche Verfahren. Schließlich eliminiert man die Seitenteile, die fehlerhaft als Teile der Grenzen der geschlossenen Ortschaft einbezogen wurden.

---

[28]) S. NORDBECK, a.a.O., S. 36.

Die hier beschriebene Technik der Aufteilung der Abgrenzung von geschlossenen Ortschaften auf mehrere Abschnitte kann dann angewendet werden, wenn die geschlossene Ortschaft so groß ist, daß die gesamten Daten für die entsprechende Isarithmenkarte nicht im Kernspeicher des Computers untergebracht werden können.

V. Abschließende Bemerkungen

Die Versuche zur Typisierung und Abgrenzung von Problemgebieten mit Hilfe der EDV sind — soweit der Verfasser erkunden konnte — spärlich gesät und über erste Ansätze noch nicht hinausgekommen. Das dürfte aus dem vorstehenden Bericht hervorgegangen sein. Trotzdem sollten diese zaghaften Versuche gezeigt haben, daß sich die Bestellung dieses brachliegenden, von der Grundlage her aber fruchtbaren großen Feldes lohnen würde. Um bei dem landwirtschaftlich ausgerichteten Vergleich zu bleiben, käme es jetzt darauf an, die Brachfläche nicht von Unkraut überwuchern zu lassen, sondern in einen funktionierenden Betrieb einzugliedern und von einer interdisziplinären Mannschaft bewirtschaften zu lassen. Der Betrieb könnte die Akademie für Raumforschung und Landesplanung, die Mannschaft der Forschungsausschuß „Thematische Kartographie“ sein.

Notwendige Vorarbeiten für den Einsatz von EDV-Anlagen zu thematisch-kartographischen Abgrenzungen und für Typisierungen

von

Kurt Oest, Kiel

I. Vorbemerkungen

Die Vorarbeiten für den Einsatz von elektronischen Datenverarbeitungs-(EDV-) Anlagen können nach JORDT und GSCHEIDLE[1]) in zwei Abschnitte unterteilt werden:

a) Problemorientierte Untersuchung und Gestaltung,

b) Entwicklung des EDV-Systems und Programmierung.

Abschnitt a) wird von logischen Funktionen beherrscht, die sich graphisch in Form von Ablauf- und Zuordnungssystemen sowie Gliederungsstrukturen darstellen lassen (vgl. Abb. 1). Abschnitt b) erfordert maschinen- und programmiertechnische Kenntnisse. Hier soll nur der erste Teil betrachtet werden, in dem ein Vorschlag entwickelt wird, der die von einer EDV-Lösung zu erfüllenden organisatorischen Datenverarbeitungsregeln zusammenfaßt.

JORDT und GSCHEIDLE[2]) weisen darauf hin, daß die heute wirksamen informationsverarbeitenden Systeme in der Wirtschaft und im öffentlichen Dienst noch weitgehend von Menschen bestimmt werden. Das gleiche ist ohne Zweifel im Bereich der Wissenschaft der Fall, so daß auch für diesen die weitere Aussage von JORDT und GSCHEIDLE gelten kann, daß jedes noch so weiträumig abgesteckte Automatisierungsvorhaben vorläufig immer noch auf ein Mensch-Maschine-System hinausläuft.

Jeder Automatisierungsbereich ist in der Regel Teil eines größeren, überwiegend konventionell realisierten Systems. Eine sinnvolle Einordnung eines Automatisierungsprojektes in den übergeordneten Gesamtzusammenhang erscheint daher nur möglich, wenn der Ist-Zustand — d. h. die derzeitige Regelung, Vorgehensweise usw. — weit über den Bereich hinaus, der automatisiert werden soll, dargestellt wird, um geeignete Abgrenzungen zu finden.

Für die übersichtliche Darstellung von Systemen und von Zusammenhängen in einem System sind Methoden[3])[4]) entwickelt worden, die sich für die verschiedensten Arbeitsgebiete und somit auch für Typisierungsprobleme einsetzen lassen. Es ist daher beabsichtigt, im folgenden die mit organisatorischen und analytischen Methoden ge-

---

[1]) A. C. JORDT und K. GSCHEIDLE: Normierte Entwicklung von Programmiervorgaben. In: adl-Nachrichten, H. 68 (1971), S. 10.

[2]) Desgl. a.a.O., S. 13.

[3]) Vgl. auch. E. PARISINI: Organisationshandbuch für die Einführung von ADV-Systemen. W. de Gruyter und Co. Berlin, 1971.

[4]) Vgl. auch C. ZANGEMEISTER: Einführende Grundlagen der Systemtechnik. Vorlesungsmanuskript der TU Berlin, Seminar Systemtechnik.

gebenen Möglichkeiten anhand des genannten, weitverbreiteten Verfahrens von JORDT und GSCHEIDLE darzustellen.

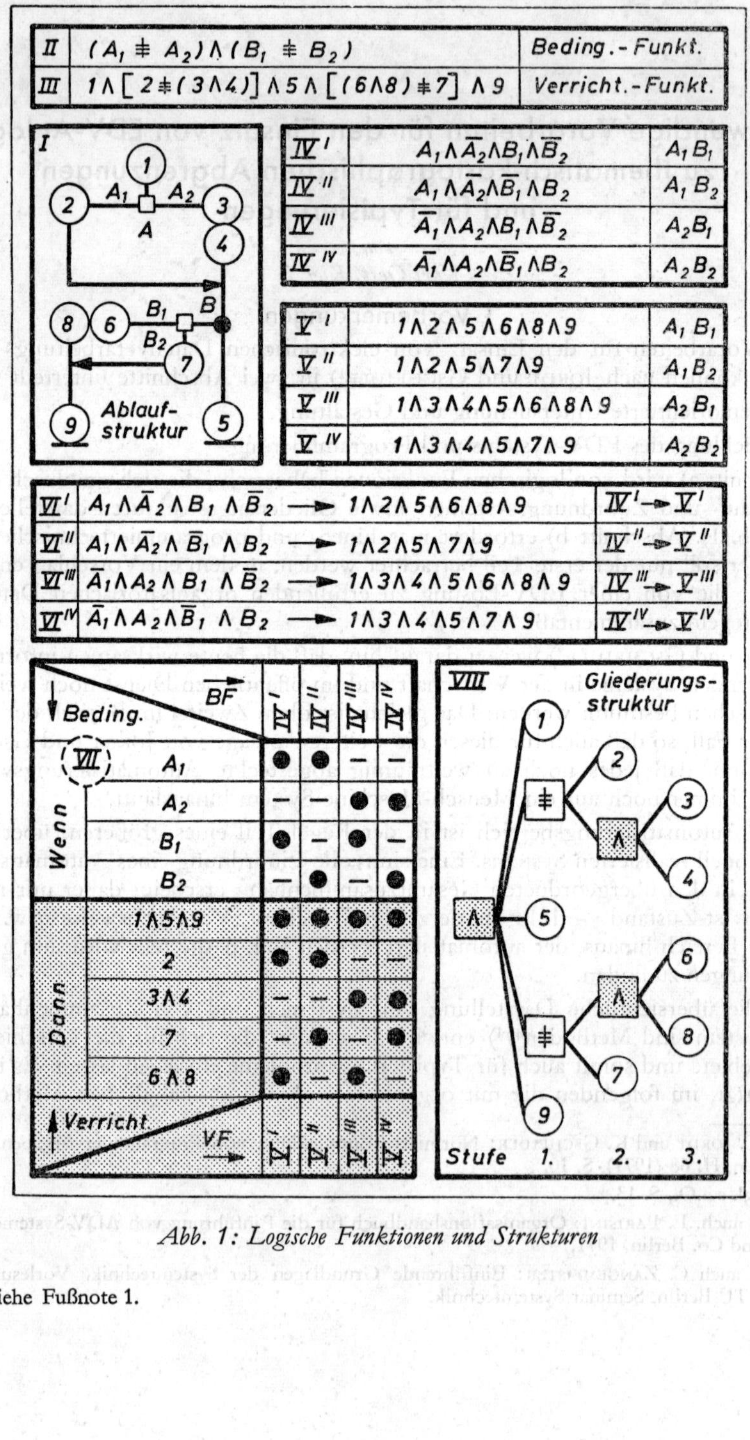

Abb. 1: Logische Funktionen und Strukturen

Quelle: siehe Fußnote 1.

II. Methodische Erläuterungen

Für den weniger geübten Leser erscheint es erforderlich, die methodischen Hilfsmittel, z. B. auch die logischen Funktionen anhand der Abb. 1, zu erläutern.

Die hier in Form einer Ablaufstruktur (I) auf kleinem Raum dargestellten Ablaufmöglichkeiten eines Verfahrens oder Arbeitsvorganges lassen sich durch logische Funktionen (II bis VI), durch eine Entscheidungstabelle (VII) und durch eine Gliederungsstruktur (VIII) bzw. Aufgabengliederung beschreiben.

Hierin haben die Funktionszeichen folgende Bedeutung:

$\vee$ = logisches „und"

$\wedge$ = logisches „und/oder" (inklusives „oder")

$\nparallel$ = exklusives „oder" (entweder — oder, aber keinesfalls beides)

$\bar{A}_1$ = A_1 nicht

Für die in Abb. 1 unter I dargestellte Ablaufstruktur sind die zugehörigen Bedingungs- bzw. Verrichtungsfunktionen unter II und III angegeben. Die Ablaufstruktur ist dann wie folgt zu lesen:

Auf Arbeitsvorgang 1 folgt — wenn die Bedingung A_1 erfüllt ist — der Arbeitsvorgang 2 oder — wenn die Bedingung A_2 erfüllt ist — die Arbeitsvorgänge 3 und 4 usw. usw.

Die vier „Und-Funktionen" IV^{I} — IV^{IV} gehören zur Bedingungsfunktion II; das gleiche gilt für V^{I} — V^{IV} bezogen auf III. Unter VI^{I} — VI^{IV} sind die einfachen „Und-Funktionen" paarweise zu Entscheidungsregeln zusammengefaßt. Die Entscheidungstabelle VII ist eine graphische Darstellung der Entscheidungsregeln VI^{I} — VI^{IV}. Die Gliederungsstruktur VIII ist eine unmittelbare graphische Wiedergabe der Verrichtungsfunktion III[5]).

Die Entscheidungstabelle (VII) ist beispielsweise im Falle IV′ — V′ wie folgt zu lesen:

Wenn die Bedingungen A_1 und B_1 erfüllt sind, A_2 und B_2 aber nicht, dann sind die Verrichtungen 1 $\wedge$ 5 $\wedge$ 9 (1 und 5 und 9), 2 sowie 6 $\wedge$ 8, aber nicht 3 $\wedge$ 4 sowie 7 durchzuführen.

Die Gliederungsstruktur würde — wie oben bereits erwähnt — entsprechend der Verrichtungsfunktion III wie folgt lauten: 1 und 2 oder 3 und 4 und 5 und 6 und 8 oder 7 und 9, wobei die eckigen und runden Klammern (III) zu beachten wären. Für die ordnungsgerechte Aufstellung von umfangreichen Gliederungsstrukturen (vgl. z. B. Abb. 2 u. 5) oder -plänen mit zahlreichen Stufen bzw. Ordnungen haben Jordt und Gscheidle[6]) ein Verfahren entwickelt, das sich anhand der Anlage 1 erläutern läßt:

Der Oberbegriff „Gemeindefunktionen" wird in der 2. Stufe (Ordnung) in die unter 11 bis 16 aufgeführten Begriffe aufgegliedert. Im nächsten Schritt wird 11 untergliedert in 111 bis 113, dann 111 in 111.1 bis 111.3. Mit dieser 4. Gliederungsstufe (vgl. Abb. 2) sind Kriterien, wie z. B. „Beschäftigungsanteil in der Landwirtschaft 1961 $\geq$ 60%", erreicht, die für eine Typisierung, d. h. hier für die Feststellung der Gemeindefunktion, herangezogen werden können. Mit einem kleinen waagerechten Strich wird daher das Ende der Aufgliederung in diesem Zweig des Gliederungsplanes angedeutet.

[5]) A. C. Jordt u. K. Gscheidle, a.a.O., S. 17.

[6]) A. C. Jordt u. K. Gscheidle, a.a.O., S. 29—32.

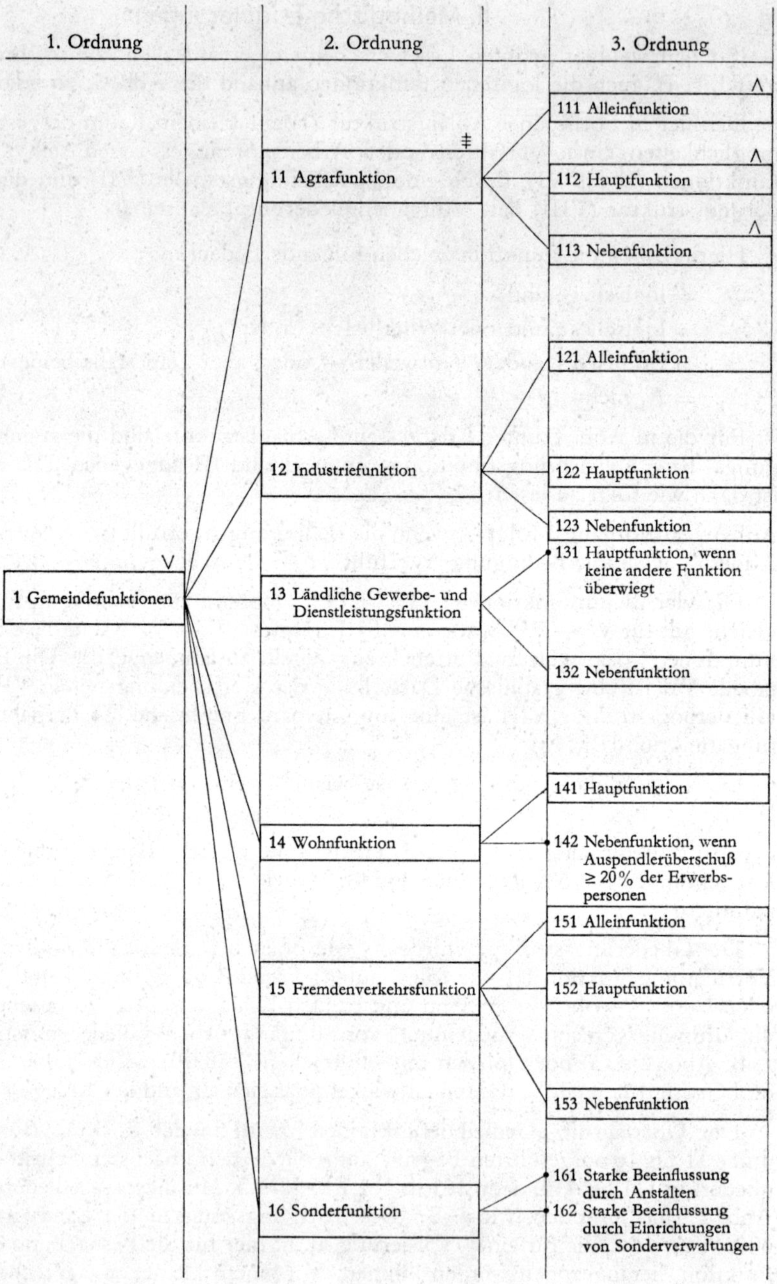
1. Ordnung
2. Ordnung
3. Ordnung
1 Gemeindefunktionen
11 Agrarfunktion
111 Alleinfunktion
112 Hauptfunktion
113 Nebenfunktion
12 Industriefunktion
121 Alleinfunktion
122 Hauptfunktion
123 Nebenfunktion
13 Ländliche Gewerbe- und Dienstleistungsfunktion
131 Hauptfunktion, wenn keine andere Funktion überwiegt
132 Nebenfunktion
14 Wohnfunktion
141 Hauptfunktion
142 Nebenfunktion, wenn Auspendlerüberschuß ≥ 20% der Erwerbspersonen
15 Fremdenverkehrsfunktion
151 Alleinfunktion
152 Hauptfunktion
153 Nebenfunktion
16 Sonderfunktion
161 Starke Beeinflussung durch Anstalten
162 Starke Beeinflussung durch Einrichtungen von Sonderverwaltungen

Abb. 2: Schleswig-holsteinische

4. Ordnung	5. Ordnung
111.1 Beschäftigungsanteil in der Landwirtschaft ≥ 60%	
.2 Auspendlerüberschuß 1961 ≤ 20% der Erwerbspersonen	
.3 Bevölkerungszuwachs 1961—1969 ≤ 10%	
112.1 Anteil der Beschäftigten in der Landwirtschaft 1961 > 40%	
.2 Keine Hauptfunktion „Wohnen" festzusetzen	
113.1 Beschäftigte am Ort in der Landwirtschaft ≥ 20%	
.2 Anteil der landwirtschaftlichen Erwerbspersonen im Planungszeitraum voraussichtlich ≥ 10%	
121.1 Beschäftigte am Ort im produzierenden Gewerbe 1961 ≥ 40%	
.2 Auspendlerüberschuß 1961 ≤ 20% der Erwerbspersonen	
.3 Seitherige Entwicklung der Industriebeschäftigten nicht erheblich hinter der Bevölkerungsentwicklung zurückgeblieben	
122.1 Für die Struktur der Gemeinde wesentliche Gewerbebetriebe ≥ 1	122.11 Nach dem Anteil an der Gesamtzahl der in der Gemeinde beschäftigten Personen .12 Nach dem Flächenanteil .13 Nach dem Anteil am Gewerbesteueraufkommen
122.2 Besondere Standortvoraussetzungen für künftige Entwicklung	
123.1 Für die Struktur der Gemeinde wesentliche Gewerbebetriebe ≥ 1	123.11 Nach dem Anteil an der Gesamtzahl der in der Gemeinde beschäftigten Personen .12 Nach dem Flächenanteil .13 Nach dem Anteil am Gewerbesteueraufkommen
123.2 Besondere Standortvoraussetzungen für künftige Entwicklung	
132.1 Am Ort Beschäftigte, im Dienstleistungsbereich Tätige 1961 ≥ 15%	
.2 Bevölkerungsentwicklung läßt keinen Rückgang dieses Anteils erwarten	
.3 Unter Berücksichtigung des produzierenden Gewerbes mit Versorgungscharakter	
132.4 Unter Berücksichtigung anderer Funktionen	132.41 Fremdenverkehrsfunktion .42 Sonderfunktion
141.1 Auspendlerüberschuß > als Gesamtzahl der außerlandwirtschaftlich Beschäftigten	141.11 Tatsächlich .12 Planerisch
141.2 Auspendlerüberschuß > 50% der Erwerbspersonen	
151.1 Fremdenübernachtungen ≥ 200/Einwohner und Jahr (Zielwerte 1985)	
.2 Unter Berücksichtigung der Entwicklungen bei den anderen Funktionen	
.3 Unter Berücksichtigung der Übernachtungen in Zelten zu 1/5	
152.1 Fremdenübernachtungen ≥ 100/Einwohner und Jahr (Zielwerte 1985)	
.2 Unter Berücksichtigung der Entwicklungen bei den anderen Funktionen	
.3 Unter Berücksichtigung der Übernachtungen in Zelten zu 1/5	
153.1 Fremdenübernachtungen ≥ 25/Einwohner und Jahr (Zielwerte 1985) oder wesentlicher Naherholungsverkehr	
.2 Unter Berücksichtigung der Entwicklungen bei den anderen Funktionen	
.3 Unter Berücksichtigung der Übernachtungen in Zelten zu 1/5	

Gemeindefunktionen — Gliederungsplan

Damit ist die „Alleinfunktion" (111) im Rahmen der „Agrarfunktion" (11) ausreichend erfaßt und im nächsten Schritt die „Hauptfunktion" (112) in 112.1 und 112.2 zu gliedern. Da diese hierdurch ebenfalls voll erläutert ist, wird wie vorher abgestrichen bzw. abgeblockt, 112 mit einem Schrägstrich versehen und entsprechend mit der Untergliederung von 113 fortgefahren.

Um mit dieser Gliederungshilfe zu einem Gliederungsplan zu kommen, wird mit der Numerierung der Quadrate (oben rechts) bei der ersten Abblockung, hier also bei der Gliederungsziffer 111.1 begonnen. Alle abgeblockten Endglieder werden nach der oben ausführlich dargestellten Gliederungsfolge aufsteigend numeriert. Diese Nummer entspricht der Zeilennummer in dem entsprechenden Gliederungsplan (vgl. Abb. 2, rechte Spalte). Die Ordnung bzw. Stufe des jeweiligen Gliederungspunktes ist an der Stellenzahl der Gliederungsziffer abzulesen. Mit logischen Funktionszeichen läßt sich dann die Verknüpfung der verschiedenen Ordnungen miteinander darstellen, in Abb. 2 z. B. für die Agrarfunktion.

Eine ausführliche Einführung in die Methode ist dem o. g. Aufsatz von Jordt und Gscheidle[7]) zu entnehmen.

III. Darstellung der „notwendigen Vorarbeiten" an drei Beispielen

1. Festlegung von Gemeindefunktionen

In den Regionalplänen der schleswig-holsteinischen Landesplanung sind gemäß § 17 des Landesraumordnungsplanes[8]) die Gemeindefunktionen festzulegen, wie es z. B. in den entsprechenden Entwürfen für die Planungsräume III[9]) und V[10]) geschehen ist. In Ermangelung neueren statistischen Ausgangsmaterials mußten teilweise die Volkszählungsergebnisse von 1961 herangezogen werden. Da sich seither die Strukturen vieler Gemeinden (z. B. Bevölkerungsstruktur, Erwerbsstruktur, Pendlersaldo usw.) erheblich änderten, haben zahlreiche Gemeindevertretungen gegen die Einstufung (z. B. als „Reine Agrargemeinde") Einspruch erhoben. In den Agrargemeinden darf bekanntlich nur in Ausnahmefällen Wohnungsbau betrieben werden. Eine Neueinstufung wäre also erforderlich, wobei u. a. die Gebäude- und Wohnungszählung 1968 und die Volks- und Berufszählung 1970 entsprechend ausgewertet werden müßten. Dies ist nach dem schleswig-holsteinischen Raumordnungsplan[11]) auch vorgesehen.

In diesem Zusammenhang bietet sich an, das o. g. Organisations- und Analyseverfahren einzusetzen, da eine laufende Überprüfung durchgeführt und die Gemeindefunktionen in bestimmten Zeitabständen (etwa alle 5 Jahre mit der erforderlichen Neufassung des Raumordnungsplanes[12])) neu festgelegt werden sollen.

Um den Einsatz derartiger Verfahren zu erleichtern, wird es zukünftig erforderlich sein, die entsprechenden Gesetze, Verordnungen und Richtlinien EDV-gerecht auszuarbeiten. Da dieses bei den vorliegenden Planungsgesetzen und -verordnungen noch

---

[7]) A. C. Jordt u. K. Gscheidle, a.a.O., S. 17.

[8]) Raumordnungsplan für das Land Schleswig-Holstein, Amtsblatt für Schleswig-Holstein Nr. 23 (1969), S. 321—323.

[9]) Landesplanungsbehörde Schleswig-Holstein: Entwurf zum Regionalplan für den Planungsraum III, Kiel, 1970, nicht veröffentlicht.

[10]) Landesplanungsbehörde Schleswig-Holstein: Entwurf zum Regionalplan für den Planungsraum V/VI, Kiel, 1970, nicht veröffentlicht.

[11]) Raumordnungsplan, a.a.O., S. 322 (10).

[12]) Raumordnungsplan, a.a.O., S. 316 (I, 1).

nicht geschehen ist, haben RAHN[13]) und der Verfasser versucht, die funktionsbezogenen Teile des Raumordnungsplanes[14]) mit Hilfe der Aufgabengliederungsmethode von JORDT und GSCHEIDLE[15]) herauszufiltern (vgl. Anlage 1 und Abb. 2), und zwar so weit, bis die zu bestimmten Konsequenzen führenden Kriterien erscheinen.

Aus der Aufgabengliederung läßt sich eine Entscheidungstabelle[16]) entwickeln, wie sie RAHN[17]) in der genannten Arbeit als Entscheidungshilfe für die Festlegung von Gemeindefunktionen aufgestellt hat. Abb. 3 stellt einen um einige Aussagen ergänzten Abschnitt aus der von Rahn entwickelten, umfangreichen und aussagekräftigen Entscheidungstabelle dar.

Es wird in diesem Zusammenhang noch einmal betont auf die *Hilfe* für eine Entscheidung über die festzulegende Funktion hingewiesen, da die vom Planer vorgegebenen Kriterien und Schwellenwerte in vielen Fällen keine eindeutige Zuordnung zur einen oder anderen Gemeindefunktion zulassen[18]). In solchen Fällen setzt dann der Planer bzw. ein entsprechendes Planungsgremium ein, um unter den in Frage kommenden Möglichkeiten über die dem Raum entsprechende Funktion eine Entscheidung zu treffen.

Beispielsweise läßt sich in der ersten Spalte des Entscheidungstabellenausschnittes (Abb. 3) folgendes ablesen:

Wenn 1. der Anteil der in der Landwirtschaft Beschäftigten (1961) größer oder gleich 60 v. H. ist *und*

2. der Auspendlerüberschuß der Erwerbspersonen kleiner oder gleich 20 v. H. ist *und*

3. der Bevölkerungszuwachs seit 1961 kleiner oder gleich 10. v. H. beträgt[19]),

dann besitzt die betreffende Gemeinde die Agrarfunktion als Alleinfunktion.

Diese Einstufung hätte dann u. a. zur Folge, daß

1. eine Weiterentwicklung der landwirtschaftlichen Betriebe erfolgen müßte,
2. ein guter Verkehrszugang zu den Betriebsflächen gegeben sein muß,
3. nicht landwirtschaftliche und nicht landwirtschaftsbezogene Bauten vermieden werden müssen und
4. die Bevölkerung abnimmt (vgl. Abb. 3).

Damit hat dieses Typisierungsverfahren im Grunde schon eine Form, in der man es unter bestimmten Voraussetzungen dem Computer übergeben kann, denn es gibt

---

[13]) K.-H. RAHN: Anwendung von Analysetechniken und daraus folgender EDV-Ablauf zur Entscheidungsvorbereitung — dargestellt am Beispiel „Feststellung der Gemeindefunktionen". Arbeitspapier der Datenzentrale Schleswig-Holstein, 1972 (nicht veröffentlicht).

[14]) Raumordnungsplan, a.a.O., S. 322—323.

[15]) A. C. JORDT u. K. GSCHEIDLE: Normierte Entwicklung von Programmiervorgaben. In: adl-Nachrichten, H. 69, S. 31.

[16]) A. C. JORDT u. K. GSCHEIDLE, a.a.O., S. 16.

[17]) K.-H. RAHN, a.a.O., S. 4.

[18]) Es würde hier zu weit führen und vom Thema ablenken, wenn die von RAHN festgestellten Zwei- und Mehrdeutigkeiten in einer großen Tabelle aufgezeigt würden.

[19]) Nach der vorgegebenen Bedingungsart „setzt voraus".

Entscheidungstabelle

Bedingungen		Beschäftigungsanteil in der Landwirtschaft	≥ 60 %	●		
		Beschäftigungsanteil in der Landwirtschaft	> 40 %		●	
		Beschäftigungsanteil in der Landwirtschaft	≥ 20 %			●
		Voraussichtlicher Anteil der landwirtschaftlichen Erwerbspersonen an den wohnhaften Personen	≥ 10 %			●
		Auspendlerüberschuß ≤ 20 % der Erwerbspersonen		●		
		Auspendlerüberschuß ≥ 20 % der Erwerbspersonen				
		Auspendlerüberschuß ≥ 50 % der Erwerbspersonen			—	
		Auspendlerüberschuß > Gesamtzahl außerlandwirtschaftlicher Beschäftigter			—	
		Beschäftigte am Ort im produzierenden Gewerbe 1961	≥ 40 %			
		Entwicklung der Industriebeschäftigten erheblich kleiner als (<) Bevölkerungsentwicklung				
		Bevölkerungszuwachs seither	≤ 10 %	●		
		Beschäftigte im Dienstleistungsbereich 1961	≥ 15 %			
		Rückgang dieses Anteils zu erwarten				
		Übernachtungen / Einwohner / Jahr	≥ 200			
		Übernachtungen / Einwohner / Jahr	≥ 100			
		Übernachtungen / Einwohner / Jahr	≥ 25			
Bedingungs-art		Setzt voraus		●	●	
		Kommt in Frage				●
		Kommt nur in Frage				
		usw.				
Folgen (Funktion)	Art	Agrar- } -funktion		●	●	●
		Industrie- } -funktion				
		Ländl. Gewerbe- und Dienstleistungs- } -funktion				
		Wohn- } -funktion				
		Fremdenverkehrs- } -funktion				
		Sonder- } -funktion				
	Maß	Allein- } -funktion		●		
		Haupt- } -funktion			●	
		Neben- } -funktion				●
Folgen		Weiterentwicklung der landwirtschaftlichen Wirtschaftseinheiten		●	●	●
		Guter Verkehrszugang zu den Betriebsflächen		●	●	×
		Günstiger Zugang zur Feldflur einzelner Gemeindeteile soll planerisch gewährleistet werden		×	×	●
		Vermeidung nichtlandwirtschaftlicher und nicht landwirtschaftlich bezogener Bauten		●	×	×
		Abnahme der Bevölkerung		●	×	×
		Ausweisung von Wohnungsbauflächen nur für den Eigenbedarf		●	●	×
		In erster Linie Schließung von Baulücken		●	●	×

Zeichenerklärung: ● = muß sein
— = darf nicht sein
× = unwesentlich

Abb. 3: Festlegung von Gemeindefunktionen in Schleswig-Holstein laut Raumordnungsplan (Ausschnitt)

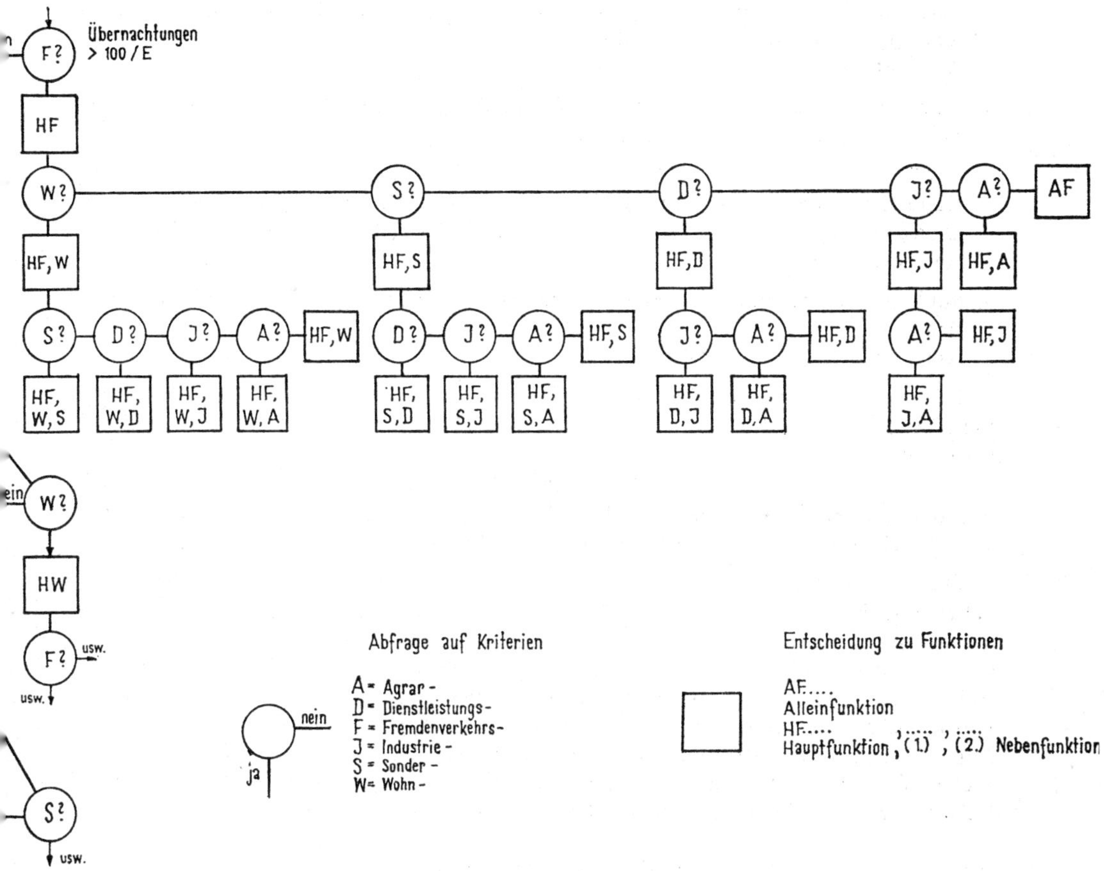

Abb. 4: Ablaufdiagramm

heute schon Entscheidungstabellenumwandler[20][21]), mit denen sich entsprechende Tabellen z. B. in FORTRAN-Programme umwandeln lassen.

Um aber den bekannten Weg über die Programmierung zu wählen, hat RAHN in diesem Fall das folgende Ablaufdiagramm (Abb. 4) aufgestellt, aus dem der Programmierer die logische Folge der Maschinenanweisungen in Form von Abfragen und Ja- bzw. Nein-Entscheidungen ablesen kann. Für das o. g. Beispiel (Agrar-Alleinfunktion) würde die Abfrage wie folgt verlaufen:

1. Sind die Bedingungen für eine Hauptfunktion „Fremdenverkehr" (Übernachtungen/Einwohner/Jahr größer oder gleich 100) erfüllt?
   Antwort: Nein!

[20]) A. ESPRESTER: Gut geplant mit Entscheidungstabellen. In: DATA-report 6 (1971), H. 6, S. 5—9.

[21]) S. SAUER: Entscheidungstabellen in Theorie und Praxis. In: Zeitschrift für Datenverarbeitung, H. 2 (1972), S. 101—105.

2. Sind die Bedingungen für das Vorliegen einer Wohnfunktion (Auspendlerüberschuß der Erwerbspersonen größer oder gleich 20 v. H.) erfüllt?
   Antwort: Nein!
3. Sind die Bedingungen für eine Sonderfunktion (Vorhandensein besonderer Einrichtungen, wie Anstalten usw.) erfüllt?
   Antwort: Nein!
4. Kann die Nebenfunktion Dienstleistung und ländliches Gewerbe (Beschäftigte im Dienstleistungsbereich 1961 größer oder gleich 15 v. H.) festgelegt werden?
   Anwort: Nein!
5. Sind die Bedingungen für eine Alleinfunktion „Agrar" (s. Entscheidungstabelle, Abb. 3) erfüllt?
   Antwort: Ja!

Es muß hinzugefügt werden, daß die Reihenfolge der Abfragen in dem aufgeführten Beispiel nicht unbedingt richtig zu sein braucht. Hierüber hätte der jeweilige Planer zu entscheiden.

Es ist hiermit jedoch angedeutet, daß sich das Problem der Festlegung von Gemeindefunktionen programmieren läßt und daß die Entscheidungshilfen bei Vorhandensein gespeicherter Daten verhältnismäßig schnell erarbeitet werden können.

Die gewonnenen Werte (Typen) lassen sich in Gruppen fassen und ohne große Schwierigkeiten mit Hilfe des Zeilendruckers oder des automatischen Zeichengerätes mit entsprechenden Zeichen oder Farben darstellen. Nachteilig wirkt sich hierbei allerdings die im Grunde positiv zu beurteilende Gebietsreform aus, da Vergleiche mit früheren Darstellungen kaum möglich sind. Als Fernziel sollte daher — nach Vorliegen von koordinatengebundenen Daten — eine raumfunktionale Gliederung in einem für lange Zeiten festliegenden Rasternetz angestrebt werden. In Schweden ist man diesem Ziel schon sehr viel näher durch die dort in der Testphase befindliche integrierte Einwohner-, Betriebs- und Bodendatenbank[22])[23]).

2. *Typenkarten des Fremdenverkehrs*

Arnberger[24]) befaßt sich eingehend mit der Typisierung von Fremdenverkehrsgebieten und -orten. Der Verfasser wählt diese Überlegungen, um auch an diesem Beispiel die Vorbereitungen für eine evtl. Bearbeitung mit Hilfe der EDV darzustellen.

Bei der Auswertung des entsprechenden Vertragstextes und der zugehörigen Darstellungen ist eine Gliederung entstanden, wie sie in der Anlage 2 wiedergegeben wird. Nach den Regeln der Analysemethoden von Jordt-Gscheidle[25]) läßt sich hieraus — wie oben bereits ausgeführt — eine systematisch aufgebaute Gliederung entwickeln (Anlage 3), aus der nach den gleichen Methoden als nächster Analyse-Schritt eine Gliederungsstruktur (vgl. Abb. 1) aufgebaut werden kann (Abb. 5 — teilweise und nur mit Ziffern dargestellt). In der Gliederungsstruktur sind diejenigen Endglieder

---

[22]) H. Wallner: Die Grundstücksdatenbank in Schweden. In: ÖVD — Öffentliche Verwaltung und DV, H. 1 (1972), S. 7–14.

[23]) Vgl. auch K. Oest: Datenverarbeitung und thematische Karten-Erfahrungen in Schweden und ihre Auswertung. In: Untersuchungen zur thematischen Kartographie, 2. Teil, Forschungs- u. Sitzungsberichte der Akademie für Raumforschung und Landesplanung, Bd. 64, Hannover 1971, S. 85.

[24]) E. Arnberger: Typenkarte des Fremdenverkehrs. Vortrag anläßlich der Sitzung des Forschungsausschusses „Thematische Kartographie" am 2. 7. 1971 in Nürnberg.

[25]) A. C. Jordt u. K. Gscheidle, a.a.O., Heft 69, S. 31.

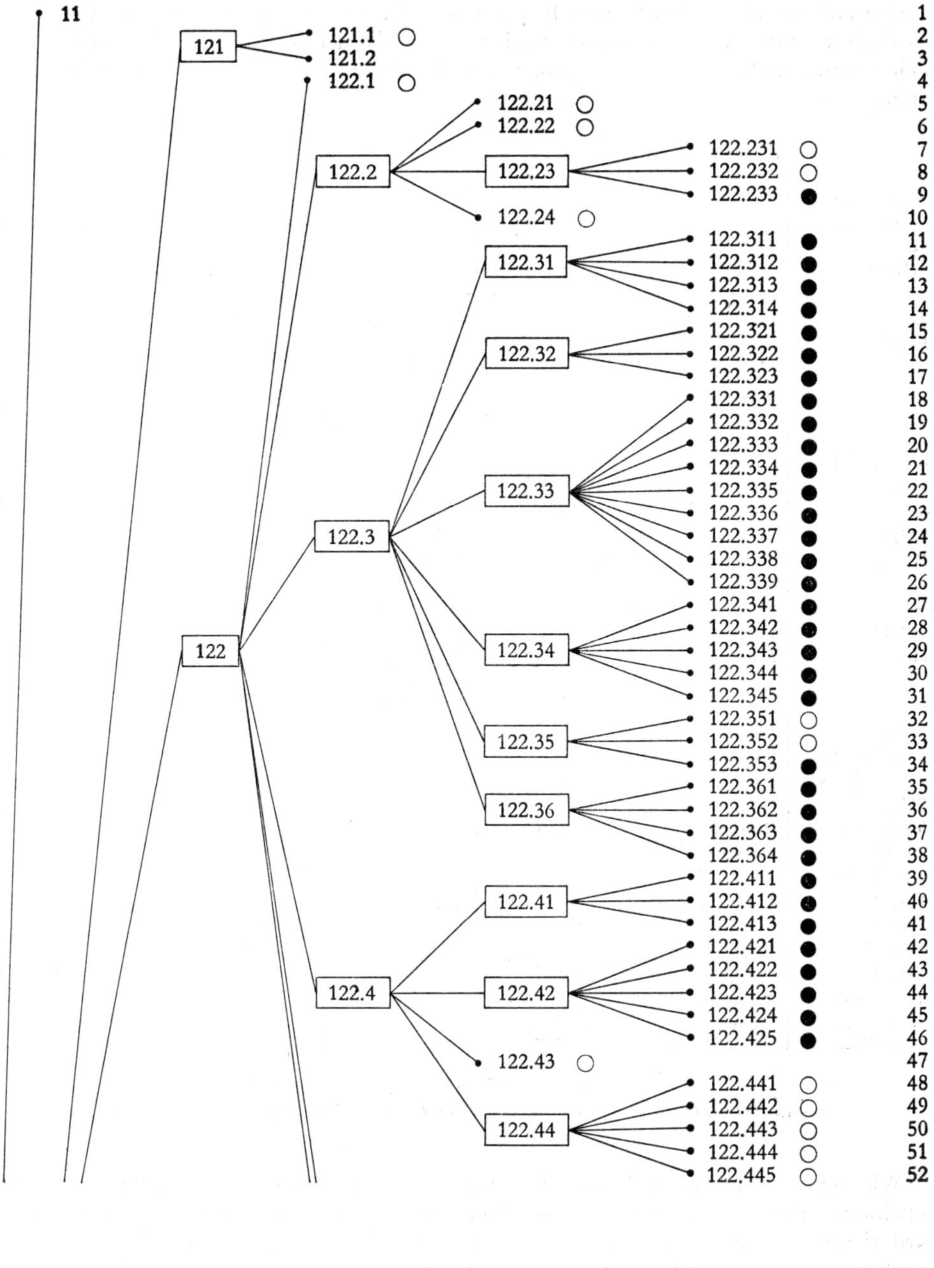

Abb. 5: Gliederungsstruktur „Typenkasten des Fremdenverkehrs"

(Kriterien) mit einem Punkt versehen worden, die für eine Typisierung ausreichend spezifiziert erscheinen. Mit einem Kreis werden die Endglieder markiert, die noch weiter untergliedert werden müßten, wenn sie für eine Typisierung benutzt werden sollten.

1 Typisierung von Fremden- verkehrs- gebieten					
11 Landschaft	12 Einrichtungen (Ausstattung, Versorgung)	13 Erreichbarkeit (Verkehr)	14 Ausdehnung (Ort, Gebiet)	15 Klimatische Verhältnisse (Saison)	
111 Geographische Substanz	112 Funktion des Gebietes	113 Nutzung des Gebietes			
111.1 Relief	111.2 Gewässer	111.3 Boden- bedeckung	111.4 Tierwelt		
111.11 Hochgebirge	111.12 Mittelgebirge	111.13 Hügelland	111.14 Weite Täler Talbecken	111.15 Flachland	
111.111 Vergletschert	111.112 Unvergletschert				
111.21 Meer und Küsten	111.22 Binnenge- wässer und Ufer	111.23 Quellgebiete			
111.31 Wüsten	111.32 Dünen	111.33 Heide	111.34 Steppe	111.35 Wald	
111.41 Tiere in freier Wildbahn	111.42 Tiere im Gehege	111.43 Tiere auf dem Bauernhof	111.44 Reitpferde		

Abb. 6: Gliederungsschema „Typisierung von Fremdenverkehrsgebieten" mit angedeuteter Entscheidungstabelle (Ausschnitt)

Wie sich aus den o. g. Vorarbeiten mit Hilfe einer „Wenn-Dann-Tabelle" (Entscheidungstabelle, vgl. Abb. 1) von Jordt-Gscheidle und einigen ausgewählten Kriterien eines Aufgabengliederungsschemas eine Typisierung durchführen ließe, hat der Verfasser in den Abb. 6 und 7 anzudeuten versucht. In diesem „Vorstadium" wird sich eine Vielzahl von Typen ergeben, die u. a. mit Hilfe einer Korrelationsrechnung zu Typengruppen zusammengefaßt werden müßten. Hieraus könnte dann eine logische Funktion und ein Programmablaufplan (vgl. Abb. 4) als Programmiervorgabe erarbeitet werden.

	TYP	dann	Urlaub auf dem Bauernhof	Seebad	Solbad
	KRITERIEN				
Relief	Hochgebirge — vergletschert				
	Hochgebirge — unvergletschert				
	Mittelgebirge				●
	Hügelland			●	
	Weite Täler				
	Flachland		●		
Gewässer	Meer und Küsten			●	
	Binnengewässer und Ufer		●		
	Quellgebiete	wenn			●
Bodenbedeckung	Wüsten				
	Dünen				
	Heide				
	Steppe				
	Wald		●	●	●
Tierwelt	Wildbahn				
	Gehege				●
	Bauernhof		●		
	Reitpferde		●	●	

Geogr. Substanz (Relief, Gewässer, Bodenbedeckung, Tierwelt)

Funktion des Gebietes

Nutzung des Gebietes

11 Landschaft
12 Einrichtungen
13 Erreichbarkeit
14 Ausdehnung
15 Klimatische Verhältnisse

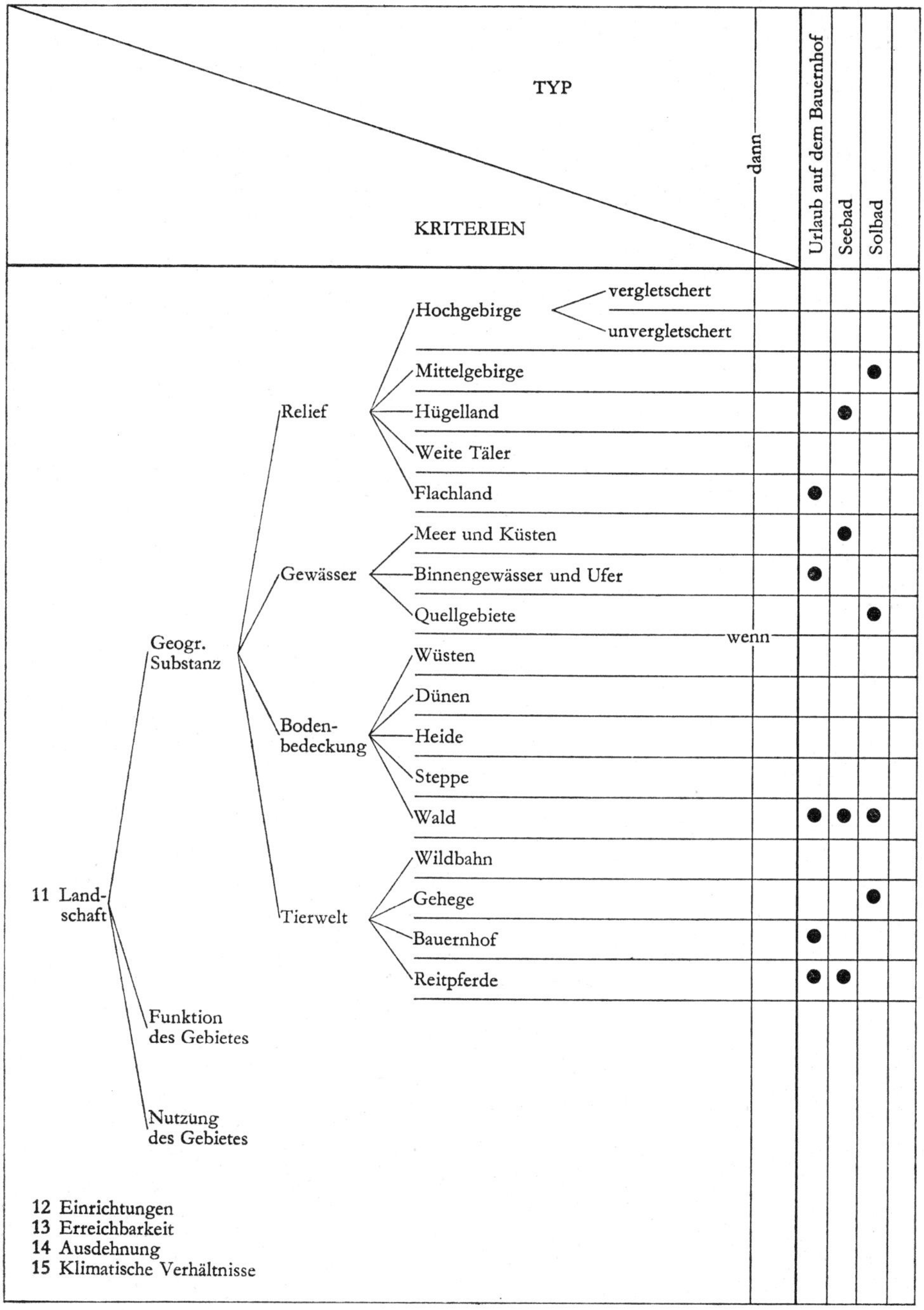

Abb. 7: Gliederungsstruktur „Typisierung von Fremdenverkehrsgebieten" mit angedeuteter Entscheidungstabelle (Ausschnitt)

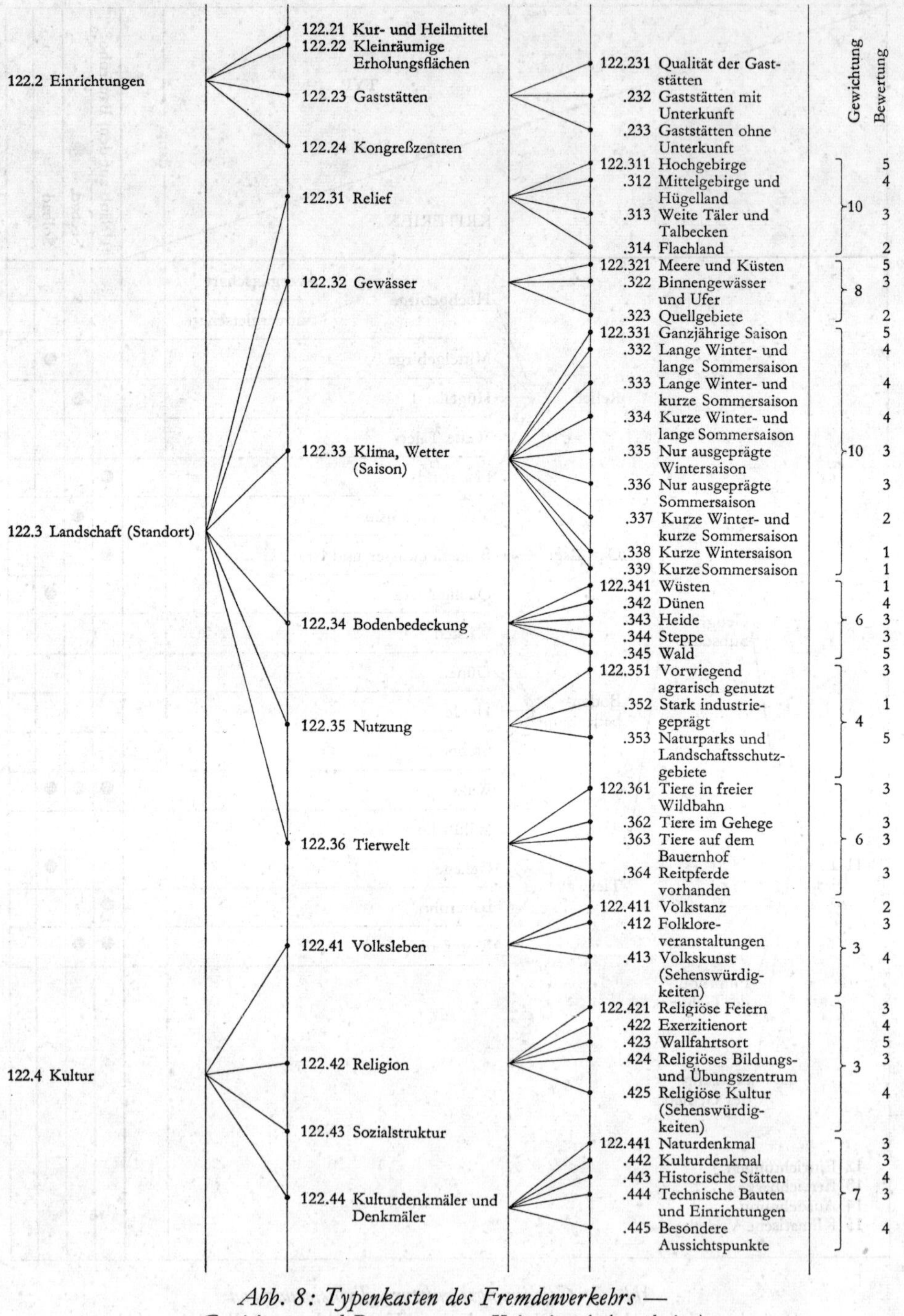

Gewichtung
Bewertung
122.2 Einrichtungen
122.21 Kur- und Heilmittel
122.22 Kleinräumige Erholungsflächen
122.23 Gaststätten
122.231 Qualität der Gaststätten
.232 Gaststätten mit Unterkunft
.233 Gaststätten ohne Unterkunft
122.24 Kongreßzentren
122.3 Landschaft (Standort)
122.31 Relief
122.311 Hochgebirge 5
.312 Mittelgebirge und Hügelland 4
.313 Weite Täler und Talbecken 10 3
.314 Flachland 2
122.32 Gewässer
122.321 Meere und Küsten 5
.322 Binnengewässer und Ufer 8 3
.323 Quellgebiete 2
122.33 Klima, Wetter (Saison)
122.331 Ganzjährige Saison 5
.332 Lange Winter- und lange Sommersaison 4
.333 Lange Winter- und kurze Sommersaison 4
.334 Kurze Winter- und lange Sommersaison 4
.335 Nur ausgeprägte Wintersaison 10 3
.336 Nur ausgeprägte Sommersaison 3
.337 Kurze Winter- und kurze Sommersaison 2
.338 Kurze Wintersaison 1
.339 Kurze Sommersaison 1
122.34 Bodenbedeckung
122.341 Wüsten 1
.342 Dünen 4
.343 Heide 6 3
.344 Steppe 3
.345 Wald 5
122.35 Nutzung
122.351 Vorwiegend agrarisch genutzt 3
.352 Stark industriegeprägt 1
.353 Naturparks und Landschaftsschutzgebiete 4 5
122.36 Tierwelt
122.361 Tiere in freier Wildbahn 3
.362 Tiere im Gehege 3
.363 Tiere auf dem Bauernhof 6 3
.364 Reitpferde vorhanden 3
122.4 Kultur
122.41 Volksleben
122.411 Volkstanz 2
.412 Folkloreveranstaltungen 3
.413 Volkskunst (Sehenswürdigkeiten) 3 4
122.42 Religion
122.421 Religiöse Feiern 3
.422 Exerzitienort 4
.423 Wallfahrtsort 5
.424 Religiöses Bildungs- und Übungszentrum 3 3
.425 Religiöse Kultur (Sehenswürdigkeiten) 4
122.43 Sozialstruktur
122.44 Kulturdenkmäler und Denkmäler
122.441 Naturdenkmal 3
.442 Kulturdenkmal 3
.443 Historische Stätten 4
.444 Technische Bauten und Einrichtungen 7 3
.445 Besondere Aussichtspunkte 4

Abb. 8: Typenkasten des Fremdenverkehrs — Gewichtung und Bewertung von Kriterien (Ausschnitt)

Um aber zu einer treffenderen Aussage über die Fremdenverkehrstypen zu kommen, ist es notwendig, die heranzuziehenden Kriterien gegeneinander zu gewichten und zu bewerten (Stufen eines Kriteriums), wie in Abb. 8 beispielhaft dargestellt wird.

3. Abgrenzung von „ausgeglichenen Funktionsräumen"

MARX[26]) hat sich im Rahmen der Arbeiten des Forschungsausschusses „Raum und gewerbliche Wirtschaft" der Akademie für Raumforschung und Landesplanung, Hannover, in einem Referat mit der Definition und Abgrenzung von „ausgeglichenen Funktionsräumen" befaßt. Der Verfasser hat das Manuskript gelesen, den Inhalt in der als Anlage beigefügten Gliederung erfaßt, anschließend nach den Analysemethoden von JORDT-GSCHEIDLE geordnet (s. Anlage 5) und letztlich nach den Regeln dieser Organisationstechnik einen Gliederungsplan (Abb. 9) aufgestellt.

Für eine Bearbeitung mit der EDV müßten die Endglieder, soweit sie für eine Abgrenzung herangezogen werden sollen, weiter aufgegliedert werden, bis Kriterien erreicht sind, für die entsprechende Daten vorliegen. Hierbei wären die Kriterien gegeneinander zu gewichten und in den Gruppen eines Kriteriums zu bewerten. Aus dem Vorhandensein in der Kombination bestimmter gewichteter und bewerteter Kriterien ließe sich dann ablesen, ob ausgeglichene Funktionsräume der einen oder anderen Form vorliegen.

Die kartographische Darstellung ist von sekundärer Bedeutung. Mit Hilfe des Zeilendruckers oder des automatischen Zeichengerätes (Plotters) lassen sich die Ergebnisse ohne große Schwierigkeiten darstellen. Auch programmtechnisch ist dieses Problem zu lösen; Schwierigkeiten wird u. U. die Beschaffung der Daten bereiten.

IV. Abschließende Bemerkungen

Der Verfasser hat versucht darzustellen, daß sich die Abgrenzung von Problemgebieten und die Typisierung durch Organisations- und Analysetechniken sowie durch den Einsatz der elektronischen Datenverarbeitung unterstützen läßt. Wenn es sich bei den aufgeführten Beispielen auch nur um erste Versuche handelt, dürfte deutlich geworden sein, daß die genannten Techniken dazu beitragen werden, die Forschungen auf dem Gebiet der Typisierung im Sinne von SCHNEPPE[27]) zu fördern, der darauf hinweist, daß es notwendig sei, die Ansätze des Einsatzes mathematisch-statistischer Methoden zur Ermittlung der optimalen Gliederungsmerkmale fortzuführen, um „aus dem Bereich subjektiv gefärbter Erwägungen zu umfassender Kenntnis der Merkmalszusammenhänge zu gelangen ...".

---

[26]) D. MARX: Hypothesen über die Bestimmungsgründe ausgeglichener Funktionsräume. Beitrag zur Sitzung des Forschungsausschusses „Raum und gewerbliche Wirtschaft" der Akademie für Raumforschung und Landesplanung, Hannover, am 27. u. 28. 8. 1971 in Passau.

[27]) F. SCHNEPPE: Gemeindetypisierungen auf statistischer Grundlage. Beiträge der Akademie für Raumforschung und Landesplanung, Bd. 5, Hannover 1970, S. 6.

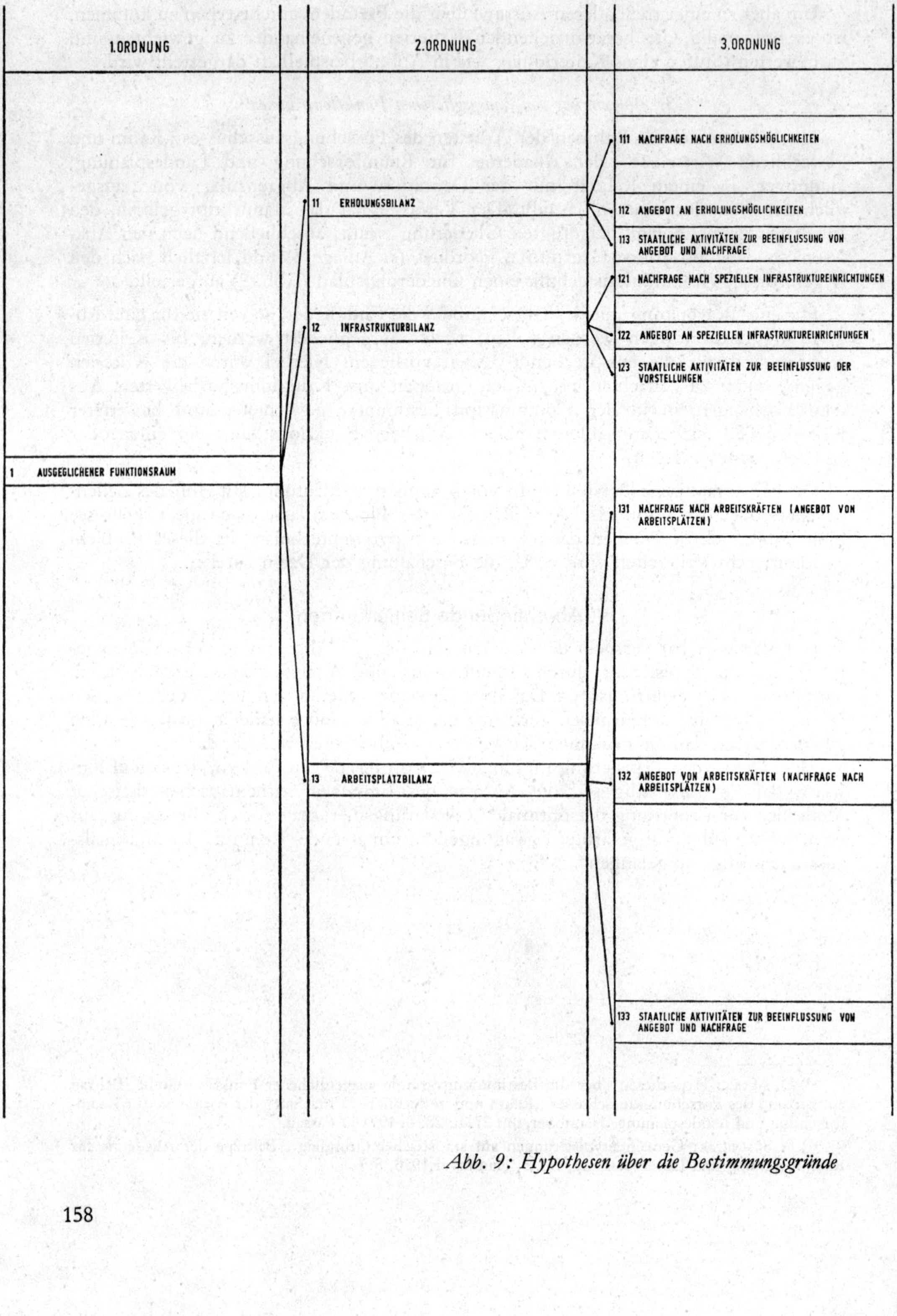
1.ORDNUNG
2.ORDNUNG
3.ORDNUNG
1 AUSGEGLICHENER FUNKTIONSRAUM
11 ERHOLUNGSBILANZ
12 INFRASTRUKTURBILANZ
13 ARBEITSPLATZBILANZ
111 NACHFRAGE NACH ERHOLUNGSMÖGLICHKEITEN
112 ANGEBOT AN ERHOLUNGSMÖGLICHKEITEN
113 STAATLICHE AKTIVITÄTEN ZUR BEEINFLUSSUNG VON ANGEBOT UND NACHFRAGE
121 NACHFRAGE NACH SPEZIELLEN INFRASTRUKTUREINRICHTUNGEN
122 ANGEBOT AN SPEZIELLEN INFRASTRUKTUREINRICHTUNGEN
123 STAATLICHE AKTIVITÄTEN ZUR BEEINFLUSSUNG DER VORSTELLUNGEN
131 NACHFRAGE NACH ARBEITSKRÄFTEN (ANGEBOT VON ARBEITSPLÄTZEN)
132 ANGEBOT VON ARBEITSKRÄFTEN (NACHFRAGE NACH ARBEITSPLÄTZEN)
133 STAATLICHE AKTIVITÄTEN ZUR BEEINFLUSSUNG VON ANGEBOT UND NACHFRAGE

Abb. 9: Hypothesen über die Bestimmungsgründe

4. ORDNUNG	5. ORDNUNG	6. ORDNUNG
111.1 INDIVIDUELLE ERHOLUNGSBEDÜRFNISSE 111.2 DEMOGRAPHISCHE ENTWICKLUNG	111.11 VERFÜGBARES EINKOMMEN .12 BILDUNGSNIVEAU .13 ZEITHAUSHALT .14 TRADITION .15 VERKEHRSSYSTEM	
112.1 POTENTIELLE ERHOLUNGSEIGNUNG 112.2 ANTHROPOGENE UND NATÜRLICHE RAUMAUSSTATTUNG	112.11 FLÄCHENEINBUSSEN DURCH NUTZUNGSKONKURRENZ .12 BEEINTRÄCHTIGUNG NATÜRLICHER FAKTOREN .13 ÜBERBEANSPRUCHUNG DURCH ERHOLUNG .14 EIGENTUMSVERHÄLTNISSE .15 VERKEHRSSYSTEM	
121.1 INDIVIDUELLE VORSTELLUNG ÜBER WÜNSCHENSWERTE INFRASTRUKTUREINRICHTUNGEN .2 DEMOGRAPHISCHE ENTWICKLUNG .3 FAKTOREN, DIE u.a. DIE VORSTELLUNGEN BEEINFLUSSEN		
122.1 ALLGEMEINE VORSTELLUNGEN DER EINWOHNER ÜBER DIE NOTWENDIGE AUSSTATTUNG EINES TEILRAUMES MIT INFRASTRUKTUREINRICHTUNGEN .2 GESTALTUNGSWILLE DER LEISTUNGSVERWALTUNG .3 FAKTOREN, DIE u.a. DAS ANGEBOT VON INFRASTRUKTUR-EINRICHTUNGEN BEEINFLUSSEN		
131.1 INDIVIDUELLE VORSTELLUNGEN DER UNTERNEHMER ÜBER SPEZIELLE MÖGLICHKEITEN RENTABLER PRODUKTION	131.11 RENDITE 12 OPTIMALE STANDORTWAHL	
	131.21 VERFÜGBARKEIT VON FLÄCHEN UND DEREN PREISE (FLÄCHENBILANZ)	131.211 VORHANDENE UND BENÖTIGTE FLÄCHEN FÜR BETRIEBLICHE LEISTUNGSERSTELLUNG .212 VORHANDENE UND BENÖTIGTE FLÄCHEN FÜR WOHNEN UND WOHNFOLGEEINRICHTUNGEN .213 VORHANDENE UND BENÖTIGTE FLÄCHEN FÜR DIVERSE INFRASTRUKTUREINRICHTUNGEN
131.2 NACHFRAGE NACH KONSUM- u. INVESTITIONSGÜTERN	131.22 AUSREICHENDE INFRASTRUKTUR UND IHR PREIS	131.221 UNMITTELBAR PRODUKTIONSRELEVANTE INFRASTRUKTUR-EINRICHTUNGEN .222 MITTELBAR PRODUKTIONSRELEVANTE INFRASTRUKTUR-EINRICHTUNGEN
	131.23 ARBEITSKRÄFTEANGEBOT UND DIE QUALIFIKATION DER KRÄFTE	
131.3 FAKTOREN DIE u.a. DIE VORSTELLUNGEN UND SPEZIELLEN MÖGLICHKEITEN EINER RENTABLEN PRODUKTION BEEINFLUSSEN	131.31 VERFÜGBARKEIT VON FLÄCHEN .32 KONJUNKTURELLE ERWARTUNGEN .33 PREISGÜNSTIGE INFRASTRUKTUR .34 VORAUSSICHTLICHE NACHFRAGE NACH ARBEITSPLÄTZEN	
131.4 PRODUKTIONSTECHNIK DER BETRIEBE .5 ABSATZLAGE DER BETRIEBE		
132.1 INDIVIDUELLE VORSTELLUNGEN DES ARBEITNEHMERS ÜBER SPEZIELLE MÖGLICHKEITEN DER EINKOMMENSERZIELUNG	132.11 MAXIMIERUNG DES INDIVIDUELLEN EINKOMMENS .12 OPTIMIERUNG DER INDIVIDUELLEN VITALSITUATION (FREIZEITWERT) .13 BERUFSWAHL	
	132.21 GEBURTENHÄUFIGKEIT .22 STERBEFÄLLE	
132.2 DEMOGRAPHISCHE ENTWICKLUNG EINES TEILRAUMES	132.23 WANDERUNGSSALDO	132.231 ZUWANDERUNGEN .232 ABWANDERUNGEN
	132.24 MOTIVE INTERREGIONALER WANDERUNGEN	
132.3 FAKTOREN, DIE u.a. DIE VORSTELLUNGEN ÜBER SPEZIELLE MÖGLICHKEITEN DER EINKOMMENSERZIELUNG BEEINFLUSSEN	132.31 TRADITION UND FAMILIENVERHÄLTNISSE .32 KONJUNKTURELLE UND STRUKTURELLE ERWARTUNGEN .33 AUSBILDUNGSMÖGLICHKEITEN .34 VORAUSSICHTLICHES ANGEBOT VON ARBEITSPLÄTZEN .35 REGIONALES ATTRAKTIVITÄTSPOTENTIAL .36 INTERDEPENDENZ ZWISCHEN DEM REGIONALEN ATTRAKTIVITÄTSPOTENTIAL UND DER WANDERUNG	
132.4 WAHRSCHEINLICHE NACHFRAGE NACH ARBEITSPLÄTZEN	132.41 ERFAHRENSWERTE ÜBER „ÜBLICHE NACHFRAGE" (6d) .42 ERFAHRENSWERTE ÜBER ZU ERWARTENDE REGIONALE MOBILITÄT .43 BESTAND AN ARBEITSKRÄFTEN BESTIMMTEN QUALIFIKATIONSNIVEAUS .44 VERHÄLTNIS: TÄTIGKEIT - AUSBILDUNG .45 FREISETZUNG DURCH PRODUKTIVITÄTSFORTSCHRITTE	
133.1 BILDUNGS- UND AUSBILDUNGSMÖGLICHKEITEN	133.11 HEUTE VON DER BEVÖLKERUNG IN ANSPRUCH GENOMMEN .12 KORREKTUR DURCH DIFFERENZ VON SOLL UND IST AUF BUNDESEBENE .13 TATSÄCHLICHE KAPAZITÄT IN DER REGION	
	.14 IM PLANUNGSABSCHNITT ZU ERWARTENDE ÄNDERUNGEN	133.141 FINANZKAPAZITÄT .142 BAUKAPAZITÄT .143 VERFÜGBARE LEHRKRÄFTE
133.2 TRANSPARENZ AUF DEM ARBEITSMARKT		

ausgeglichener Funktionsräume — Gliederungsplan (MARX, D.)

Anlage 1: Festlegung von Gemeindefunktionen (Gliederungsschema)

1 Gemeindefunktionen					
11 Agrarfunktion	12 Industriefunktion	13 Ländliche Gewerbe- und Dienstleistungsfunktion	14 Wohnfunktion	15 Fremdenverkehrsfunktion	16 Sonderfunktion
111 Alleinfunktion	112 Hauptfunktion	113 Nebenfunktion			
111.1 ① Beschäftigungsanteil in der Landwirtschaft 1961 ≥ 60%	.2 ② Auspendlerüberschuß 1961 ≤ 20% der Erwerbspersonen	.3 ③ Bevölkerungszuwachs 1961 — 1969 ≤ 10%			
112.1 ④ Anteil der Beschäftigten in der Landwirtschaft 1961 > 40%	.2 ⑤ Keine Hauptfunktion „Wohnen" festzusetzen				
113.1 ⑥ Beschäftigte am Ort in der Landwirtschaft 1961 ≥ 20%	.2 ⑦ Anteil der landwirtschaftlichen Erwerbspersonen im Planungszeitraum voraussichtlich ≥ 10%				
121 Alleinfunktion	122 Hauptfunktion	123 Nebenfunktion			
121.1 ⑧ Beschäftigte am Ort im produzierenden Gewerbe 1961 ≥ 40%	.2 ⑨ Auspendlerüberschuß 1961 ≤ 20% der Erwerbspersonen	.3 ⑩ Seitherige Entwicklung der Industriebeschäftigten nicht erheblich hinter der Bevölkerungsentwicklung zurückgeblieben			

Noch Anlage 1:

122.1 Für die Struktur der Gemeinde wesentliche Gewerbebetriebe ≥ 1	.2 (14) Besondere Standortvoraussetzungen für künftige Entwicklung —				
122.11 (11) Nach dem Anteil an der Gesamtzahl der in der Gemeinde beschäftigten Personen —	.12 (12) Nach dem Flächenanteil —	.13 (13) Nach dem Anteil am Gewerbesteueraufkommen —			
123.1 Für die Struktur der Gemeinde wesentliche Gewerbebetriebe ≥ 1	.2 (18) Besondere Standortvoraussetzungen für künftige Entwicklung —				
123.11 (15) Nach dem Anteil an der Gesamtzahl der in der Gemeinde beschäftigten Personen —	.12 (16) Nach dem Flächenanteil —	.13 (17) Nach dem Anteil am Gewerbesteueraufkommen —			
131 (19) Hauptfunktion, wenn keine andere Funktion überwiegt —	132 Nebenfunktion				
132.1 (20) Am Ort Beschäftigte, im Dienstleistungsbereich Tätige 1961 ≥ 15% —	.2 (21) Bevölkerungsentwicklung läßt keinen Rückgang dieses Anteils erwarten —	.3 (22) Unter Berücksichtigung des produzierenden Gewerbes mit Versorgungscharakter —	.4 Unter Berücksichtigung anderer Funktionen		
132.41 (23) Fremdenverkehrsfunktion —	.42 (24) Sonderfunktion —				

Noch Anlage 1:

141 Hauptfunktion	142 (28) Nebenfunktion, wenn Auspendlerüberschuß ≥ 20% der Erwerbspersonen				
141.1 Auspendlerüberschuß > als Gesamtzahl der außerlandwirtschaftlich Beschäftigten	.2 (27) Auspendlerüberschuß > 50% der Erwerbspersonen				
141.11 (25) Tatsächlich	.12 (26) Planerisch				
151 Alleinfunktion	152 Hauptfunktion	153 Nebenfunktion			
151.1 (29) Fremdenübernachtungen ≥ 200/Einwohner und Jahr (Zielwerte 1985)	.2 (30) Unter Berücksichtigung der Entwicklungen bei den anderen Funktionen	.3 (31) Unter Berücksichtigung der Übernachtungen in Zelten zu $^1/_5$			
152.1 (32) Fremdenübernachtungen ≥ 100/Einwohner und Jahr (Zielwerte 1985)	.2 (33) Unter Berücksichtigung der Entwicklungen bei den anderen Funktionen	.3 (34) Unter Berücksichtigung der Übernachtungen in Zelten zu $^1/_5$			
153.1 (35) Fremdenübernachtungen ≥ 25/Einwohner und Jahr (Zielwerte 1985) oder wesentlicher Naherholungsverkehr	.2 (36) Unter Berücksichtigung der Entwicklungen bei den anderen Funktionen	.3 (37) Unter Berücksichtigung der Übernachtungen in Zelten zu $^1/_5$			
161 (38) Starke Beeinflussung durch Anstalten	162 (39) Starke Beeinflussung durch Einrichtungen von Sonderverwaltungen				

Anlage 2: Typenkasten des Fremdenverkehrs
(Gliederungsschema, Aufnahme)

1 Typenkarten des Fremdenverkehrs						
11 Vorbemerkungen	12 Begriffsbestimmung	13 Statistische Grundlagen und räuml. Vergleich				
121 Definition	122 Voraussetzungen (qualitativ und quantitativ)	123 Kriterien für einen Fremdenverkehrsort oder ein F.-Gebiet (Teilaspekte f.d. Typenb.)				
121.1 Definition von Bernecker	121.2 Definition von Poser					
122.1 Ortsveränderung	122.2 Einrichtungen	122.3 Landschaft (Standort) (geogr. Substanz)	122.4 Kultur	122.5 Versorgung	122.6 Funktion der Städte und städt. Agglomerationen	122.7 Naturhaushaltsbelastung
123.1 Fremdenanhäufung und deren Wiederholung	123.2 Verkehrserschließung	123.3 Gepräge des Ortsbildes oder Gebietes	123.4 Lage	123.5 Erscheinungsformen des Tourismus	123.6 Nachfrage	123.7 Entwicklung
123.8 Wirtschaftlichkeit	123.9 Ausbaumöglichkeiten (Tendenz)					
123.61 Motivation der Nachfrage	123.62 Organisation der Nachfrage	123.63 Nachfrage im Verhältnis zum Angebot				
123.71 Gesamtwirtschaftliche Entwicklung	123.72 Örtliche Entwicklung	123.73 Räumliche Entwicklung				

Noch Anlage 2:

123.81 Struktur der Wirtschaftlichkeit	123.82 Umfang der Wirtschaftlichkeit	123.83 Bettenkapazität (Diagramm)	123.84 Bettenauslastung (Dia-gramm)			
131 Unzureichende statistische Unterlagen	132 Wünsche an die Statistik					
122.31 Relief	122.32 Gewässer	122.33 Klima, Wetter (Saison)	122.34 Bodenbedeckung	122.35 Nutzung	122.36 Tierwelt	
122.21 Kur- und Heilmittel	122.22 Kleinräumige Erholungsflächen	122.23 Gaststätten	122.24 Kongreßzentren			
122.41 Volksleben	122.42 Religion	122.43 Sozialstruktur	122.44 Kulturdenkmäler, Denkmäler			
123.21 Verkehrslage	123.22 Verkehrsmittel	123.23 Verkehrsdichte	123.24 Verkehrssicherheit	123.25 Verkehrsbequemlichkeit		
122.311 Hochgebirge	122.312 Mittelgebirge und Hügelland	122.313 Weite Täler und Talbecken	122.314 Flachland			
122.321 Meere und Küsten	122.322 Binnengewässer und Ufer	122.323 Quellgebiete				
122.331 Ganzjährige Saison	122.332 Lange Winter- und lange Sommersaison	122.333 Lange Winter- und kurze Sommersaison	122.334 Kurze Winter- und lange Sommersaison	122.335 Nur ausgeprägte Wintersaison	122.336 Nur ausgeprägte Sommersaison	122.337 Kurze Winter- und kurze Sommersaison
122.338 Kurze Wintersaison	122.339 Kurze Sommersaison					
122.341 Wüsten	122.342 Dünen	122.343 Heide	122.344 Steppe	122.345 Wald		

Noch Anlage 2:

122.351 vorwiegend agrarisch genutzt	122.352 stark industrie-geprägt	122.353 Naturparks und Land-schafts-schutzgebiet				
122.361 Tiere in freier Wildbahn	122.362 Tiere im Gehege	122.363 Tiere auf dem Bau-ernhof	122.364 Reitpferde			
122.411 Volkstanz	122.412 Folklorever-anstaltungen	122.413 Volkskunst (Sehenswür-digkeiten)				
122.421 Religiöse Ferien	122.422 Exerzitien-ort	122.423 Wallfahrts-ort	122.424 Religiöses Übungs-und Bildungs-zentrum	122.425 Religiöse Kultur (Sehenswür-digkeiten)		
123.51 Gebiets-gebundene Er-scheinungs-form	123.52 Strecken-gebundene Er-scheinungs-form					
123.511 Eis- und Felsberg-steigen	123.512 Skisport und Ski-bergsteigen	123.513 Berg-wandern	123.514 Wandern	123.515 Jagd	123.516 Reiten	123.517 Wasser-sport
123.518 Segel- und Yachtsport	123.519 Fischerei-sport					
123.521 Bergrouten	123.522 Skirouten	123.523 Wanderwege	123.524 Lehrpfade	123.525 Reitwege	123.526 Rennbahnen	123.527 Wasser-wanderwege
123.528 Architek-tonisch bedeutende Straßen	123.529 Wallfahrts-wege					
122.441 Natur-denkmal	122.442 Kultur-denkmal	122.443 Historische Stätten	122.444 Techn. Bau-ten und Ein-richtungen	122.445 Besondere Aussichts-punkte		

Noch Anlage 2:

122.71 Nutzungsdichte der Erholungsfläche	122.72 Störung des Wasserhaushalts	122.73 Änderung der morphogenetischen Faktoren	122.74 Änderung des Lokalklimas			
122.231 Qualität der Gaststätten	122.232 Gaststätten mit Unterkunft	122.233 Gaststätten ohne Unterkunft				
123.611 Soziale Stellung	123.612 Beruf	123.613 Alter	123.614 Reiseform	123.615 Anforderungen an die Unterkunft	123.616 Urlaubsdauer	
123.614.1 Individualtourismus	123.614.2 Gesellschaftsreisen	123.614.3 Sozialtourismus				
123.615.1 Privatquartier	123.615.2 Fremdenheim	123.615.3 Touristenherberge	123.615.4 Schutzhütte	123.615.5 Ferienhaus	123.615.6 Pension	123.615.7 Gasthaus
123.615.8 Hotel						
123.631 Geringes Angebot bei hoher Nachfrage	123.632 Angebot entspricht der durchschnitt.-Nachfrage	123.633 Angebot entspricht der Nachfragespitze oder ist überhaupt zu hoch				
123.631.1 Nicht kostendeckend infolge zu kurzer Saison oder zu hohen Betriebskosten oder beides	123.631.2 Kostendeckend ohne nennenswerte Reineinnahmen infolge zu kurzer Saison oder zu hohen Betriebskosten oder beides	123.631.3 Durchschnittliche Reineinnahmen (rentabel)	123.631.4 Hohe Reineinnahmen (hochrentabel) infolge Vollauslastung und niedriger Betriebskosten			

Noch Anlage 2:

123.632.1 Nicht kostendeckend infolge zu kurzer Saison oder zu hohen Betriebskosten —	123.632.2 Kostendeckend ohne nennenswerte Reineinnahmen infolge zu kurzer Saison oder zu hohen Betriebskosten —	123.632.3 Durchschnittliche Reineinnahmen (rentabel), aber krisenanfällig —	123.632.4 Hohe Reineinnahmen infolge Vollauslastung und niedriger Betriebskosten —			
123.633.1 Nicht kostendeckend, wirtschaftlich schwer gefährdet —	123.633.2 Kostendeckend, aber wirtschaftlich gefährdet —	123.633.3 Durchschnittliche Reineinnahmen, aber rückläufige Tendenz —	123.633.4 Hohe Reineinnahmen infolge niedriger Betriebskosten und rechtzeitiger wirtschaftlicher Umstrukturierung —			

Anlage 3: Typenkasten des Fremdenverkehrs (Gliederungsschema, Analyse)

1 Typenkarten des Fremdenverkehrs						
11 (1) Vorbemerkungen	12 Begriffsbestimmung	13 Stat. Grundlagen und räumlicher Vergleich				
121 Definition	122 Voraussetzungen (qualitativ und quantitativ)	123 Kriterien für einen Fremdenverkehrsort oder -gebiet (Teilaspekte für die Typenbildung)				
121.1 (2) Definition von Bernecker	121.2 (3) Definition von Poser					
122.1 (4) Ortsveränderung	122.2 Einrichtungen	122.3 Landschaft (Standort) (geogr. Substanz)	122.4 Kultur	122.5 (53) Versorgung	122.6 (54) Funktion der Städte und städt. Agglomerationen	122.7 Naturhaushaltsbelastung
122.21 (5) Kur- und Heilmittel	122.22 (6) Kleinräumige Erholungsflächen	122.23 Gaststätten	122.24 (10) Kongreßzentren			
122.231 (7) Qualität der Gaststätten	122.232 (8) Gaststätten mit Unterkunft	122.233 (9) Gaststätten ohne Unterkunft				
122.31 Relief	122.32 Gewässer	122.33 Klima, Wetter Saison	122.34 Bodenbedeckung	122.35 Nutzung	122.36 Tierwelt	
122.311 (11) Hochgebirge	122.312 (12) Mittelgebirge und Hügelland	122.313 (13) Weite Täler und Talbecken	122.314 (14) Flachland			

Noch Anlage 3:

122.321 (15) Meere und Küsten	122.322 (16) Binnengewässer und Ufer	122.323 (17) Quellgebiete				
122.331 (18) Ganzjährige Saison	122.332 (19) Lange Winter- und lange Sommersaison	122.333 (20) Lange Winter- und kurze Sommersaison	122.334 (21) Kurze Winter- und lange Sommersaison	122.335 (22) Nur ausgeprägte Wintersaison	122.336 (23) Nur ausgeprägte Sommersaison	122.337 (24) Kurze Winter- und kurze Sommersaison
122.338 (25) Kurze Wintersaison	122.339 (26) Kurze Sommersaison					
122.341 (27) Wüsten	122.342 (28) Dünen	122.343 (29) Heide	122.344 (30) Steppe	122.345 (31) Wald		
122.351 (32) vorwiegend agrarisch genutzt	122.352 (33) stark industriegeprägt	122.353 (34) Naturparks und Landschaftsschutzgebiet				
122.361 (35) Tiere in freier Wildbahn	122.362 (36) Tiere im Gehege	122.363 (37) Tiere auf dem Bauernhof	122.364 (38) Reitpferde			
122.41 Volksleben	122.42 Religion	122.43 (47) Sozialstruktur	122.44 Kulturdenkmäler, Denkmäler			
122.411 (39) Volkstanz	122.412 (40) Folkloreveranstaltungen	122.413 (41) Volkskunst (Sehenswürdigkeiten)				
122.421 (42) Religiöse Ferien	122.422 (43) Exerzitienort	122.423 (44) Wallfahrtsort	122.424 (45) Religiöses Übungs- und Bildungszentrum	122.425 (46) Religiöse Kultur (Sehenswürdigkeiten)		
122.441 (48) Naturdenkmal	122.442 (49) Kulturdenkmal	122.443 (50) Historische Stätten	122.444 (51) Techn. Bauten und Einrichtungen	122.445 (52) Besondere Aussichtspunkte		
122.71 (55) Nutzungsdichte der Erholungsfläche	122.72 (56) Störung des Wasserhaushalts	122.73 (57) Änderung der morphogenetischen Faktoren	122.74 (58) Änderung des Lokalklimas			

Noch Anlage 3:

123.1 (59) Fremdenanhäufung und deren Wiederholung	123.2 Verkehrserschließung	123.3 (65) Gepräge des Ortsbildes oder Gebietes	123.4 (66) Lage	123.5 Erscheinungsformen des Tourismus	123.6 Nachfrage	123.7 Entwicklung
123.8 Wirtschaftlichkeit	123.9 (120) Ausbaumöglichkeiten (Tendenz)					
123.21 (60) Verkehrslage	123.22 (61) Verkehrsmittel	123.23 (62) Verkehrsdichte	123.24 (63) Verkehrssicherheit	123.25 (64) Verkehrsbequemlichkeit		
123.51 Gebietsgebundene Erscheinungsform	123.52 Streckengebundene Erscheinungsform					
123.511 (67) Eis- und Felsbergsteigen	123.512 (68) Skisport und Skibergsteigen	123.513 (69) Bergwandern	123.514 (70) Wandern	123.515 (71) Jagd	123.516 (72) Reiten	123.517 (73) Wassersport
123.518 (74) Segel- und Yachtsport	123.519 (75) Fischereisport					
123.521 (76) Bergrouten	123.522 (77) Skirouten	123.523 (78) Wanderwege	123.524 (79) Lehrpfade	123.525 (80) Reitwege	123.526 (81) Rennbahnen	123.527 (82) Wasserwanderwege
123.528 (83) Architektonisch bedeutende Straßen	123.529 (84) Wallfahrtswege					
123.61 Motivation der Nachfrage	123.62 (100) Organisation der Nachfrage	123.63 Nachfrage im Verhältnis zum Angebot				
123.611 (85) Soziale Stellung	123.612 (86) Beruf	123.613 (87) Alter	123.614 Reiseform	123.615 Anforderungen an die Unterkunft	123.616 (99) Urlaubsdauer	
123.614.1 (88) Individualtourismus	123.614.2 (89) Gesellschaftsreisen	123.614.3 (90) Sozialtourismus				

Noch Anlage 3:

123.615.1 (91) Privat-quartier —	123.615.2 (92) Fremden-heim —	123.615.3 (93) Touristen-herberge —	123.615.4 (94) Schutzhütte —	123.615.5 (95) Ferienhaus —	123.615.6 (96) Pension —	123.615.7 (97) Gasthaus —
123.615.8 (98) Hotel —						
~~123.631 Geringes Angebot bei hoher Nachfrage~~	~~123.632 Angebot entspricht der durchschnittl. Nachfrage~~	~~123.633 Angebot entspricht der Nachfragespitze oder ist überhaupt zu hoch~~				
123.631.1 (101) Nicht kostendeckend infolge zu kurzer Saison oder zu hohen Betriebskosten oder beides —	123.631.2 (102) Kostendeckend ohne nennenswerte Reineinnahmen infolge zu kurzer Saison oder zu hohen Betriebskosten oder beides —	123.631.3 (103) Durchschnittliche Reineinnahmen (rentabel) —	123.631.4 (104) Hohe Reineinnahmen (hochrentabel) infolge Vollauslastung und niedriger Betriebskosten —			
123.632.1 (105) Nicht kostendeckend infolge zu kurzer Saison oder zu hohen Betriebskosten —	123.632.2 (106) Kostendeckend ohne nennenswerte Reineinnahmen infolge zu kurzer Saison oder zu hohen Betriebskosten —	123.632.3 (107) Durchschnittliche Reineinnahmen (rentabel), aber krisenanfällig —	123.632.4 (108) Hohe Reineinnahmen infolge Vollauslastung und niedriger Betriebskosten —			
123.633.1 (109) Nicht kostendeckend, wirtschaftlich schwer gefährdet —	123.633.2 (110) Kostendeckend, aber wirtschaftlich gefährdet —	123.633.3 (111) Durchschnittliche Reineinnahmen, aber rückläufige Tendenz —	123.633.4 (112) Hohe Reineinnahmen infolge niedriger Betriebskosten und rechtzeitiger wirtschaftlicher Umstrukturierung —			

Noch Anlage 3:

123.71 (113) Gesamtwirtschaftliche Entwicklung —	123.72 (114) Örtliche Entwicklung —	123.73 (115) Räumliche Entwicklung —				
123.81 (116) Struktur der Wirtschaftlichkeit —	123.82 (117) Umfang der Wirtschaftlichkeit —	123.83 (118) Bettenkapazität (Diagramm) —	123.84 (119) Bettenauslastung (Dia-gramm) —			
131 (121) Unzureichende statistische Unterlagen —	132 (122) Wünsche an die Statistik —					

Anlage 4: Hypothesen über die Bestimmungsgründe ausgeglichener Funktionsräume (MARX, D.)
(Gliederungsschema, Aufnahme)

1 Ausgeglichener Funktionsraum					
11 Erholungsbilanz	12 Infrastrukturbilanz	13 Arbeitsplatzbilanz			
111 Nachfrage nach Erholungsmöglichkeiten	112 Angebot an Erholungsmöglichkeiten	113 Staatliche Aktivitäten zur Beeinflussung von Angebot und Nachfrage —			
111.1 Individuelle Erholungsbedürfnisse	.2 Demographische Entwicklung —				
111.11 Verfügbares Einkommen —	.12 Bildungsniveau —	.13 Zeithaushalt —	.14 Tradition —	.15 Verkehrssystem —	
112.1 Potentielle Erholungseignung	.2 Anthropogene und natürliche Raumausstattung —				
112.11 Flächeneinbußen durch Nutzungskonkurrenz —	.12 Beeinträchtigung natürlicher Faktoren —	.13 Überbeanspruchung durch Erholung —	.14 Eigentumsverhältnisse —	.15 Verkehrssystem —	
121 Nachfrage nach speziellen Infrastruktureinrichtungen	122 Angebot von speziellen Infrastruktureinrichtungen	123 Staatliche Aktivitäten zur Beeinflussung der Vorstellungen —			
121.1 Individuelle Vorstellungen der Einwohner über wünschenswerte Infrastruktureinrichtungen —	.2 Demographische Entwicklung —	.3 Faktoren, die u. a. die Vorstellungen beeinflussen —			

Noch Anlage 4:

122.1 Allgemeine Vorstellungen der Einwohner über die notwendige Ausstattung eines Teilraumes mit Infrastruktureinrichtungen —	.2 Gestaltungswille der Leistungsverwaltung —	.3 Faktoren, die u. a. das Angebot von Infrastruktureinrichtungen beeinflussen —			
131 Nachfrage nach Arbeitskräften (Angebot von Arbeitsplätzen)	132 Angebot von Arbeitskräften (Nachfrage nach Arbeitsplätzen)	133 Staatliche Aktivitäten zur Beeinflussung von Angebot und Nachfrage			
131.1 Individuelle Vorstellungen des Unternehmers über spezielle Möglichkeiten rentabler Produktion	.2 Nachfrage nach Konsum- und Investitionsgütern	.3 Faktoren, die u. a. die Vorstellungen und speziellen Möglichkeiten einer rentablen Produktion beeinflussen	.4 Produktionstechnik der Betriebe —	.5 Absatzlage der Betriebe —	
131.31 Verfügbarkeit von Flächen —	.32 Konjunkturelle Erwartungen —	.33 Preisgünstige Infrastruktur —	.34 Voraussichtliche Nachfrage nach Arbeitsplätzen —		
132.1 Individuelle Vorstellungen des Arbeitnehmers über spezielle Möglichkeiten der Einkommenserzielung	.2 Demographische Entwicklung eines Teilraumes	.3 Faktoren, die u. a. die Vorstellungen über spezielle Möglichkeiten der Einkommenserzielung beeinflussen	.4 Wahrscheinliche Nachfrage nach Arbeitsplätzen		
132.31 Tradition und Familienverhältnisse —	.32 Konjunkturelle und strukturelle Erwartungen —	.33 Ausbildungsmöglichkeiten —	.34 Voraussichtliches Angebot von Arbeitsplätzen —	.35 Regionales Attraktivitätspotential —	.36 Interdependenz zwischen dem regionalen Attraktivitätspotential und der Wanderung —
132.21 Geburtenhäufigkeit —	.22 Sterbefälle —	.23 Wanderungssaldo —	.24 Motive interregionaler Wanderungen —		

Noch Anlage 4:

132.231 Zuwanderungen	.232 Abwanderungen				
132.11 Maximierung des individuellen Einkommens	.12 Optimierung der individuellen Vitalsituation (Freizeitwert)	.13 Berufswahl			
133.1 Bildungs- und Ausbildungsmöglichkeit	.2 Transparenz auf dem Arbeitsmarkt				
133.11 Heute von der Bevölkerung in Anspruch genommen	.12 Korrektur durch Differenz von Soll und Ist auf Bundesebene	.13 Tatsächliche Kapazität in der Region	.14 Im Planungsabschnitt zu erwartende Änderungen		
133.141 Finanzkapazität	.142 Baukapazität	.143 Verfügbare Lehrkräfte			
132.41 Erfahrungswerte über „übliche Nachfrage (6 d)“	.42 Erfahrungswerte über zu erwartende regionale Mobilität	.43 Bestand an Arbeitskräften bestimmten Qualifikationsniveaus	.44 Verhältnis Tätigkeit — Ausbildung	.45 Freisetzungen durch Produktivitätsfortschritte	
131.11 Rendite	.12 Optimale Standortwahl				
131.21 Verfügbarkeit von Flächen und deren Preise (Flächenbilanz)	.22 Ausreichende Infrastruktur und ihr Preis	.23 Arbeitskräfteangebot und die Qualifikation der Kräfte			
131.211 Vorhandene und benötigte Flächen für betriebliche Leistungserstellung	.212 Vorhandene und benötigte Flächen für Wohnen und Wohnfolgeeinrichtungen	.213 Vorhandene und benötigte Flächen für diverse Infrastruktureinrichtungen			
131.221 Unmittelbar produktionsrelevante Infrastruktureinrichtungen	.222 Mittelbar produktionsrelevante Infrastruktureinrichtungen				

Anlage 5: Hypothesen über die Bestimmungsgründe ausgeglichener Funktionsräume (Marx, D.)
(Gliederungsschema, Analyse)

1 Ausgeglichener Funktionsraum					
11 Erholungsbilanz	12 Infrastrukturbilanz	13 Arbeitsplatzbilanz			
111 Nachfrage nach Erholungsmöglichkeiten	112 Angebot an Erholungsmöglichkeiten	113 (13) Staatliche Aktivitäten zur Beeinflussung von Angebot und Nachfrage			
111.1 Individuelle Erholungsbedürfnisse	.2 (6) Demographische Entwicklung				
111.11 (1) Verfügbares Einkommen	.12 (2) Bildungsniveau	.13 (3) Zeithaushalt	.14 (4) Tradition	.15 (5) Verkehrssystem	
112.1 Potentielle Erholungseignung	.2 (12) Anthropogene und natürliche Raumausstattung				
112.11 (7) Flächeneinbußen durch Nutzungskonkurrenz	.12 (8) Beeinträchtigung natürlicher Faktoren	.13 (9) Überbeanspruchung durch Erholung	.14 (10) Eigentumsverhältnisse	.15 (11) Verkehrssystem	
121 Nachfrage nach speziellen Infrastruktureinrichtungen	122 Angebot von speziellen Infrastruktureinrichtungen	123 (20) Staatliche Aktivitäten zur Beeinflussung der Vorstellungen			
121.1 (14) Individuelle Vorstellungen der Einwohner über wünschenswerte Infrastruktureinrichtungen	.2 (15) Demographische Entwicklung	.3 (16) Faktoren, die u. a. die Vorstellungen beeinflussen			

Noch Anlage 5:

122.1 (17) Allgemeine Vorstellungen der Einwohner über die not- wendige Aus- stattung eines Teilraumes mit Infrastruktur- einrichtungen	.2 (18) Gestaltungs- wille der Leistungs- verwaltung	.3 (19) Faktoren, die u. a. das An- gebot von In- frastruktur- einrichtungen beeinflussen			
131 Nachfrage nach Arbeits- kräften (An- gebot von Ar- beitsplätzen)	132 Angebot von Arbeitskräften (Nachfrage nach Arbeits- plätzen)	133 Staatliche Ak- tivitäten zur Beeinflussung von Angebot und Nachfrage			
131.1 Individuelle Vorstellungen des Unter- nehmers über spezielle Mög- lichkeiten rentabler Produktion	.2 Nachfrage nach Konsum- und Investi- tionsgütern	.3 Faktoren, die u. a. die Vor- stellungen und speziellen Möglichkeiten einer rentablen Produktion beeinflussen	.4 (33) Produktions- technik der Betriebe	.5 (34) Absatzlage der Betriebe	
131.11 (21) Rendite	.12 (22) Optimale Standortwahl				
131.21 Verfügbarkeit von Flächen und deren Preise (Flä- chenbilanz)	.22 Ausreichende Infrastruktur und ihr Preis	.23 (28) Arbeitskräfte- angebot und die Qualifika- tion der Kräfte			
131.211 (23) Vorhandene und benötigte Flächen für betriebliche Leistungs- erstellung	.212 (24) Vorhandene und benötigte Flächen für Wohnen und Wohnfol- geeinrich- tungen	.213 (25) Vorhandene und benötigte Flächen für diverse Infra- struktur- einrichtungen			
131.221 (26) Unmittelbar produktions- relevante In- frastruktur- einrichtungen	.222 (27) Mittelbar pro- duktionsrele- vante Infra- struktur- einrichtungen				
131.31 (29) Verfügbarkeit von Flächen	.32 (30) Konjunkturelle Erwartungen	.33 (31) Preisgünstige Infrastruktur	.34 (32) Voraussicht- liche Nachfrage nach Arbeits- plätzen		

Noch Anlage 5

132.1 Individuelle Vorstellungen des Arbeitnehmers über spezielle Möglichkeiten der Einkommenserzielung	.2 Demographische Entwicklung eines Teilraumes	.3 Faktoren, die u. a. die Vorstellungen über spezielle Möglichkeiten der Einkommenserzielung beeinflussen	.4 Wahrscheinliche Nachfrage nach Arbeitsplätzen		
132.11 (35) Maximierung des individuellen Einkommens	.12 (36) Optimierung der individuellen Vitalsituation (Freizeitwert)	.13 (37) Berufswahl			
132.21 (38) Geburtenhäufigkeit	.22 (39) Sterbefälle	.23 Wanderungssaldo	.24 (42) Motive interregionaler Wanderungen		
132.231 (40) Zuwanderungen	.232 (41) Abwanderungen				
132.31 (43) Tradition und Familienverhältnisse	.32 (44) Konjunkturelle und strukturelle Erwartungen	.33 (45) Ausbildungsmöglichkeiten	.34 (46) Voraussichtliches Angebot von Arbeitsplätzen	.35 (47) Regionales Attraktivitätspotential	.36 (48) Interdependenz zwischen dem regionalen Attraktivitätspotential und der Wanderung
132.41 (49) Erfahrungswerte über „übliche Nachfrage (6d)“	.42 (50) Erfahrungswerte über zu erwartende regionale Mobilität	.43 (51) Bestand an Arbeitskräften bestimmten Qualifikationsniveaus	.44 (52) Verhältnis Tätigkeit — Ausbildung	.45 (53) Freisetzungen durch Produktivitätsfortschritte	
133.1 Bildungs- und Ausbildungsmöglichkeit	.2 (60) Transparenz auf dem Arbeitsmarkt				
133.11 (54) Heute von der Bevölkerung in Anspruch genommen	.12 (55) Korrektur durch Differenz von Soll und Ist auf Bundesebene	.13 (56) Tatsächliche Kapazität in der Region	.14 Im Planungsabschnitt zu erwartende Änderungen		
133.141 (57) Finanzkapazität	.142 (58) Baukapazität	.143 (59) Verfügbare Lehrkräfte			

Typenbildung und Typendarstellung in der Schulkartographie[1)]

von

Walter Sperling, Trier

Der Stand und die Ergebnisse der thematischen Kartographie[2]) finden laufend ihren Niederschlag in den Produkten der Schulkartographie[3]). Schulatlanten sind die geläufigste und populärste Form kartographischer Literatur überhaupt, man denke nur an die Riesenauflagen und den täglichen Gebrauch in Schule und Heim[4]). Dies wird um so deutlicher, als thematische Karten[5]) einen immer breiteren Raum in den Schulatlanten Arbeitsmappen, Lehrbüchern usw. einnehmen, erwähnt seien nur die komplexen Wirtschaftskarten verschiedener Maßstäbe. Daneben sind aber auch kartenähnliche Darstellungen, Kartogramme und Kartendiagramme und selbst nach Themaschwerpunkten ausgewählte Luftbilder zu beachten.

Die Auseinandersetzung der Schulkartographie mit den Fragen der Typologie des geographischen Raums wird neuerdings beeinflußt durch die Diskussion über die „Revision des geographischen Curriculums", d. h. den Wandel der Lehrpläne durch die Formulierung neuer geographischer Lernziele, die Erprobung neuer Unterrichtsmethoden, die Einführung moderner Medien und allgemein die Postulierung eines neuen, mehr auf die Gesellschaft bezogenen geographischen Bildungsbegriffs[6]).

---

1) Auf ein umfassendes Literaturverzeichnis der Schulkartographie kann hier verzichtet werden, vgl. W. SPERLING: Literatur. In: D. Erdkundeunterricht, H. 11, Stuttgart 1970, S. 92—101. — Eine umfassende Bibliographie „Die Karte in Schule und Hochschule" befindet sich in Vorbereitung.

2) Vgl. E. ARNBERGER: Handbuch der thematischen Kartographie. Wien 1966 und W. WITT: Thematische Kartographie. 2. Aufl. Abhandlungen der Akademie für Raumforschung und Landesplanung, Bd. 49, Hannover 1970.

3) Vgl. F. AURADA: Zur Lage der Schulkartographie am Beginn der siebziger Jahre. In: Grundsatzfragen der Kartographie, Wien 1970, S. 29—48, zgl. Mitt. Österr. Geogr. Ges. 112, 1970, S. 398—415, F. PFROMMER: Der Beitrag der Atlaskartographie zur Vermittlung geographischen Wissens in unserer Zeit. In: Kart. Nachr. 13, 1963, S. 83—84 und W. GROTELÜSCHEN: Der Atlas im Erdkundeunterricht früher und heute. In: Geographie und Atlas heute, Berlin 1970, S. 5—10.

4) Vgl. W. BORMANN: Die Privatkartographie in der Bundesrepublik Deutschland. In: Deutsche Kartographie der Gegenwart, Bielefeld 1970, S. 105—118 mit zahlreichen Beilagen.

5) Vgl. F. AURADA: Bedeutung und Eigenständigkeit der thematischen Kartographie im Rahmen der Schulatlanten. In: Mitt. Österr. Geogr. Ges. 108, 1966, S. 110—123.

6) Die Literatur zur „Curriculum-Revision" nimmt ständig zu. Eingeleitet wurde die Diskussion durch A. SCHULTZE: Allgemeine Geographie statt Länderkunde! In: Geogr. Rdsch. 22, 1970, S. 1—10; dagegen J. BIRKENHAUER: Die Länderkunde. In: Geogr. Rdsch. 22, 1970, S. 194—204. — Dazu vgl. H. HENDINGER: Ansätze zur Neuorientierung der Geographie im Curriculum aller Schularten: In: Geogr. Rdsch. 22, 1970, S. 10—18, E. ERNST: Lernziele in der Erdkunde. In: Geogr. Rdsch. 22, 1970, S. 186—194 und W. HAUSMANN: Neue Gesichtspunkte und Strömungen im Geographieunterricht der Bundesrepublik Deutschland. In: Mitt. Österr. Geogr. Ges. 114, 1972, S. 155—174. — Vorläufig zusammenfassend vgl. A. SCHULTZE (Hrsg.): Dreißig Texte zur Didaktik der Geographie. Braunschweig 1971. — Vgl. dazu auch J. BIRKENHAUER & H. HAUBRICH: Das geographische Curriculum in der Sekundarstufe I. Düsseldorf 1971. — Zusammenfassend polemisch G. HARD: Wird die Geographie/Erdkunde überleben? Perspektiven auf eine künftige Geographie an Hochschule und Schule (vervielf. MS Düsseldorf 1972). — Vgl. ferner E. LEHMANN: Der Bildungswert der Geographie als Wissenschaft. In: Geogr. Berichte 15 (54), 1970, S. 15—21.

An die Stelle des „länderkundlichen Durchgangs“ tritt, wie die gegenwärtige fachdidaktische Literatur immer deutlicher zeigt, die Hervorhebung allgemeingeographischer Sachverhalte am regionalen Beispiel in mehr oder weniger exemplarischer Form und mit der typologisch-vergleichenden Methode. Die Beschreibung „geographischer Charakterbilder“ (Grube) wurde schon im 19. Jahrhundert geübt; neben die Physiognomik tritt in der Gegenwart immer mehr die funktionale, genetische und ökologische[7]) Fragestellung. Damit geht die Schulkartographie auch eine neue Verbindung mit der topographischen Kartographie ein, denn dies verlangt die immer stärkere Bereitstellung großmaßstäbiger Karten in den Maßstabsgruppen von 1 : 25000 bis etwa 1 : 200000. Dies zeigt schon ein erster Blick in die gängigen Schulatlanten und auch neue Lehrbücher, wo man hinreichend genug Beispiele aus dem Bereich der amtlichen topographischen Kartographie findet. Für den Schulkartographen ergibt sich die Aufgabe, etwa amtliche topographische Karten umzuarbeiten, d. h. zu generalisieren und zu typisieren; für den Geographielehrer wird die Aufgabe, in das Verständnis und den Gebrauch amtlicher Karten oder auch verbreiteter Gebrauchskarten (Straßenkarte, Eisenbahnkarte, Wetterkarte) einzuführen und dieses laufend zu üben, wieder aktuell[8]).

Die Frage einer psychologischen Grundlegung und der Motivation beim Kartenbenutzer, also dem Schüler und dem Lehrer, darf hier noch außer acht gelassen werden, sie gehört in den praktischen Teil solcher Reflexionen und bedarf systematischer empirischer Untersuchungen, wie sie bislang nur in geringem Umfange vorliegen[9]).

Wir werden uns bemühen, den Typusbegriff in seiner theoretischen Grundlegung in der Wissenschaftstheorie und der Pädagogik herauszuarbeiten und dies mit Beispielen aus der Schulkartographie zu belegen. Der Begriff Schulkartographie[10]) muß weiter gefaßt werden als dies bisher in der Didaktik und der Kartographie geschah, überhaupt muß der ganze Bereich der Informatik, welche die Didaktik in immer größerem Maße beeinflußt, stärker beachtet werden. Dazu gehört auch mediengerechte Vermittlung kartographischer Informationen über das Diapositiv, den Film und das Fernsehen. Die klassische Schulkartographie, die sich nur mit Atlas, Schulwandkarte, Erdkundebuch und Arbeitsmappe befaßte, ist weitgehend überholt.

Der folgende Beitrag ist in zwei Teile gegliedert: Die theoretische Grundlegung und Diskussion ausgewählter praktischer Beispiele. Hinsichtlich des Begriffs „Typisierung“ sind wiederum vier Gegebenheiten zu unterscheiden:

1. Das Typisieren im Rahmen der Generalisierung topographischer Karten.
2. Die Darstellung von „Typenlandschaften“ durch pointertes Hervorheben der typischen Merkmale.

---

[7]) Vgl. dazu M. Strässer: Landschaftsökologie im lernzielorientierten Unterricht. In: Neue Wege 23, 1972, S. 90—96 und G. Hoffmann: Die Physiogeographie auf der Oberstufe. Ökologisches Denken als didaktisches Ziel der Physischen Geographie. In: Geogr. Rdsch. 20, 1968, S. 451—457.

[8]) Vgl. dazu etwa F. Pfrommer: Die großmaßstäbige Karte im Unterricht der höheren Schule. In: Kart. Nachr. 11, 1961, S. 140—143. — Die gesamte Lit. zum Problem „amtliche topographische Karten im Unterricht“ W. Sperling (in Vorb.).

[9]) Vgl. W. Sperling: Kind und Landschaft. Das geographische Raumbild des Kindes. 2. Aufl. Stuttgart 1973 (D. Erdkundeunterricht, H. 5), W. Sperling: Ein Beitrag zu psychologischen Fragen der Arbeit mit dem Luftbild im Schulunterricht. In: D. Erdkundeunterricht 10, 1969, S. 36—52 und W. Sperling: Einige psychologische und pädagogische Fragen der Einführung in das Kartenlesen und -verstehen. Ein Plädoyer gegen den Stufenatlas. In: D. Erdkundeunterricht 11, 1970, S. 41—50.

[10]) Vgl. Art. „Schulatlanten“ und „Schulkarte“ in Westermanns Lexikon der Geographie, Bd. 4, Braunschweig 1970, S. 139 u. 143 (Bearbeiter Schmidt-Falkenberg). — Vgl. auch W. Witt a.a.O., 1970, Sp. 1027 ff.

3. Typenkarten als Wandkarten und in Atlanten.

4. Die Typensprache des Kartographen bei der Wahl seiner Darstellungsmittel.

Punkt 3 ist der wichtigste; er kann aber erst geklärt werden, wenn die anderen Fragen gelöst sind.

I. Theoretische Grundlegung

Die Begriffe „Typ“ und „Typisierung“ werden durchaus unterschiedlich gebraucht: einerseits als Gegensatz zum Individuum, andererseits aber auch individualisierend im Unterschied zu „Modell“ und Abstraktion. „Typ“ ist, wie zu zeigen sein wird, etwas Konkretes, das über Einzelnes etwas Allgemeines aussagt.

Verfolgen wir nun den Begriff Typ durch die Wissenschaftstheorie, die Pädagogik (Allgemeine Didaktik), die geographische Wissenschaft und ihre Fachdidaktik und durch die Theorie und Praxis der Kartographie bis hin zur Schulkartographie, besonders die Kartographie der Schulatlanten und -wandkarten, Arbeitsmappen und Erdkundebücher.

1. *Die Wissenschaftstheorie* bedarf des Typusbegriffs, um Klassifizierungen vorzunehmen, Gattungen in ein System einzuordnen. Typus ist aber weiter gefaßt als Gattung; der Begriff kommt aus der antiken Logik[11]). Wir finden das Wort „Typus“ im Griechischen: es bedeutet „Schlag“ und das dadurch Bewirkte, die Hohlform, die Gestalt. Das Wort kommt also aus der Alltagswelt der Bronzegießer und wandelt sich über den Abdruck der Hohlform zur Gestalt der „Statue“. Noch allgemeiner wird es zu „Form“.

Etwas Ähnliches haben wir in der Kartographie: der „Typ“, beispielsweise ein wirtschaftsgeographisches Bildsymbol, wird auf verschiedene Karten aufgedruckt — wesentlich ist der sich wiederholenden Vorgang des Aufdruckens und Reproduzierens. Typen bedeuten etwas Ähnliches, das durchaus verschieden sein kann. Das Typensymbol für „Stahlwerk“ in der wirtschaftsgeographischen Atlaskarte bedeutet bei Rourkela in Indien etwas anderes, als wenn wir es in Lothringen oder im Saargebiet anbringen, denn es herrschen da und dort ganz andere geographische Voraussetzungen und Bedingungen für die Stahlproduktion.

Von der Philosophie, d. h. von der Logik, der Erkenntnistheorie und der Wissenschaftstheorie her setzte sich der Typusbegriff in fast allen Erfahrungswissenschaften durch: in der Psychologie, den Sozialwissenschaften[12]), in den Erziehungswissenschaften, auch in der Geographie und der Kartographie. In manchen Wissenschaften spricht man von Klassen und Klassifizierungsschemata, in anderen, z. B. der Biologie, von Gattungen. Eine exakte definitorische Beschreibung des Typisierens in der Kartographie, der thematischen Kartographie und hier vorwiegend der Schulkartographie wird von hier aus zu bedenken sein.

Die Sozialwissenschaften haben ihren eigenen Typusbegriff entwickelt; W. Witt hat dies in seinem Werk „Thematische Kartographie“ aus der Sicht der theoretischen Kartographie dargelegt. Was die Anwendung des Typusbegriffs der Psychologen auf

---

[11]) Wir folgen hier H. Lautensach: Über die Begriffe Typus und Individuum in der geographischen Forschung. Kallmünz/Regensburg 1953 (Münchener Geogr. Hefte, H. 3), bes. S. 5.

[12]) Vgl. dazu auch W. Witt, a.a.O., 1970, Sp. 530 n. Hempel, von Kempski, Popper und Topitsch.

die Kartographie, besonders die Schulkartographie, angeht, so müßte hier eine eigene Untersuchung stehen, besonders was Gestalt und Farbe anbetrifft.

2. Betrachten wir nun die *Pädagogik,* weil sie mit unserem Gegenstand, der Schulkartographie, etwas zu tun hat. Hier tauchte in den fünfziger Jahren in der erziehungswissenschaftlichen Theorie wie auch in der Allgemeinen Didaktik der Begriff des „exemplarischen Lehrens und Lernens" auf[13]). Viele Pädagogen und Fachdidaktiker, auch Vertreter der geographischen Didaktik und des Erdkundeunterrichts, nahmen dazu Stellung. W. KLAFKI[14]) setzte neben die Grundformen des Fundamentalen und des Elementaren die des Exemplarischen, d. i.: das Typische, das Klassische, das „Repräsentative" schlechthin. Das Typische erweist sich als Inbegriff aller anschaulich-allgemeinen Inhalte, die Typen haben in eben dieser Anschaulichkeit ihre Grenzen. Wir dürfen festhalten, daß auch in der Schulkartographie die Gestaltung zum Typ etwas Allgemeines anschaulich macht.

Wieder anders klassifiziert der Pädagoge H. SCHEUERL[15]) das Feld des Exemplarischen; er gibt einen ganzen Katalog von Spielarten der exemplarischen Repräsentation: Paradigma — Exemplar/Exempel — Typus — reiner Fall — Muster — Modell — Gleichnis — „pars pro toto" — Analogie. Hören wir, was er zum Typ sagt: „Das Einmalige wird nicht unter Klassen und Gattungen subsumiert, sondern approximativ mit einer gleichfalls anschaulich einmaligen Hochform verglichen, die selber aus Individuellem als Individuelles herausgesehen wurde. Die so gestiftete Ordnung bleibt im Anschaulichen, weicht in kein höheres Begriffssystem aus. Typen können einander so unsystematisch wie Individuen benachbart sein. Die bildhafte Fülle der Welt bleibt — wenn auch in relativer Vereinfachung — erhalten" (S. 55).

Ohne Zweifel kann die Schulkartographie von dieser differenzierten Auffassung des Typusbegriffs profitieren. Gerade in einer wirtschaftsgeographischen Wandkarte oder Atlaskarte stehen die als Typen gefaßten Signaturen unsystematisch, ihrer Verbreitung gemäß, nebeneinander. Beziehungen zwischen ihnen werden erst durch eine interpretatorische Analyse und anschließende Synthese beim Betrachter bzw. den, der die Betrachtung vermittelt, das ist der Lehrer, geschaffen. Die Darbietung des „reinen Falls" beispielsweise stellen wir fest bei der Auswahl eines Ausschnitts einer topographischen Karte mit einer Typenlandschaft (Küstenformen, Vulkanrelief, Hochgebirge, Industrielandschaft usw.). Wir finden aber auch die Vorstellung von konstruierten Modellen in großer Zahl in der Schulkartenliteratur, beispielsweise Profile, Blockbilder, Modelle und ähnliches. Ich denke dabei an auf A. PENCK zurückgehende „glaziale Serie" oder auch Idealbilder von Wetter- und Klimakarten.

3. In die Begriffsbildung der Erdwissenschaften, namentlich der *Geographie,* hat der Typusbegriff im 19. Jahrhundert Eingang gefunden. Durch J. H. PESTALOZZI war C. RITTER auf die Idee des Typus gestoßen, die ihn immer wieder bewegte. Er plante einen nie erschienenen Typenatlas von „Charaktercharten", „da wir mit Ländercharten

---

[13]) Vgl. dazu die Aufsatzsammlung von B. GERNER (Hrsg.): Das exemplarische Prinzip. Beiträge zur Didaktik der Gegenwart. Darmstadt 1963 (Wege d. Forschung, Bd. 30), darin allgemein-didaktische Aufsätze von WAGENSCHEIN, FLITNER, DERBOLAV, KLAFKI u. a. sowie fachdidaktische von KÜBEL, SCHULTZE, WOCKE u. a.

[14]) Vgl. dazu W. KLAFKI: Das pädagogische Problem des Elementaren und die Theorie der kategoralen Bildung. 4. Aufl. Weinheim 1970 sowie W. KLASKI: Studien zur Bildungstheorie und Didaktik. 24. Aufl. Weinheim 1971.

[15]) Vgl. dazu H. SCHEUERL: Die exemplarische Lehre. Sinn und Grenzen eines didaktischen Prinzips 2. Aufl. Tübingen 1960; hier Zit. nach B. GERNER; a.a.O., 1963, S. 54—57.

überhäuft sind." Darin wollte er z. B. „ein Alpenland, eine Wüste, ein Steppenland, ein Delta, ... Inseln, Inselgruppen, ... Wasserstürze" bringen[16]). Vor allem seit A. VON HUMBOLDT hat sich die Allgemeine Geographie im Sinne einer typenbildenden und damit systematische Elemente enthaltenden Wissenschaft entwickelt. Bei F. VON RICHTHOFEN („Führer für Forschungsreisende, 1886") erfolgte die Typenbildung innerhalb der einzelnen Fachbereiche der systematischen Geographie: Geomorphologie, Klimatologie, Vegetation usw. Die Typenbildung ist hier Klassifikation, d. h., sie besteht in der Aufstellung von Ober- und Untertypen im Sinne von Gattungen und Arten und deren Subsumierung. Ein Beispiel dafür ist der Aufsatz von O. SCHLÜTER „Ein Beitrag zur Klassifikation der Küstentypen" (1924)[17]). Er entwickelt ein umfassendes System, das häufig bis zu einer sechsfachen Untergliederung vordringt. Auch S. PASSARGE entwickelte in seiner „Vergleichenden Landschaftskunde" (1921—30) eine Landschaftstypologie, die schließlich in eine Landschaftssystematik einmündet. Er unterscheidet zwischen Ländern, realen Landschaften und idealen Landschaftstypen. A. HETTNER[18]) faßte seine Allgemeine Geographie im Sinne „Allgemeinen vergleichenden Länderkunde". Auch die geographische Individualforschung, d. h. die individualisierende Betrachtungsweise, kann der Generalisierung, d. h. der Typenbildung, nicht entraten. H. LAUTENSACH (1953) äußert sich dazu wie folgt: „Unter Generalisierung versteht man aber ebenso die Zusammenfassung einzelner Individuen zu größeren Komplexen in der textlichen und besonders in der kartographischen Darstellung bei Verkleinerung des Maßstabs, also eine Vereinfachung ohne Veränderung des begrifflichen Charakters der Einstellung" (S. 11). Typisierung setzt also das Ziel der Systematisierung geographischer Räume.

Das trifft in besonderem Maße auf die geographische Didaktik, vorwiegend die Didaktik der regionalen Geographie, zu, in deren Dienst die Schulkartographie fast ausschließlich stand, solange der Erdkundeunterricht dem Primat der Länderkunde unterworfen war.

Wir können uns darauf beschränken, die beiden genannten Formen der Verallgemeinerung voneinander abzuheben: das Generalisieren und das Typisieren. Der Vorgang der Generalisierung in der Kartographie beinhaltet zwar auch das Moment der Typisierung, aber nicht nur dieses. E. ARNBERGER & F. MAIER (1972) nennen die sieben Grundvorgänge des Generalisierens: Vereinfachen, Vergrößern, Verdrängen, Zusammenfassen, Auswählen, *Typisieren*, Betonen[19]). Das Verallgemeinern und damit auch Typisieren einer Fülle von geographischen Erscheinungen ist nicht nur wichtig für eine geographische Forschungsmethodik, sondern gerade auch für die Didaktik der Geographie einschließlich der Schulkartographie. Hören wir zuerst E. NEEF (1967)[20]), der Wichtiges dazu zu sagen hat: „Unter Generalisierung verstehen wir die Verallge-

[16]) Vgl. E. PLEWE: Carl Ritter, Hinweise zu einer Deutung und Entwicklung. In: Die Erde 90 1959, S. 98—166, hier S. 108; weiter H. LAUTENSACH, a.a.O., 1953, S. 11 ff.

[17]) In: Z. Ges. Erdk., Berlin 1924, S. 288—317.

[18]) Vgl. A. HETTNER: Die Geographie, ihre Geschichte, ihr Wesen und ihre Methoden. Breslau 1927, vgl. bes. das Kapitel „Karten und Ansichten", S. 324—376. Dazu auch H. LAUTENSACH, a.a.O., 1953, S. 11—13 zu dessen „Vergleichender Erdkunde" (4. Bde., 1933—35). Bei HETTNER spielen die Begriffe „nomothotisch" und „idiographisch" nach dem Heidelberger Philosophen W. WINDELBAND (1894) eine besondere Rolle.

[19]) Vgl. E. ARNBERGER & F. MAYER: Die Neugestaltung des Geographieunterrichts im Spiegel von Westermanns Schulatlas — Große Ausgabe. In: Mitt. Österr. Geogr. Ges. 114, 1972, S. 175—196, hier S. 178.

[20]) E. NEEF: Die theoretischen Grundlagen der Landschaftslehre. Leipzig/Gotha 1967.

meinerung unter Aufrechterhaltung des chorologischen Axioms. Eine Verallgemeinerung reeller regionaler Einheiten bei absinkendem Maßstab wird auch in der Kartographie immer als Generalisieren bezeichnet. Dabei bleiben die Lagebezeichnungen erhalten, jedoch wird die Inhaltsdichte vermindert. ... Dieser horror vacuii der Kartographen zeigt, daß dem Generalisieren als wissenschaftlich geographisches Verfahren eine interessante Problematik innewohnt, wie nämlich die Aussonderung nach Bedeutungsstufen vorzunehmen sei"[21]). In der Tat sind wir hier bei einem Grundproblem der Schulkartographie angelangt, auf das im praktischen Teil in der Diskussion noch einzugehen sein wird. Wir denken hier an die exemplarische Repräsentation von Typenlandschaften in vielen Schulatlanten[22]), wo man keineswegs die Originalplatte der topographischen Kartographie übernimmt, sondern vielmehr im gleichen Maßstab, etwa 1 : 50000 oder 1 : 100000, eine abgeänderte oder völlig neue Karte entwirft, die sich von der Vorlage dadurch unterscheidet, daß sie stärker generalisiert, eine schärfere Auswahl trifft und durch bewußtes Betonen weiter typisiert. Die Fülle der Originalvorlage wird reduziert auf das, was als „typisch" hervorgehoben werden soll. Beispiele dafür lassen sich in großer Zahl in Atlanten wie „Unsere Welt"[23]), „Westermanns Schulatlas" oder „Harms Schulatlas" aufspüren. Dem Schulkartographen kommt es ohne Zweifel darauf an, durch die stärkere Generalisierung die Fülle der Informationen zu verringern, um das von ihm für typisch Gehaltene um so plastischer und plakativer herauszuarbeiten! Und nicht nur das: auch die Farbgebung wird verändert. Die Siedlungen, die in der Originalvorlage in der schwarzen Grundplatte aufgeführt sind, erscheinen in der Schulkarte in roter Farbe, die Höhenliniendarstellung wird durch Schichtfarben oder überhaupt eine andere Farbgebung verändert, Signaturen werden bildhafter gemacht usw. Bei der Darstellung der deutschen Siedlungsformen beispielsweise überdruckt man die unveränderte Grundplatte mit einer Reihe von Farben, welche die Originalkartographie nicht anwendet.

E. Neef sieht den Begriff des Typisierens anders: „Das Typisieren hingegen ist ein Verallgemeinern unter Verzicht auf die chorologischen Axiom enthaltenden Bindungen. ... Dadurch, daß man beim Typisieren (zeitweilig) das Besondere der Lage und der Lagebeziehung eliminieren kann, gelingt es, räumlich voneinander entfernte Beispiele zu einem Kollektiv zu vereinigen. Während das Generalisieren nie zu Kollektiva führt, ist dies beim Typisieren der Fall. ... Während das Generalisieren durch Aussondern wirksam wird, überwindet das Typisieren das Detail durch seinen Einbau in das Kollektiv. Da verschiedene Kollektivmerkmale gebildet werden können, kann ich ein und denselben Gegenstand verschiedenen Typen zuordnen. ... Das Generalisieren ist keine räumliche Abstraktion. ... Generalisieren führt also nicht zur Klarlegung des Gesetzmäßigen. ... Beim Typisieren bleibt das Grundsätzliche, Gesetzmäßige der mannigfachen Erscheinungen bewahrt, ja es wird sogar durch Ausscheiden weniger wichtiger Nebenerscheinungen konzentrierter erfaßt. ... Mit Typenbegriffen ist in der Geographie von jeher gearbeitet worden, doch waren sie zum größten Teil mangelhaft definiert"[24]). Wenn die wissenschaftliche Geographie es nicht fertiggebracht

[21]) E. Neef, a.a.O., 1967, S. 76.

[22]) Vgl. F. Pfrommer: Der Begriff des Exemplarischen in der Schulkartographie. In: Kart. Nachr. 11, 1961, S. 9—14.

[23]) Vgl. F. Pfrommer: Kartographische Probleme des ganzheitlich ausgerichteten Unterrichts in der Schulgeographie, entwickelt am Beispiel des Schulatlasses „Unsere Welt". In: Kart. Nachr. 16, 1966, S. 232—236.

[24]) E. Neef, a.a.O., 1967, S. 76 f.

haben sollte, klare Typen zu entwickeln, dann ist es kein Wunder, daß die Didaktik und die Schulgeographie ins Schleudern geraten. Man hat sich lange Zeit mit dem Glauben begnügt, mit der gelungenen Generalisierung auch das Problem der Typisierung gemeistert zu haben, was freilich nur zum Teil der Fall ist.

Hinsichtlich der typologischen Arbeitsweise — und davon kann der Didaktiker und der Schulkartograph nur profitieren — schlägt E. NEEF in der Topologie folgende methodischen Schritte vor:

1. die Typenansprache,
2. die Typensicherung in qualitativer und quantitativer Hinsicht,
3. die Definition der Typen nach dem Gegenstand, den Typenmerkmalen, den quantitativen Gültigkeitsgrenzen, die zeitliche Gültigkeit und auch die räumlichen Gültigkeitsgrenzen und schließlich
4. die Typenverfeinerung[25]).

Die typologische Arbeitsweise in der Chorologie befaßt sich mit den chorologischen Ordnungsprinzipien, den chorologischen Ordnungsstufen und den individuellen Zügen ohne gesetzmäßige Wiederkehr[26]).

Es wäre noch über den Modellbegriff in der Theorie der Geographie zu diskutieren, der im Sinne der obengenannten exemplarischen Repräsentation dem Typus sehr nahesteht, aber weit mehr der Abstraktion unterworfen und der landschaftlich-physiognomischen Realität entzogen ist. Gerade die Modellbildung ermöglicht eine Systematisierung, wie sie die Didaktik, die Kartographie und eben auch die Schulkartographie benötigen. Hören wir wieder E. NEEF (1967): „Unter Modell verstehen wir ein Leitbild, das induktiv oder deduktiv oder in kombinierten Verfahren gewonnen wird und über möglichst viele der beteiligten Größen quantitative Angaben enthält. Man kann das Modell auch deduktiv konstruieren, wozu allgemeine Gesetzlichkeiten und Angaben der Literatur ... dienen können. Auch in der Literatur beschriebene und gut durchgearbeitete Beispiele können unmittelbar dazu verwendet werden, sofern nur der geographische Raum, aus dem das Beispiel entnommen wird, eine ausreichende Vergleichsbasis bietet. Dieses Modell dient als Vergleichsobjekt“[27]). Hinsichtlich der kartographischen Bearbeitung von Modellen, namentlich im pädagogischen Bereich, muß das Verfahren der Deduktion hervorgehoben werden. Nicht selten existieren Modelle gar nicht in der Natur, sondern sie entstehen auf dem Zeichentisch des Kartographen, wobei der Schulkartograph eo ipso eine pädagogische Absicht intendiert[28]).

4. Über den Typusbegriff der *Didaktik der Geographie* wurde das Wichtigste bereits in dem Artikel „Didaktik der Geographie und Methodik des geographischen Unterrichts“ (Westermanns Lexikon der Geographie, Bd. 1) zusammengefaßt[29]). Wir erinnern uns an die Diskussion, die im Anschluß an die Ausführungen von H. KNÜBEL

---

[25]) Vgl. E. NEEF, a.a.O., 1967, S. 78—84.

[26]) Vgl. E. NEEF, a.a.O., 1967, S. 84—86.

[27]) E. NEEF, a.a.O., 1967, S. 116.

[28]) Zur didaktischen Dimension vgl. S. C. HARRIES: Models of Geographical Teaching. In: Models in Geography, hrsg. von R. J. CHORLEY & P. HAGGET, London 1967, S. 776—792 (basierend auf Erkenntnissen der Gestaltpsychologie wie K. KOFFKA, W. KÖHLER, K. LEWIN u. a.).

[29]) Vgl. W. SPERLING: Didaktik der Geographie und Methodik des geographischen Unterrichts. In: Westermanns Lexikon der Geographie, Bd. 1, Braunschweig 1968, S. 810—814, Lit.

(1957)[30]) über den exemplarischen Erdkundeunterricht in Gang gekommen ist, namentlich an die Kritik von A. Schultze (1959)[31]). Man versteht unter exemplarischen Erdkundeunterricht ein gegenständliches Auswahlprinzip, ein methodisches Verfahren und eine neue didaktische und pädagogische Zielsetzung des Unterrichts. J. Derbolav (1957)[32]) nennt vier Repräsentationsformen des Exemplarischen: das „Modellmäßig-Vereinfachte", das „Ganzheitlich-Ursprüngliche", das „Ausdrucksmäßige-Charakteristische" und das „Symbolisch-Gleichnishafte". Neben den anderen spielt gerade der letzte Punkt, das Symbolisch-Gleichnishafte, in der Schulkartographie eine besondere Rolle, nämlich bei der Dechiffrierung von Karten und der Gewinnung von qualitativen und quantitativen Wertvorstellungen.

5. Doch nun zur *Kartographie,* wo wir zwischen der theoretischen Kartographie, der topographischen Kartographie und der thematischen Kartographie und hier besonders der Schulkartographie, die gesondert zu besprechen ist, unterscheiden müssen.

Bei H. Wilhelmy kommt das Stichwort Typisierung unter „Generalisierung" vor. Er versteht darunter die „stoffgerechte Vereinfachung (Vergröberung), Zusammenfassung (Ausscheidung unwichtiger Einzelheiten) und Schematisierung (Hervorhebung wichtiger Einzelheiten) großmaßstäbiger Darstellung zur lesbaren Wiedergabe im verkleinerten Maßstab, d. h. Typisierung (Erfassung charakteristischer Einzelzüge) unter Verwendung von Zeichen und Symbolen"[33]). Die Aufgabe der Generalisierung besteht für ihn also in der Typisierung, das führt dazu, daß beide Begriffe fast synonym gebraucht werden, während E. Arnberger & F. Maier (1972) das Typisieren nur als eine Teilleistung des Generalisierens ansprechen.

Am ausführlichsten hat W. Witt über den Begriff der Typisierung, namentlich in der thematischen Kartographie, abgehandelt[34]). Mit Recht gibt er zu bedenken, daß der Begriff „Thematische Typenkarte" leicht mißverstanden werden kann[35]). Er leitet seinen Typusbegriff aus der Logik der Sozialwissenschaften ab. Ich zitiere nur einen Satz: „Typen lassen sich bilden durch eine fortschreitende, isolierende und generalisierende oder auch mitunter pointierend hervorhebende Abstraktion von den Realitäten, der umgekehrt eine fortschreitende Kombination von Merkmalen entspricht. Mit den Mitteln der thematisch-kartographischen Kombination sind — bei dem gegenwärtigen Stand der Forschung — bestenfalls räumliche Realtypen und Durchschnittstypen feststellbar"[35]). An gleicher Stelle unterscheidet er zwischen dem Regionaltyp und dem Idealtyp[36]), welcher durch einen hohen Grad der Abstraktion am Rande der Realität liegt. Mit Recht werden aus methodischen Gründen physisch-geographische

[30]) H. Knübel: Wege und Ziele des exemplarischen Erdkundeunterrichts. In: Geogr. Rdsch. 9, 1957, S. 56—61; wieder abgedruckt in H. Knübel (Hrsg.): Exemplarisches Arbeiten im Erdkundeunterricht, 2. Aufl. Braunschweig 1960, S. 30—51 und in B. Gerner, a.a.O., 1963, S. 296—305.

[31]) Vgl. H. Schultze: Das exemplarische Prinzip im Rahmen der didaktischen Prinzipien des Erdkundeunterrichts In: D. Deutsche Schule 51, 1959, S. 74—84; wieder abgedruckt in P. Gerner, a.a.O., S. 316—329. — Abschließend zu dieser Diskussion vgl. M. F. Wocke: Das exemplarisch-orientierte Verfahren und die Gruppenarbeit im Erkundeunterricht In: Bil. f. Lehrerfortbildung 19, 1967, S. 441—447.

[32]) Vgl. J. Derbolav: Das Exemplarische im Bildungsraum des Gymnasiums — Versuch einer pädagogischen Ortsbestimmung des exemplarischen Lernens. Düsseldorf 1957; hier Auszug „Das exemplarische Lernen als didaktisches Prinzip in B. Gerner, a.a.O., 1963, S. 28—49, bes. 40—42.

[33]) H. Wilhelmy: Kartographie in Stichworten. Kiel 1966, I, S. 15 f., IV, S. 9.

[34]) Vgl. W. Witt, a.a.O., 1970, Sp. 529 ff.

[35]) W. Witt, a.a.O., 1970, Sp. 530.

[36]) Ebenda

Sachverhalte von sozialgeographischen unterschieden. Beispielsweise ist ein Küstentyp oder der Typ einer Hochgebirgslandschaft nur physiognomisch, also mit den Mitteln der topographischen Kartographie darzustellen. Regionale Verbreitungstypen wie Klimatypen oder Bodentypen gewinnt man durch Zusammenfassung von Merkmalsfaktoren. Wieder anders ist es z. B. mit der Aufstellung von statistischen Gemeindetypen, über die er sehr ausführlich berichtet[37]). Sie stehen schon nahe bei der modellhaften Konstruktion[38]).

E. ARNBERGER[39]) macht gelegentlich einige Ausführungen über die Typographie der Kartengestaltung. Beim bildhaften Darstellungsprinzip unterscheidet er zwischen zwei methodischen Richtungen: dem individualisierenden und dem typisierenden bildhaften Prinzip[40]): „Pädagogische und mitunter auch wissenschaftliche Bedeutung kommt im Rahmen des bildhaften Prinzips eigentlich nur der typisierenden Methode zu. Sie verwendet nicht mehr vereinfachte Bildzeichnungen in individuell angepaßter Gestaltung für jedes Einzelobjekt, sondern Bildtypen für zu einem höheren Begriff zusammenfaßbare Objekte. Ausgezeichnete Beispiele hierfür finden wir unter den morphographischen Karten der Formentypenkarten, für die besonders in Amerika nach dem bildhaft typisierenden Prinzip neue Methoden entwickelt worden sind"[41]). Im weiteren bespricht er die Karten von A. K. LOBECK, E. RAISZ und H. C. GIERLOFF-EMDEN. Neuerdings ist auch R. JÄTZOLD[42]) mit solchen Karten hervorgetreten.

6. Über die Typisierung in der *Schulkartographie* liegen bislang keine speziellen Abhandlungen vor. Es fehlen namentlich Untersuchungen aus der Gestaltpsychologie und der empirischen Pädagogik, welche sich mit dem Adressaten einer Karte, dem Kartenbenutzer, befassen[43]).

Um die Dringlichkeit und Bedeutsamkeit solcher Untersuchungen zu unterstreichen, muß man feststellen, daß die Schule der größte Kartenverbraucher und Kartenbenutzer ist. Zu jeder Stunde werden in unendlich vielen Schulen Atlanten aufgeschlagen, Wand-

---

[37]) Vgl. W. WITT, a.a.O., 1970, Sp. 584 ff.

[38]) Vgl. W. WITT, a.a.O., 1970 „Karten als Denkmodelle", Sp. 562 f., auch R. HARTSHORNE: The Nature of Geography. 2. Aufl. Lancaster 1949. — Vgl. E. NEEF, a.a.O., 1967 loc. cit.

[39]) Vgl. E. ARNBERGER, a.a.O., 1966, S. 193 ff.

[40]) Vgl. E. ARNBERGER, a.a.O., 1966, S. 195; vgl. da die Lit. zum Thema „Bildkarte"!

[41]) E. ARNBERGER, a.a.O., 1966, S. 198.

[42]) Vgl. R. JÄTZOLD: Bildreihen „Ostafrika". Inst. f. Film und Bild, München (in Vorb.).

[43]) Mit Recht stellt W. WITT, a.a.O., 1970, Sp. 563, fest, daß sich die Kartenwissenschaft stets mit dem Kartenhersteller, weniger aber mit dem Kartenbenützer befaßt hat — mit Ausnahme der Schulkartographie vielleicht! — wobei er sich auf Arbeiten von A. KOLACNY (Prag) bezieht. — Vgl. A. KOLACNY: The Importance of Cartographic Information for the Comprehending of Messages Spread by Mass Communication Media. Praha 1970 und A. KOLACNY: Kartographische Information — ein Grundbegriff und ein Grundterminus der modernen Kartographie. In: Int. Jb. f. Kartogr. 10, 1970, S. 186—193. — Auf Grund dieser Anregungen ließ ich einmal eine Staatsexamensarbeit anfertigen, vgl. E.-R. ARIANS: Bestandsaufnahme topographischer und geographischer Begriffe aus Tageszeitungen im Vergleich mit dem Registerteil von Schulatlanten (Unveröff. MS EWH Rheinland-Pfalz, Abt. Koblenz 1971). Analysiert wurden die Bildzeitung, die Rhein-Zeitung und die Frankfurter Allgemeine Zeitung, verglichen wurde mit den Registerteilen der Atlanten „Unsere Welt", „Harms Atlas — Deutschland und die Welt", „Westermann Schulatlas" (Kleine Ausgabe) und „Diercke Weltatlas". Vergleicht man beispielsweise die Menge der im Atlas „Unsere Welt" vorkommenden Ortschaften und Teile mit den Zeitungen, dann ergeben sich für die Bildzeitung 58,8%, für die Rhein-Zeitung 42,5% und für die F.A.Z. 39,8% (Harms Atlas: 57,4% — 50,3% — 38,3%; Westermann: 59,1% — 44,5% — 40,4%; Diercke: 61,0% — 51,9% — 44,5%). Diese Arbeit ist freilich nur ein Anfang und sollte durch weitere Erhebungen fortgesetzt werden.

karten aufgehängt, Kartenbeispiele projiziert. Unendliches Kapital ist in Projekte der schulkartographischen Verlage investiert. Alle streiten um die beste Position, und gerade auf dem Sektor der Atlanten und der Schulbücher hat beängstigender Konkurrenzkampf eingesetzt. Hoffentlich fördert er die Qualität und den Fortschritt.

Die klassische Schulkartographie befaßte sich mit der Schulwandkarte und dem Schulatlas. Daneben müssen wir aber auch die Karte im geographischen Lehrbuch, in der Arbeitsmappe, die Übungskarte und die Medienkarte im Diapositiv, der OH-Projektion, im Film und in der Fernsehwiedergabe einbeziehen[44]). Dazu kommen der Globus, Medien zur Himmelskunde, Reliefs und Landschaftsmodelle.

Jedes dieser Medien bedarf eigener Gedanken zur Inhaltsfüllung, der Form und des Grades der Generalisierung, der Linienführung, Strichdicke, des Rasters, der Farbwahl, Farbabstufung und Dichte wie auch der schrifttypographischen Gestaltung. Es ist kein Wunder, daß das Fernsehen, wenn es den Ort einer Naturkatastrophe im mittleren Westen der Vereinigten Staaten verdeutlichen will, nicht einen Ausschnitt aus dem Diercke-Atlas photographiert, sondern eine eigene neue Karte entwirft. Genauso ist es bekanntlich mit dem Verhältnis von Atlaskarte und Wandkarte: eine vergrößerte Atlaskarte ergibt noch lange keine brauchbare Wandkarte[45]).

In bezug auf die Typisierung in der Schulkartographie gibt es folgende Probleme:

1. Die Geländedarstellung in der geographischen (physisch-geographischen) Übersichtskarte, in der Sonderkarte (Nebenkarte)[45]a) und in der thematischen Karte.
2. Auswahl und Maßstab der Sonderkarten, auf welchen die „Typenlandschaften" vorgestellt werden.
3. Die Heranziehung der Originalkartographie im geographischen Unterricht und damit auch im Schulatlas und im Lehrbuch; dies bezieht sich sowohl auf topographische wie auch auf thematische Kartenausschnitte und ihre Umstilisierung.
4. Die Darbietung von Typenkarten im engeren Sinne, d. h. von Karten mit Klimatypen, sozioökonomischen Gemeindetypen, Landnutzungstypen usw. Es gibt keine Untersuchungen darüber, ab welchem Alter oder welcher Stufe solche Karten richtig aufgefaßt und im Unterricht eingesetzt werden können.
5. Die Signaturenfrage, besonders bei der Gestaltung der komplexen Wirtschaftskarte.
6. Die Generalisierung der komplexen Wirtschaftskarte bei Maßstabsveränderung.
7. Die mediengerechte Landkarte in Dia, Trickfilm und Projektionsfolie.

II. Praktische Beispiele

Beim Umfang der theoretischen Ausführungen können wir hier nur auf zwei praktische Beispiele eingehen:

1. Probleme der Darstellung von Typenlandschaften im Schulatlas, Zahl und Auswahl von Sonderkarten, kartenähnlichen Darstellungen sowie die Umstilisierung topographischer Karten für den Schulgebrauch und

---

[44]) W. Sperling: Die mediengerechte Landkarte (unveröff. MS 1969), muß aber noch im Hinblick auf neuere Entwicklungen in der Informatik überarbeitet werden.

[45]) Vgl. A. Scheer: Einige Mängel der Schulwandkarten und Vorschläge zu ihrer Beseitigung. In: Z. f. Erdk. 7, 1939, S. 271—276.

[45]a) Der Begriff „Sonderkarte" wird im folgenden auch im Sinne von „Nebenkarte" gebraucht.

2. Probleme der komplexen Wirtschaftskarte und ihrer maßstabsbedingten und stufengerechten Generalisierung, d. h. ihrer typologischen Konkretisierung.

In keinem Schulatlas[46]) fehlen heute Sonderkarten mit Typenlandschaften, etwa Küstenformen, Mittelgebirgslandschaften, Hochgebirgslandschaften, Vulkanlandschaften oder Karstlandschaften, Wüstenlandschaften oder tropischem Regenwald, Typen ländlicher Siedlungsformen, Industrielandschaften, Verkehrslandschaften, Fremdenverkehrslandschaften. Es wäre reizvoll, einmal den relativen Anteil solcher Sonderkarten an der Gesamtzahl der Karten und die Zahl der wechselnden Maßstäbe bzw. die Modulationen des kartographischen Ausdrucks statistisch zu erfassen[47]).

Werfen wir nur einen Blick in „Westermanns Schulatlas" (Große Ausgabe), Braunschweig 1970[48]): Da finden wir: „Jadebusen, Wesermündung", „Hamburg und Umgebung", „Oberharz", „Magdeburger Berge." sechs Karten über deutsche Küstenformen und Landgewinnung, und zwar „Wattenküste", „Fördenküste", „Boddenküste", „Nehrungsküste", „Neulandgewinnung an der Nordseeküste" und „Neulandgewinnung im Nogatdelta", weiter „Weserdurchbruch", „Berlin und Umgebung", „Rheinisch-Westfälisches Industriegebiet", „Rheindurchbruch", „Dresden-Elbsandsteingebirge." „Südliches Saarland", „Oberrheinische Tiefebene", „Frankfurt und Umgebung", „München und Umgebung", „Hochschwarzwald", „Schwäbische Alb", „Bayerische Alpen", „Hochgebirge am Beispiel der Hohen Tauern", „Moorerschließung durch Fehnkolonien", weitere Sonderkarten über Stockholm, London, Moskau, Paris, Wien und Rom sowie die inneren Stadtteile von London, Paris und Rom, weitere mit europäischen Landschaftstypen „Fjord", „Polderland", „Finnische Seenplatte", „Alpines Längstal", „Golf von Neapel", „Ätna und Umgebung", „Jugoslawisches Karstgebiet", und „Mündungsgebiet des Po", zum Thema des Verkehrs „London Themsemündung", „Amsterdam" und „Rotterdam Europapoort", sowie eine Reihe weiterer Sonderkarten, die zumeist thematisch aufgebaut sind, z. B. „Landnutzung im tropischen Afrika", „Landnutzung am Kilimandscharo", „Landnutzung am Fudschijama", Sonderkarten des Mount Everest, der Philippinen und eines Atolls, Nordamerikanische Städte wie New York, Washington D. C., Landnutzung in Alaska und Kalifornien, Südamerikanische Städte wie Buenos Aires und Rio de Janeiro, Karten des Mississippideltas, des Nildeltas, des Donaudeltas und des Mekongdeltas, Sonderkarten des Panama-Kanals, des Nordostsee-Kanals, des Suez-Kanals, der Dardanellen, der Straßen von Gibraltar und Singapur — um die Reihe, die noch nicht einmal vollständig ist, hier nur abzuschließen —. Noch interessanter sind die Vergleichskarten, welche die Entstehung deutscher Kulturlandschaften zu zwei verschiedenen Zeitpunkten zeigen: „Südliche Lüneburger Heide", „Oberrheinische Tiefebene", „Oderbruch", „Westliches Ruhrgebiet", „Donaumoos", „An der Unterweser", „Am Neckar", „An der Donau", „An der Unterelbe", „Am Mittellandkanal", „An Rhein und Ruhr", „Im Emsland", „Im Harzvorland", „In der Ville", sowie vier Vergleichspaare „Wandlung zur Stadtlandschaft am Beispiel Berlin".

---

[46]) Vgl. W. Sperling, Literatur, a.a.O., 1970 S. 94 f. — Vgl. auch: R. Habel: Ihr Atlas — Entstehung und Inhalt. 2. Aufl. Gotha, Leipzig 1971 (Geogr. Bausteine, H. 5) und W. Witt, a.a.O., 1970, Sp. 1027 ff.

[47]) Vgl. M. Zaubitzer: Der Heimatteil im Schulatlas. Didaktische Probleme der thematischen Kartographie (Unveröff. MS, Päd. Hochschule Neuwied 1968). Hier konnte gezeigt werden, welch unterschiedliche Auffassungen bei den einzelnen Produzenten und Herausgebern bestehen was Zahl, Auswahl, Maßstab und kartographische Stilisierung bzw. den Grad der Typisierung anbetrifft. Besonders interessant fielen seine Erhebungen bezüglich der Zahl der wechselnden Maßstäbe auf.

[48]) Vgl. E. Arnberger & F. Mayer, a.a.O., 1972.

Wir dürfen noch einige Beispiele aus dem Atlas „Unsere Welt (Große Ausgabe)", Bielefeld 1970, herausgreifen. Da finden wir das Mittelrheintal, Nordfriesland, die Elbmündung und Hamburg, den Harz, den Hamburger und den Duisburger Hafen, die Ostseeküste von Rostock bis Rügen und das Oberschlesische Industriegebiet, Berlin, Wolfsburg und Ludwigshafen in zeitlichen Vergleichen, das Biggetal und die Biggetalsperre 1958 und 1968, den Ackerbau in der Soester Börde und die Weidewirtschaft im Allgäu, London, eine Parklandschaft in Südengland, Paris, eine Weinbaulandschaft in Südfrankreich, Rom, eine Karstlandschaft in Jugoslawien, Rourkela-Kalkutta, Tokio, Kalifornien, Tennessee Valley, Texas und Louisiana, weitere Beispiele aus Südamerika und Asien.

Während die Karten in „Westermanns Schulatlas" einen stärkeren topographischen Bezug zeigen und durch Zusatzdarstellungen wie Blockdiagramme, Profile und Kartendiagramme unterstützt sind, bemerkt man im Atlas „Unsere Welt" die Umgestaltung der topographischen Übersichtskarte zur komplexen thematischen Karte, d. h., diese Karten wollen mehr als thematische Sonderkarten aufgefaßt sein[49]).

Hinsichtlich der Überschwemmung unserer Schulatlanten mit solchen sog. Typenkarten, die alle topographische oder thematische bzw. gemischte Sonderkarten sind, werden schon Bedenken geltend gemacht. Mit Recht wird gefragt, ob hier nicht doch ein additives Nebeneinander länderkundlicher Einzelinformationen vermittelt wird. Sie ähneln, wie es K. Weigand ausführte, eher einem Konversationslexikon, das der Schüler gar nicht zu lesen vermag, weil dauernd die Maßstäbe wechseln und nicht nur das, sondern auch die Formen der Höhendarstellung und die Abstraktion der Signaturen. Gehören Sonderkarten nicht vielmehr in das Erdkundebuch oder die Arbeitsmappe? In vielen Erdkundewerken ist ein guter Anfang gemacht worden, und man scheut sich nicht, Originalausschnitte der amtlichen Kartographie nachzudrucken. Gute Beispiele bietet das neue Erdkundewerk „Geographie" aus dem Ernst-Klett-Verlag.

Es muß an dieser Stelle noch einmal angeregt werden, neben dem üblichen Schulatlas, der jedenfalls die Aufgabe hat, in erster Linie kontinentale Übersichten zu vermitteln, einen topographischen Typenatlas, vielleicht in Loseblattform oder auch als Wandkartenatlas, zu entwerfen. Das Grundschema könnte einem deutschen topographischen Atlas abgesehen werden; neben der regional-geographischen Information hätte aber auch noch eine besondere didaktische Konzeption hineinzuwirken, besonders was die Einführung in das Verständnis nicht nur topographischer, sondern auch thematischer Karten betrifft. Die größte Schwierigkeit wird hier bei der Beschaffung entsprechender Unterlagen auf weltweiter Ebene vorliegen; man wird an Umzeichnungen in den Duktus unserer topographischen Karten oder entsprechender Schulkarten hier nicht vorbeikommen. Unter Umständen müßten auch Luftbilder von Typenlandschaften aufgenommen werden.

Immer wieder bemerkt man aber, wenn großmaßstäbige Karten im Schulatlas gebracht werden, daß Umzeichnungen vorgenommen werden, die, wenn eine Einführung in die Kartenkunde geleistet ist, völlig überflüssig zu sein scheinen. Wir finden beispielsweise in „Harms Atlas — Deutschland und die Welt" eine Karte der Eifelmaare bei Daun im Maßstab 1 : 50000, die man ohne weiteres im Duktus der amtlichen Karte hätte bringen können. Die Zahl der Beispiele läßt sich beliebig vermehren, wenn auch eingestanden werden muß, daß nicht selten gute Ergebnisse entstehen, wie dies das

[49]) Vgl. W. Grotelüschen: Die Vielfalt thematischer Karten. In: Geographie und Atlas heute, Berlin 1970, S. 25—28.

Beispiel der Soester Börde und der Weidewirtschaft im Allgäu im Maßstab 1 : 50000 im Atlas „Unsere Welt (Große Ausgabe)" zeigt.

Werfen wir noch ein Blick zurück in die Schulatlasliteratur des 19. Jahrhunderts[50]). Wir finden da noch kaum Sonderkarten, vielmehr dominiert die „physikalische" Übersichtskarte[51]). Dann erst kommt auch die thematische Karte auf, bis schließlich die Sonderkarte folgt. Sie hat aber nicht die Aufgabe, Typenlandschaften zu verdeutlichen, sondern vielmehr wird beabsichtigt, gewisse Räume, die im Weltgeschehen eine größere Rolle spielen, herauszuheben, z. B. der Umkreis von Hauptstädten, Ballungslandschaften, für den Kaufmann Häfen, für den Theologen das Heilige Land, für den Militär den landschaftlichen Rahmen klassischer Schlachten.

Die Karte im größeren Maßstab verfolgt nacheinander oder nebeneinander gesehen zunächst drei Ziele:

1. Festigung des topographischen Wissens,
2. Einführung in das Kartenlesen und
3. die Repräsentation von Typenlandschaften.

Der Festigung des topographischen Wissens dienen einfache Merkskizzen. Dicke Balken oder raupenförmige Gebilde zeigen die Gebirge an, wir finden dies heute noch in „Manns Arbeitsheften". Versuche mit farblicher Gliederung oder mit Schummerung bleiben problematisch. Werden sie vom Graphiker gestaltet, dann gehen sie nicht selten an der geographischen Wirklichkeit vorbei oder verfälschen diese gar. Ähnliches trifft auch jene Flußpanoramen, die nicht selten in Atlanten und Lehrbüchern erscheinen[52]). Sie gehen auf das Vorbild des klassischen Panoramazeichners F. W. Delkeskamp zurück, die Zeichentechnik wird aber von den Nachfolgern nicht mit der gleichen Meisterschaft gehandhabt, sehen wir einmal von den Panoramen von H. Berann[53]) ab.

Mancherlei und Unterschiedliches wird für die Einführung in das Kartenlesen und Kartenverständnis gesagt. Wir kennen die Kartoffelscheibenmethode und viele pädagogische Tricks, dies in der Grundschule zu bewerkstelligen, durften aber feststellen, daß man diese Aufgabe nicht selten überdidaktifiziert hat, weil der 8—10jährige Schüler die Informationen einer Karte intuitiv viel selbstverständlicher aufnimmt als der Erwachsene. Mit Beispielen von Phantasielandschaften, aber auch mit konkreten Landschaften wie dem Nahedurchbruch bei Bingen haben wir dies belegt[54]). Höhenschichtfarbe, Höhenlinie, Schummerung und kombinierte Methoden sind hier sorgfältig auseinander zu halten. Wir kennen schöne Beispiele, aber auch solche, die ein erschreckendes Maß an Unverständnis selbst beim Gestalter verraten. Da sehen wir in einer neuen „Kartenfibel"[55]) eine luftbildähnliche Zeichnung eines Gebirges, die dann auf zwei verschie-

---

[50]) Vgl. dazu K. E. Fick: Schulatlanten im 18. und 19. Jahrhundert. In: D. Erdkundeunterricht 11, 1970, S. 55—91.

[51]) Vgl. dazu R. Habel: Zum Problem der Übersichtskarten größerer Erdräume. In: Geogr. Ber. 6, 1961, S. 95—98.

[52]) Vgl. dazu ausführlich W. Sperling: Einleitung. In: Neuer Luftbildatlas Rheinland-Pfalz, Neumünster 1972, mit dem Beispiel der Rheinpanoramen von F. W. Delkeskamp.

[53]) Vgl. H. C. Berann: Aus meiner Panoramawerkstätte. In: Mitt. Österr. Geogr. Ges. Uo, 1968, S. 282—288, J. Klein: Methoden raumbildender Darstellung und ihr Verhältnis zur Karte. Frankfurt a.M. 1961 (D. Geodät. Komm. b. d. Bayer. Akad. d. Wissenschaften, Reihe C, H. 43) und H. Nowak: Zu den Vogelschaudarstellungen („Panoramen") des Mt. Everest und des Indischen Ozeans von Heinrich Berann. In: Mitt. Österr. Geogr. Ges. 1960, S. 289—293.

[54]) Vgl. W. Sperling, a.a.O., 1970, vor allem die Abbildungen der Kinderzeichnungen.

[55]) E. Hinrichs und W. Pollex: Kartenfibel. Darmstadt 1966.

den braune Flächen „abstrahiert" wird. Die Abstraktion der Stadt zu einem großen roten Punkt wird genauso naiv vorgeführt. Im „Atlas der Erdkunde" der DDR finden wir das Beispiel Stolpen im Luftbild, dann in Maßstäben 1 : 10000, 1 : 25000, 1 : 50000, 1 : 100000, 1 : 200000, 1 : 500000 sowie 1 : 1000000 (einmal als topographische Übersichtskarte und dann als Schulkarte). Der Grundschulatlas „Unsere Welt (Grundschulausgabe Nordrhein-Westfalen)" bringt zuerst eine Landschaft in Höhenschichten, dann mit Zeichen, schließlich die gleiche Landschaft mit anderen Farben gemäß der Bodennutzung, und dann diese Karte wieder mit aufgedruckten Zeichen für die wirtschaftliche Nutzung. Hier liegt ein erster Versuch einer Einführung in das Lesen und Verständnis thematischer Karten für die Grundschule vor.

Bei der Einführung in das Kartenverständnis berücksichtigt man ohne Frage meist solche Landschaften, die in irgendeiner Weise „typisch" sind. Ein Beispiel aus einem Schulatlas des Jahres 1888 belegt dieses. Dem folgt dann — Panorama und Kartenbild untereinandergestellt — eine Ideallandschaft mit den verschiedensten geomorphologischen Formen: Vulkan, Tafelberg, Terrassen, Flußmündung, Küstenformen usw. Da ist kein weiter Weg mehr zu jenen Blockdiagrammen und Panoramabildern in unseren Erdkundebüchern, die auch immer stärker Eingang in den Schulatlas finden. Der „Österreichische Hauptschulatlas" (Freytag-Berndt & Artaria, Wien) bringt am Schluß einen ganzen Katalog solcher Landschaftsformen.

Wenden wir uns nun der Themakarte im Schulatlas zu: je gröber, desto einprägsamer und je bildhafter, desto anschaulicher scheint oft die Devise zu sein[56]). In einer Karte der Textilindustrie in Frankreich sehen wir Anzüge, die ganze Landstriche bedecken, und in einer Karte der ČSSR den Anteil der Industriebevölkerung, ohne jede Relation. Bei uns ist das Problem der komplexen Wirtschaftskarte in der Diskussion. Ich muß zunächst sagen, daß es merkwürdig anmutet, daß man die gesamte Problematik der Kulturlandschaft und der Wirtschaft in einer Karte vereinigen möchte, während man überhaupt nicht den Versuch macht, alle Gegebenheiten der Physischen Geographie, wie Böden, Oberflächenformen, Klima, Vegetation, in einer komplexen Karte zu vereinigen. Offenbar lebt man immer noch von der Meinung, die „Physikalische" Karte, die ja nur eine oro-hydrographische Karte ist, ersetze die komplexe physisch-geographische Karte. Es liegen Versuche vor, in physische Karten auch Klimadaten u. a. einzudrucken. Mit „natürlichen Farben" geht man die Bodenbedeckung an, oder man deutet mit einem Farbraster die naturräumliche Gliederung an.

In den einzelnen Schulatlanten wird dabei unterschiedlich vorgegangen. Früher war es in der Regel so, daß einer Übersichtskarte mehrere thematische Karten kleineren Maßstabs gegenübergestellt wurden, etwa vier im halben Maßstab. Dadurch konnte man eine gewisse Gliederung bzw. Schichtung vornehmen, z. B. Bodenschätze und Bergbau, Industrie, Landwirtschaft und Verkehr. Immer mehr setzt es sich nun durch, einer Übersichtskarte eine komplexe Wirtschaftskarte gleichen Maßstabs gegenüberzustellen, etwa im „Schweizerischen Mittelschulatlas". in „Harms Atlas — Deutschland und die Welt", wo vor einigen Jahren sämtliche Wirtschaftskarten umgezeichnet worden sind, und vor allem im Atlas „Unsere Welt", wo man den Zeichenduktus im Zuge der folgenden Auflagen allerdings ebenfalls etwas verändert hat. Ich möchte noch Über-

[56]) Über die Signaturenfrage in der thematischen Kartographie und das optische Gewicht der Signaturen vgl. E. Arnberger: Die Signaturenfrage in der thematischen Kartographie. In: Mitt. Österr. Geogr. Ges. 105, 1963, S. 202—234 sowie E. Arnberger, a.a.O., 1966, dort weitere Spezialiteratur wie K. Frenzel: Zur Frage des optischen Gewichts von Signaturen für thematische Karten. In: Erdkunde 19, 1965, S. 66—70 sowie verschiedene Titel aus der Gestalt- und Wahrnehmungspsychologie.

legungen andeuten, die dahin gehen, einer Übersichtskarte eine komplexe Wirtschaftskarte größeren Maßstabs an die Seite zu stellen.

Alle komplexen Wirtschaftskarten dieser Art enthalten die Problematik, wie man durch Generalisierung typisiert. Wir sind dieser Frage an Hand der komplexen Wirtschaftskarten im Atlas „Unsere Welt" nachgegangen und haben die Beispiele Rhein-Main-Gebiet, Rheinisch-Westfälisches Industriegebiet, Iberische Halbinsel, Südafrika und Japan in den abfallenden Maßstäben verfolgt. Nehmen wir das Beispiel der Nahemündung: Im Heimatteil Rheinland-Pfalz gibt es eine Wirtschaftskarte im Maßstab 1 : 500000. Diese zeigt bei Bingen und Bad Kreuznach Getränkeindustrie, Maschinenbau, Eisenerzgewinnung, Elektroindustrie, Möbelindustrie und optische Industrie, alles auf der Unterlage einer Landnutzungskarte mit fruchtbarem Ackerland, Ackerland mittlerer Güte, Weinbau, Wald und Grünland. In einer Folgekarte im Maßstab 1 : 1250000 sehen wir dagegen nur noch drei Signaturen: Getränkeindustrie, Maschinenbau und optische Industrie. Der Maßstab 1 : 5000000 bringt nur noch die optische Industrie von Bad Kreuznach, und das Zeichen der chemischen Industrie von Ingelheim dehnt sich bis nach Bingen hin aus. Der Maßstab 1 :15000000, die komplexe Wirtschaftskarte Europas, bringt für die Nahemündung überhaupt keine Signaturen mehr. Das Raster wurde wesentlich vereinfacht, und die Signaturen chemische Industrie und Autoindustrie des Rhein-Main-Gebiets beherrschen das gesamte Bild. Im Maßstab 1 : 25000000, also am Rande der Afrika- und der Asien-Karte, lassen sich überhaupt keine detaillierten Angaben mehr entnehmen. In Deutschland erscheinen nur noch Signaturen von der Größenordnung der Chemie-Industrie in Ludwigshafen oder der Autoindustrie in Rüsselsheim, während man etwa in Nigerien oder in Indien viel kleinere Standorte berücksichtigen muß[57]).

Die Typisierung der thematischen Karte durch Generalisierung wird erreicht durch Weglassen von Signaturen, Vergrößerung wichtiger Signaturen, Zusammenfassung (Integration) mehrerer Spezialsignaturen zu einer übergreifenden Gattungssignatur, durch Verdrängung, Vergröberung und Wandel der Zeichen.

Wir kommen zum Schluß: Die Frage der Typisierung in der Schulkartographie ist von Theorie und Praxis zu durchdenken. Unter Praxis ist hier neben der Kartentechnik und der Kartenreproduktion auch die Schulpraxis zu verstehen. Besondere Untersuchungen sollten dem Kartenbenutzer, das ist der Schüler und der Lehrer, und seiner Motivation gewidmet sein. Der wissenschaftstheoretische Ansatz der thematischen Kartographie profitierte seither von manchen Erkenntnissen der Sozialwissenschaften. Hier wäre noch der typologische Ansatz in der Allgemeinen Didaktik und in der Fachdidaktik der Geographie zu berücksichtigen, namentlich was die Diskussion um die „exemplarische Lehre" und die Curriculumrevision anbelangt.

Das Problem der Typisierung in der Schulkartographie stellt sich mehrschichtig dar: einmal in der Darstellung von Typenlandschaften, andererseits aber auch in der Typensprache des Kartographen. Besondere Aufmerksamkeit sollte hier der Umstilisierung topographischer Karten und amtlicher Übersichtskarten in die Schulkartographie gewidmet werden. Problematisch ist die Vielzahl von Sonderkarten in unseren Schulatlanten. Hiermit wird die Frage eines topographischen Atlas bzw. von Loseblatt-

57) Vgl. W. Thauer: Methodische Überlegungen bei der Entwicklung von Wirtschaftskarten für Schulatlanten. In: Untersuchungen zur Thematischen Kartographie, 2. Teil, Forschungs- und Sitzungsberichte der Akademie für Raumforschung und Landesplanung, Bd. 64, Hannover 1971, S. 145—170.

sammlungen mit Typenlandschaften für den Unterrichtsgebrauch aktuell. Besondere Aufmerksamkeit ist späterhin, wenn diese Fragen gelöst sind, der Typenkarte im engeren Sinne (z. B. Klimatypen, Vegetationstypen, Typen der Landnutzung) zu widmen.

Nachsatz: Der Vortrag wurde durch die Vorstellung von 81 Kartenausschnitten in Diapositiven unterstützt, die hier nicht wiedergegeben werden können. Allein das Studium weniger Schulatlanten belegt das Gesagte.

VERÖFFENTLICHUNGEN
DER AKADEMIE FÜR RAUMFORSCHUNG UND LANDESPLANUNG

DEUTSCHER PLANUNGSATLAS (Einzel- und Ergänzungslieferungen)

BAND I · NORDRHEIN-WESTFALEN (Einzellieferungen)

Lieferung 1 Böden (20,— DM)

Lieferung 2 Gemeindegrenzen 1961 (12,— DM)

Lieferung 3 Vegetation (Potentielle natürliche Vegetation) (20,— DM)

Lieferung 4 Gemeindegrenzen 1970 (12,— DM)

In Vorbereitung sind folgende Themen (Änderungen vorbehalten):
Lagerstätten · Höhenschichten und Morphographie · Braunkohle · Geologie · Bevölkerungsentwicklung (1837—1970) · Bevölkerungsentwicklung im Ruhrgebiet (1830—1970) Industriestruktur und Industriebranchen

BAND III · SCHLESWIG-HOLSTEIN (Ergänzungslieferungen)

Lieferung 1 Hydrogeologie (15,— DM)

BAND VIII · HAMBURG (Einzellieferungen)

Lieferung 1 Bauliche Entwicklung · Kriegsschäden · Baualter der Wohngebäude (24,— DM)

Lieferung 2 Gymnasium 1970 (12,— DM)

Lieferung 3 Altersaufbau 1871—1961 · Bevölkerungsbewegung 1958—1965 · Bevölkerungsveränderung 1939—1965 (24,— DM)

Lieferung 4 Veränderung der Kulturlandschaft 1936 · 1953 · 1967 (12,— DM)

Lieferung 5 Aufbauplan (18,— DM)

Weitere Themen in Vorbereitung